정책분석을 위한

STATA

FOR POLICY ANALYSIS

Version 15

Version 15

정책분석을 위한 STATA

FOR POLICY ANALYSIS

MEDIA JIPHIL
(주)지필미디어

우석진 지음

정책분석을 위한 STATA

FOR POLICY ANALYSIS

발 행 일 2018년 1월 26일 초판 인쇄
저 자 우석진
발 행 인 김성남
발 행 처 (주)지필미디어
주 소 경기도 파주시 문발로 132 조에아울렛 402호
전 화 031-957-4504
팩 스 031-957-4503
이 메 일 book@jiphil.co.kr
홈페이지 www.jiphil.co.kr
등록번호 제 312-1997-000043호 (1997년 07월 16일)
I S B N 979-11-86674-49-9 / 93320
가 격 25,000원

서문:
용역계량경제학을 위한 메뉴얼

2006년에 위스콘신대에서 경제학 박사를 받았다. 올해로 10년이 넘어서 그 동안의 작업을 정리하고 싶었다. 이력서를 꺼내서 살펴봤다. 그 동안 40여 편의 논문을 썼는데 논문 주제가 중구난방이라서 하나로 정리가 되지 않았다. 학문적 일가를 이루지 못할 것은 분명해 보였다. 논문 외에도 정책연구를 60건 정도 했다. 정책연구도 연구주제가 다양한 분야에 걸쳐 있었다.

그래도 굳이 10년의 연구 여정을 하나로 정리해 보자면 아마 '실증 정책평가'가 될 것 같다. 그 동안 많은 정부정책을 실증분석에 기초하여 평가해 왔다. 저출산 정책, 중소기업 정책, 정책금융, 문화정책, 복지정책, 아동/육아 정책, 조세정책, 노동시장 정책, 교육정책, 보건정책 등을 논문, 보고서를 통해 평가하였다.

실증적으로 정책평가를 하는 작업은 논문을 쓰는 것과 근본적으로 차이가 있다. 연구자는 좋은 자료와 기발한 식별전략이 있을 때 논문을 쓰기 시작한다. 하지만 정책평가는 열악한 자료밖에 없을 때에도 혹은 적절한 식별전략이 없을 때에도 수행해야 할 경우가 많다. 주어진 사업을 평가할 적정한 모형과 분명한 가정, 그리고 결과에 대한 한계에 대해서 고민해야만 한다.

정책평가를 하는 연구자는 평가를 해야 하는 정책이 주어졌을 때 적절한 모형을 선정하고 해당 모형을 추정할 수 있도록 하는 일종의 가이드가 필요하다. 주어진 자료를 가지고 정책효과를 추정할 때 어떤 가정을 해야 하고 추정결과의 한계는 무엇인지도 파악할 필요도 있다. 모든 정책연구 수행자가 계량경제학 전공자는 아니다. 부족한 시간 내에 계량모형을 설정하고 평가를 진행할 수 있는 매뉴얼이 필요하다.

나는 스스로를 임상경제학자라고 부르고 있다. 이론 경제학자도 아니고, 그렇다고 다른 경제학자들이 탐구하는 일반 과학으로서의 경제학적 질문에 흥미를 가지고 답하는 실증

경제학자도 아니다. 나는 경제 관련 정책이 우리 시민의 삶에 어떤 영향을 주고 있는지를 평가하는 것에 흥미를 가지고 있고 그것을 업으로 삼고 있다. 경제학 이론에 기반하여 추정하고 해석해야하기 때문에 이론 논문도 멀리 할 수는 없다. 하지만 정책과 관련된 자료를 수집하고 이에 기초하여 정책을 평가하고 대안을 제시하는 작업을 주로 하고 있다. 이 책은 이러한 정책평가 작업에 관심 있는 연구자, 대학원생, 학부생들을 위해 썼다.

이 책은 실증분석을 통해 정책평가를 하고자 하는 연구자, 실무자, 학생들을 위한 일종의 요리책이다. 일반적인 경제자료 분석과 관련된 내용은 이 책 전에 출간한 '경제분석을 위한 STATA'에 담았었다. 이 책의 목적은 정책평가를 하고자 하는 연구자가 적절한 계량모형을 설정하고 해당 모형을 추정하는데 도움이 되고자 하는 것이다. 자칭 용역용 계량경제학을 제시하고 싶었다. 이런 목적을 달성하기 위해 추정에 사용될 계량경제 모형의 특성에 관한 설명은 최소화하려고 하였다. 추정량의 특성은 이미 확립되어 있고 다른 논문이나 계량경제학 교과서에서도 자세하게 잘 설명되어 있기 때문이다. 만약 계량경제학적 특성에 대한 설명이 필요하다면 다른 계량경제학 교과서를 참조하면 된다. 대신 여기에서는 특정 정책 상황에서 어떤 모형을 적용할 수 있고, 해석은 어떻게 해야 하는 지에 대해 초점을 맞추었다. 더 나아가서 해당 계량 모형을 추정하기 위해서 STATA를 어떻게 사용해야 하는지에 대해서 설명하였다.

정책평가를 하는데 반드시 STATA를 사용할 필요는 없다. 계량경제학 모형 추정이 가능한 어떤 컴퓨터 프로그램도 정책평가에 사용할 수 있다. 다만, 주어진 시간 내에 정책평가를 하는 경우 투입 시간 대비 산출물, 즉 분석의 효율성을 고려하지 않을 수 없다. 그런 측면에서 STATA는 단연 발군이라고 할 수 있다. 빨리 배울 수 있고, 자료 처리도 간편하고, 무엇보다도 정책평가에 필요한 최신 계량모형을 추정할 수 있는 모듈이 대부분 포함되어 있다. 물론, 단점도 명확하다. 무엇보다도 요즘 같이 빅데이터가 중요한 시대에 대용량 자료를 처리하는 데에 근본적인 제약이 있는 것도 사실이다. 하지만 주어진 시간 내에 적절한 자료를 처리하고 정책의 효과를 추정하는 데에는 STATA만한 프로그램도 없다. 따라서 정책평가에는 STATA가 적합한 프로그램 중 하나라고 생각한다.

이 책은 한국조세재정연구원, 한국개발연구원, 한국행정연구원, 한국은행, 대외경제정책

연구원, 경기개발연구원, 농촌진흥청, 명지대학교, 성균관대학교, 서울대학교, 이화여자대학교, 건국대학교, 고려대학교, 서강대학교, 중앙대학교, 한국교육평가학회, 노동패널학술대회, 보건복지패널학술대회, 온실가스종합정보센터 등에서 했던 강의록에 기초해 있다. 강의에 참석해주었던 박사님들과 학생들의 건설적인 피드백은 이 책의 발전에 큰 도움이 되었다. 또한 이 책은 한국연구재단의 지원을 받아 수행한 SSK 연구 프로젝트의 연구결과를 일부 포함하고 있다(NRF-2016S1A3A2924375).

강의 원고를 책으로 출간할 수 있도록 도와준 지필미디어의 김성준 부장님께 감사한다. 그리고 이 책의 교정과 실습파일을 챙겨준 명지대 경제학과 대학원의 변이슬과 공경식, 한국여성정책연구원의 김병권, 한국조세재정연구원의 김인유 연구원에게 감사의 마음을 표한다.

여느 글쟁이의 가족처럼 늘 심심한 저녁과 주말을 보내야만 했던 사랑하는 아내 양현정, 씩씩하고 밝게 자라주는 정현이와 정민이게도 미안한 마음을 전하고 싶다. 마지막으로 오늘밤에도 어딘가에서 자료와 씨름하고 있을 연구자들에게 동감의 응원을 보낸다.

2018년 남가좌동 명지대 인문캠퍼스에서

우 석 진

목 차

1

CHAPTER

원인의 결과

STATA

최근 재정을 통한 다양한 사업이 빠르게 증가하면서 이른바 증거에 기초한 정책(evidence-based Policy)의 중요성이 강조되고 있다. 임의적이고 정치적 수요에 기초한 즉흥적 정책이 아니라, 국민이 낸 혈세의 가치(value for money)를 담보할 수 있는 정책이 실행되어야 한다는 것이다. 과학적인 사업평가를 통해 효과성이 입증된 정책은 확대하되, 효과성이 없는 경우에는 해당 정책을 축소 및 폐지하는 노력이 필요하다.

사업평가가 잘 되지 않았던 몇 가지 국가 정책의 예를 생각해보자. 최근에 논의되었던 무상보육 및 무상급식과 관련된 정책의 경우 상당한 규모의 예산이 투입되고 있음에도 불구하고 정책이 어떤 성과를 거두고 있는지에 대한 검토는 매우 부족한 편이다. 예컨대, 보육관련 예산이 연간 10조 이상 투입되고 있다. 하지만, 이러한 정책을 통해 출산율과 여성의 노동공급이 얼마나 제고되었는지, 여성의 일가정 양립에는 얼마나 도움이 되었는지에 대한 구체적인 평가는 거의 이루어지지 않았다. 최근에 와서야 재정사업 심층평가를 통해 이러한 평가가 진행되고 있다.

다른 예로, 이명박 정부 때 추진되었던 4대강 사업의 경우 22조의 사업비가 투입된 것으로 알려져 있다. 하지만 하천변 자전거 도로와 같은 몇 개의 사업을 제외하고는 그 흔한 예비타당성 조사도 없이 사업이 진행되기도 하였다. 실제 4대강 사업으로 얼마나 많은 일자리가 창출되었는지 알려지지 않고 있다. 미국은 화성에, 유럽연합은 혜성에 로봇을 착륙시키는 프로젝트에 2조 정도의 돈을 투자한 적이 있다. 물론, 이런 사업들도 모두 쓸모없는 일이라는 생각이 들지만, 적어도 강바닥을 파내는데 몇 년 사이에 재정을 다 써버렸다는 것은 매우 실망스럽지 않을 수 없다. 사후적으로라도 사업평가가 필요하다.

또한 새 정부 이후에 논의되고 있는 최저임금 인상 역시 마찬가지이다. 최저임금이 저임금 노동자의 고용, 자영업자의 생존, 경기순환, 더 나아가서 경제성장에 미치는 영향에 대한 평가는 부족한 것이 사실이다. 최저임금의 효과에 대한 연구를 하고, 그에 기반하여 정책을 수행하기 보다는, 정치적 수사, 진영논리에 의해서 주도되고 있을 뿐이다. 향후 우리 경제에 미칠 영향을 고려해보면 비전문가들의 감에 의한 정책결정이 아니라 증거에 기반한 정책결정이 필요하다.

한편 우리 경제가 저성장 시대에 접어들었다는 것은 이미 상식이 되었다. 경제성장이 정체하고 있기 때문에 그에 따라 정부의 주수입원이 되는 세수 역시 이전과 비교하여 넉넉하지 않게 되었다.

국가 재정도 가정 살림과 비슷하다. 가정은 수입이 줄면 시급성이 떨어지는 지출부터

줄이게 된다. 예컨대 가계수입이 줄면 비싼 옷과 외식에 대한 지출을 줄인다. 하지만 교육 같은 경우 자녀의 미래에 대한 투자이기 때문에 어지간한 상황이 아니면 줄이지 않는 경향이 있다. 가계가 교육에 대한 지출을 줄인다고 하는 것은 이른바 '귀신 씨나락 까먹는' 경우와 마찬가지이기 때문이다. 자녀의 미래를 포기하는 대신 현재 생존을 하자는 것이기 때문이다.

국가 재정도 가계의 운영과 유사하다. 하지만 국가 재정은 가구의 지출보다 훨씬 복잡하기 때문에 재정압박의 시기에 어떤 사업이 먼저 정리되야 하고 어떤 사업은 재정적 압박에도 불구하고 오히려 확대되어야 하는지에 대해 쉽게 판단하기 어렵다.

재정사업의 경우 기존 수혜자들이 이익집단을 형성하고 있는 경우가 많기 때문에 폐지되어야 하는 사업들을 없애기 어려운 경우가 많다. 오히려 축소 또는 폐지되어야 할 사업들이 정치적 압박에 밀려 확대되는 경우도 많다. 국고보조금 사업이 대표적이다. 매년 평가를 하지만 정작 지출 구조조정이 되는 사업은 많지 않다.

예컨대, 중소기업에 대한 지원으로 연간 20조원 이상의 재정이 투입되고 있다. 그 중 중소기업에 의한 금융지원 규모는 상당하다. 그 결과 지원 받을 만한 기업들은 대부분 이미 지원을 받고 있고, 현재는 한계기업들에 대한 지원도 이루어지고 있는 상황이다. 그럼에도 불구하고, 정치적인 압박으로 수많은 재원이 투입되고 있고 줄일 수도 없는 상황이다. 특히, 세금감면과 같은 조세지출의 경우 조세특례제한법에 따라 일몰이 정해져 있음에도 불구하고 불구하고 정치적 이유로 지속적으로 연장되는 경향도 있다.

정부 지출 구조조정 시 기존 수혜 대상들은 이미 이익집단화 하여 기득권을 형성하고 있어 구조조정 자체를 방해할 가능성이 높다. 이와 같은 상황에서 정책 집행의 효과성과 효율성을 담보하기 위해서는 과학적인 방법에 기초하여 사업평가를 하는 것이 반드시 필요하다. 정책 결정자들의 결심을 뒷받침 할 수 있는 과학적, 객관적이면서도 일관성 있는 평가체계를 구축하고 동시에 정책 대안을 제시할 수 있는 시스템이 필요하다.

우리나라의 정책평가 과정은 최소한 명목상으로는 선진국 수준이라고 말할 수 있다. 노무현정부를 거치면서 정부는 성과평가를 통한 재정관리 제도를 과감하게 도입하였다. 특별히 재정지출에 대한 관리 체계를 재정성과관리제도라고 부르고 있다. 사업의 성과에 기초하여 재정 사업을 관리하는 것이다. 우리나라 재정성과관리제도는 4단계 정도의 관리 체계를 갖고 있다.

사업평가의 첫 단계는 예비타당성조사, 이른바 예타이다. 정부지출 규모가 큰 사업, 특히 사회간접자본(SOC)이나 연구개발(R&D)사업의 경우 의무적으로 예타를 받아야 한다. 구체적으로는 총 사업비 500억 이상의 재정사업에 대해서는 이른바 비용-편익 분석(BCA, benefit-cost-analysis)을 통해 해당 재정지출이 적절한 사업인지 아닌지에 대해 판단하게 된다. 비용-편익분석을 하려면, 사업 시행으로 인한 국민의 편익을 예측하고 건설 및 연구에 소요되는 비용을 계산하게 된다. 이렇게 구해진 비용과 편익을 이용하여 1원의 재정을 투입했을 때 얼마의 혜택을 기대할 수 있는 지를 계산해 사업의 타당성을 평가한다.

국가재정법상 예비타당성 조사

국가재정법은 다음과 같은 사항을 만족하는 재정사업에 대해서 예비타당성 조사를 받도록 재정사업법 38조에 규정하고 있다.

제38조(예비타당성조사) ① 기획재정부장관은 총사업비가 500억원 이상이고 국가의 재정지원 규모가 300억원 이상인 신규 사업으로서 다음 각 호의 어느 하나에 해당하는 대규모사업에 대한 예산을 편성하기 위하여 미리 예비타당성조사를 실시하고, 그 결과를 요약하여 국회 소관 상임위원회와 예산결산특별위원회에 제출하여야 한다. 다만, 제4호의 사업은 제28조에 따라 제출된 중기사업계획서에 의한 재정지출이 500억원 이상 수반되는 신규 사업으로 한다.

1. 건설공사가 포함된 사업
2. 「국가정보화 기본법」 제15조 제1항에 따른 정보화 사업
3. 「과학기술기본법」 제11조에 따른 국가연구개발사업
4. 그 밖에 사회복지, 보건, 교육, 노동, 문화 및 관광, 환경 보호, 농림해양수산, 산업 · 중소기업 분야의 사업

두 번째로는 재정성과목표관리제도가 있다. 매년 각 부처의 재정사업에 대한 성과계획서 및 성과보고를 작성하여 국회에 제출하도록 되어 있다. 세 번째 제도로는 재정사업자율평가제도가 있다. 각 부처의 재정사업을 매년 3분의 1씩 점검 및 평가하여 사업별 등급을 결정하게 된다. 평가가 좋지 않을 때는 다음 해 예산에 적극적으로 환류, 즉 예산을 삭감하게 된다. 이를 통해 예산편성의 점증주의 관행을 개선하는 효과를 기대할 수 있다.

마지막으로는 재정사업심층평가제도가 있다. 다른 사업들에 비해 상대적으로 중요도가 높거나 쟁점이 있는 사업 혹은 사업군에 대해 심층평가를 실시하는 제도이다. 애초에 사업이 기대했던 성과를 달성하는 데 얼마나 기여했는지를 다양한 과학적 기법을 사용하여 분석하게 된다. 분석결과에 기초하여 성공요인 혹은 실패요인을 파악하여 사업의 지속,

확대, 사업운영체계의 개선, 폐지 등의 의사결정에 활용할 수 있다. 심층평가는 정책과 사업목적 사이의 인과관계를 파악할 수 있다는 장점이 있다. 하지만 많은 정보가 필요하기 때문에 상당한 비용과 시간이 소요된다는 단점도 같이 가지고 있다.

이러한 재정사업의 평가 체계 속에서 과학적이고 체계적이면서도 동시에 설득력이 있는 정책평가가 필요하다. 일련의 평가를 통해서 다음과 같은 효과를 기대할 수 있다. 먼저, 사업설계 및 추진방법의 합리화를 도모할 수 있다. 이러한 성과관리를 통해 정책과 사업의 효과성 및 효율성을 높일 수 있는 방안에 대해서 파악하고 이를 정책에 반영하여 재정사업을 지속적으로 개선할 수 있을 것으로 기대해 볼 수 있다.

정책평가, 특히 실증분석을 이용한 정책평가에서 가장 중요한 것은 y변수와 x변수의 인과적 관계를 확정하는 것이다. 여기에서 y변수는 정책 혹은 사업의 성과를 나타내는 변수로서 사업의 산출(output) 혹은 결과(outcome) 지표이다. x는 우리가 평가하고자 하는 정책변수이다.

이명박 정부 하에서 교과교실제라는 것이 시행되었다. 교과교실제는 교과별로 특성화된 교실환경을 마련해 학생들이 전용교실을 찾아 수업을 듣는 수준별 교육정책이다. 교과교실제의 경우 교과교실제 실시 여부 등을 정책변수 x로 들 수 있다. 정책의 성과 y로서는 학생들의 학업성취도를 들 수 있다.

교육정책에 대한 평가는 다른 분야에 비해 상대적으로 잘 발달되어 있는 것으로 알려져 있다. 교육정책의 경우 해당 정책을 선택된 학교에 먼저 적용해보고 제도의 성패를 미리 가늠해 보는 체계가 확립되어 있다. 이른바 시범학교제도이다. 시범학교가 임의적으로 선택되었다고 가정해보자. 선택된 시범학교에는 교과교실제를 적용하고, 선택되지 않은 학교들은 비교를 위해 통제군에 포함시키자.

교과교실제 시범학교와 비시범학교는 임의적으로 선택되었기 때문에 교과교실제 실시 전에는 두 그룹간에는 통계적으로 유의한 차이가 없을 것이다. 따라서 교과교실제를 일정 기간 동안 실시하고 난 다음에 발생하는 시범학교와 비시범학교와의 차이는 교과교실제 때문이라고 해석할 수 있다. 특별히, 이런 차이는 교과교실제 정책 때문에 발생한 인과적 효과라고 볼 수 있다.

실제의 정책평가에서는 교과교실제 시행 여부인 x가 성과지표 중 하나인 학생들의 학업성취도 y에 인과적 영향을 주었는지의 여부와 영향을 주었다면 그 크기는 얼마나 되는지가 중심이 된다. 다시 말해서, x가 y에 미친 인과적 효과(causal effects)가 정책평가의 중심이 된다. 더 나아가서 인과적 효과가 있다면 정책효과가 발생한 메커니즘에 대한 규명도 필요하다.

현실적으로 대다수의 정책들은 이러한 임의화된 시범사업의 구조를 가지고 있지는 못하다. 시범학교와 같은 사전 실험이 가능하지 않은 경우가 많다. 많은 정부의 사업들이 시범사업 없이 본 사업으로 바로 시행되는 경우가 많다. 특별히 정치적으로 도입되는 사업들이 그러하다. 최근에 논란이 되는 최저임금 1만원 인상이 그 예이다. 정치적인 시급성 때문에 시범사업을 시행할 여유가 없다. 또한 시범사업을 한다고 해도 특정 지역의 최저임금을 1만원으로 올려서 일부 자영업자가 망하기라도 한다면 정부는 윤리적인 문제로부터 자유로울 수 없다. 이처럼 윤리적인 이유 혹은 비용 때문에 혹은 사업의 시급함 때문에 시범사업을 실시하지 못하고 본 사업으로 바로 진행되는 경우가 많다.

시범사업을 한다고 해도 시범사업 대상을 임의로 선정하지 못하는 경우에는 성과의 차이를 정책효과로 해석할 수 없다. 예컨대, 교과교실 정책에 대한 시범학교 선정 시 시범학교가 임의로 선정되지 않을 수 있다. 시범학교는 학교장의 지원이나 교육청 추천을 통해 선정되는 것이 보통이다. 이렇게 시범학교가 선정되는 경우 시범학교 선정에는 이른바 표본선택(sample selection) 혹은 자기선택(self-selection)의 문제가 발생하게 된다. 이런 경우 정책의 효과를 제대로 추정하기 위해서는 추가적인 통계적 처리가 필요하다.

사업평가에 있어서 가장 기본적인 통계 분석은 기술적 분석이다. 처리군과 통제그룹의 특성과 성과의 변화에 대해서 통계적으로 기술(description)하는 것이다. 처리군와 통제군의 평균 성과를 측정하고 그룹 간 차이를 통계적으로 검정하게 된다. 그룹간 성과의 차이에 대한 검정은 t-검정을 사용하면 된다. 혹은 AVOVA(analysis of variance) 등이 사용하기도 한다.

하지만 수혜집단과 통제집단이 사전에 완전히 임의화가 된 것이 아니라면 이러한 방법을 사용하는 데에는 제약이 있다. 사업 시행 전에 처리군과 통제군의 차이가 존재하게 된다면 t-검정을 통한 정책효과 추정은 문제가 있기 때문이다.

표본간의 차이를 통제하기 위해서는 보통 회귀분석(regression analysis)이 사용된다. 우리의 관심은 특정 정책이 사업 성과의 변화를 얼마나 설명할 수 있는지를 측정하는 것이다. 설명되어야 할 성과변수를 피설명변수(explained variable) 혹은 종속변수(dependent variable)라고 부른다. 성과의 변화를 설명해야 하는 변수를 설명변수(explanatory variable) 혹은 독립변수(independent variable)이라고 부른다.

예컨대, 교과교실제에 참여한 학교들의 특성, 도시에 위치하고 있는지 여부, 학생들의 사교육 여부, 부모들의 소득 및 자산 수준 등에 따라서 정책시행 여부와 상관없이 학생들의 학업성취도의 차이가 발생할 수 있다. 따라서 교과교실제의 순효과만을 보기 위해서는 특성의 차이로 인한 학업성취도의 차이는 적절히 통제될 필요가 있다. 이러한 관측 가능한 차이들을 통제하기 위해서 연구자들은 회귀분석을 사용하여 정책평가를 하고 있다.

하지만, 회귀분석은 내생성의 문제(endogeneity problem)가 발생할 수 있어 연구자의 세심한 주의가 필요하다. 회귀분석을 할 때 내생성의 문제가 있으면 제대로 된 정책효과를 추정할 수가 없다.

내생성의 문제는 다양한 상황에서 발생할 수 있지만 다음과 같은 몇 가지 경우로 정리해 볼 수 있다. 첫째 누락변수(omitted variables)가 있으면 발생한다. 성과변수의 결정에 중요한 요인이지만 평가자가 관측할 수 없어 회귀분석에 포함시키지 못한 경우이다. 특히, 회귀분석에서 누락된 변수가 정책수혜 여부와 상관관계가 있을 때는 문제가 심각해진다. 두 번째는 측정오차(measurement error)가 있는 경우이다. 우리가 관심을 가지고 있는 변수가 있는 그대로 관측되는 것이 아니라 노이즈가 일정 정도 섞여 관측된다면 내생성의 문제가 발생하게 된다. 예컨대, 시간당 임금의 경우 일용직 노동자는 자신의 시간당 임금에 대해서 비교적 잘 알고 있다. 월급을 받는 정규직 노동자의 경우 월 평균 월급에 대해서는 파악할 수 있지만, 시간당 임금이 얼마나 되는지에 대해서는 정확하게는 알고 있지는 못하다. 이 경우 시간당 임금에 대한 질문에 답은 부정확할 수 있다.

경제학 문헌 중에서 내생성을 일으키는 또 하나의 요인은 동시성(simultaneity)이다. 피설명변수가 설명변수에 의해서 결정되는 동시에, 설명변수 역시 피설명변수에 의해서 결정되는 경우가 그렇다. 예컨대, CCTV 설치가 범죄율 감소에 어떤 영향을 주었는지를 살펴보고자 하는 평가에 대해서 생각해보자. 피설명변수는 지역의 범죄율이고 설명변수는 CCTV 개수라고 해보자. 회귀분석 결과 설명변수의 계수가 음(−)이고 통계적으로 유의하다고 해보자. 설명변수의 크기는 CCTV를 1대 증설했을 때 범죄율이 평균적으로 얼마가 줄어들지를 측정해준다. 하지만, 관측자료를 이용하여 측정한 것이라면 동시성의 문제 혹은 역인과관계(reverse causality)가 있을 수가 있다. 범죄율이 높은 지역에 CCTV가 더 많이 설치되었을 가능성이 있다. 이런 경우에는 회귀계수의 부호가 양(+)일 것이다. 다시 말해 CCTV 설치 규모와 범죄율은 동시에 결정되는 경향이 있기 때문에 단순한 회귀분석 계수가 어떤 인과관계를 보여주는지 분명하지 않다.

마지막으로 자기선택 혹은 표본선택 때문에 내생성의 문제가 발생할 수 있다. 예컨대, 중소기업 정책금융 지원정책에 대해서 생각해보자. 피설명변수는 재무적 성과인 수익률이고 설명변수는 정책자금 지원 여부라고 하자. 회귀분석을 해보니 정책변수의 계수가 양(+)이라고 해보자. 그러면 평가자는 정책자금 지원이 수혜 기업의 재무적 성과를 개선했다고 결론을 내리려고 할 것이다. 그런데, 여기에서 한 가지 더 고려할 사항이 있다. 보통 정책자금 지원은 신청기업의 지원을 받고, 정책자금 당국이 지원 여부를 심사하게 된다. 정책자금 지원이 임의적으로 주어진 것이 아니라는 점이다. 정책당국자들은 사후에 있을 평가에 대비하기 위하여 지원 기업들 중에서 양호한 성과가 기대되는 기업에 지원하는 경향이 있다. 수혜 기업이 이런 과정을 통해 선정이 되었으면, 설사 정책변수의 부호가 양(+)이라고 해도 정책자금이 성공적으로 작동했다고 바로 결론 내릴 수는 없다. 왜냐하면, 수혜 기업들은 정책자금이 없었어도 어느 정도는 좋은 성과를 낼 수 있었을 것이라고 예상되기 때문이다. 이른바 선택편의(selection bias)가 존재하게 된다. 이러한 내생성의 문제를 적절히 처리하지 않으면, 회귀분석을 통해 정책효과를 앞에서 설명한 자기선택 혹은 표본선택의 문제가 있을 경우 많이 사용되는 추정법은 매칭추정법(matching estimation)이다. 기본적인 아이디어는 수혜 대상과 가장 유사한 대상을 골라서 통제집단에 넣고 새로 비교하는 것이다. 그러면 표본선택으로 인한 편의를 최소화 시킬 수 있다.

매칭이 불가능한 경우에는 회귀불연속설계(regression discontinuity design)를 사용하기도 한다. 회귀선의 불연속이 발생하는 정책경계선 근방에서 정책효과를 추정하는 것이다. 이렇게 추정된 정책 경계선 근방의 정책효과는 정책대상을 확대 혹은 축소했을 때의 정책효과로 사용할 수 있다. 특별히, 비용-편익 분석에서 유용한 정책모수로 활용할 수 있다.

이 책에서는 정책분석을 위한 방법들에 대해서 좀 더 자세히 설명하고 이를 STATA를 이용해서 어떻게 추정할 것인가에 대한 내용을 담았다. 먼저, 2장에서는 회귀분석을 통해서 정책평가를 하는 방법에 대해서 설명하였다. 특히, 언제 회귀분석의 결과를 정책효과로 해석할 수 있는지에 대해서 설명하였다. 3장과 4장에서는 회귀분석의 가정이 위배되는 경우에는 어떤 추정방법을 사용하여야 하는지에 대해서 설명하였다. 도구변수 추정법과 패널 분석에 대해서 설명하였다. 5장에서는 최근에 많이 사용되고 있는 매칭추정법에 대해서 설명하였다. 6장에서는 매칭추정이 불가능한 경우에 사용할 수 있는 회귀불연속설계에 대해서 설명하였다.

2

CHAPTER

회귀분석

S T A T A

가 모 형

회귀분석을 하는 이유는 다양하겠지만, 정책평가의 영역에서는 다음의 세 가지 측면이 중요하다. 첫째, 평가자는 회귀분석을 통해 정책변수(*X*)와 성과지표(*Y*) 간의 인과관계(causal relation)를 추정하려고 한다. 정부가 개입하여 X를 인위적으로 조작(manipulation)하였을 때 Y가 평균적으로 얼마나 영향을 받는지를 추정하고 싶은 것이다. 회귀분석은 기본적으로 X와 Y의 상관관계(correlation)을 추정하는 모형이다. 하지만 회귀분석을 할 때 적절한 조건이 만족되면 단순 상관관계를 인과관계로 해석할 수 있다. 소위 말하는 긴 회귀분석 대 짧은 회귀분석(long regression vs. short regression)의 문제로 3장에서 좀 더 깊게 논의할 것이다.

둘째, 회귀분석은 다른 요인들을 통제한 상태에서 종속변수와 정책변수간의 부분효과(partial effect)를 추정하게 된다. 회귀계수는 다른 효과를 제거한 후 해당 '정책변수가 종속변수에 미친 순효과'를 추정한 것이다. 예컨대, 학력이 임금에 미치는 효과를 추정하고 싶다고 해보자. 임금에는 학력뿐만 아니라 경력, 근속 여부, 자격증 보유 여부, 연령, 지역별 편차 등 여러 요소가 영향을 줄 것이다. 연구자가 추정하고 싶은 것은 다른 요소들의 효과를 제거한 이후에 순수하게 학력이 임금에 미치는 효과일 것이다. 회귀분석은 다른 요인들을 쉽게 통제할 수 있어 정책의 순효과 추정이 비교적 쉽다.

셋째, 회귀분석을 이용하면 강하지 않은 가정 하에서도 정책효과에 대한 일치추정량(consistent estimator)을 얻을 수 있다. 연구자가 알고 싶어하는 정책효과를 추정하는 다양한 추정방법이 존재한다. 회귀분석도 다양한 추정방법 중 하나이다. 가정이 강해지면 일치적이면서도 효율적 추정량을 얻을 수는 있다. 하지만 가정이 틀리면 모수와는 체계적으로 멀어진다. 이러한 상황을 [그림 2-1]의 예를 들어 나타냈다. 정책효과가 표적이고 추정량이 총이라고 생각해보자. 표적에 사격을 했을 때 (가)와 같이 표적을 중심으로 좁게 모인 경우를 일치성과 효율성이 좋은 경우라고 볼 수 있다. (나)는 평균적으로 가운데는 맞지만 듬성듬성 퍼져서 맞았다. 일치적이지만 비효율적이라고 볼 수 있다. (다)의 경우는 모여서 맞지만 완전히 표적에서 완전히 벗어나서 맞는 경우이다. 제일 좋은 경우는 (가)의 경우이다. 최우추정법(maximum likelihood estimation)이 이에 해당된다. 물론, 최우추정법의 가정이 성립할 때만 그렇다. 만약 분포에 대한 가정이 틀리면 (다)와 같은 결과가 초래될 수 있다. 회귀분석은 때론 (가)의 경우가 되지만 좋지 않은 상황 하에서도 최소한 (나)는 된다. 평가자 입장에서는 분포에 대해서 사전적으로 정보가 있는 경우가 아니면 (다)의 경우를 피하고 싶어하기 마련이다. 회귀분석은 최소한 (나)의 경우를 확보할 수 있어 200년 이상 된 추정방법이지만 다른 추정방법들보다도 연구자들에게 꾸준한 사랑을 받고 있는 이유이다.

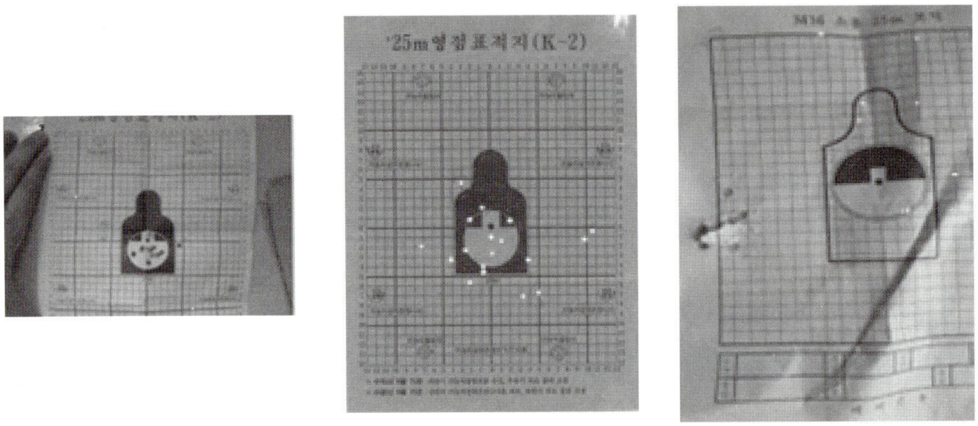

(가) 일치적, 효율적 (나) 일치적, 비효율적 (다) 비일치적, 효율적

그림 2-1 **추정량의 일치성과 효율성**

다음과 같은 예를 통해서 위 두 가지 의미를 좀 더 구체적으로 알아보자. 노동경제학에서 가장 자주 사용되는 회귀모형 중에 민서(Mincer)의 임금방정식이 있다. 식(2-1)과 같이 로그-임금이 경력과 교육 등에 의해 결정된다는 식이다.

$$\ln(w_i) = \beta_0 + \beta_1 \text{edu}_i + \beta_2 \exp_i + \varepsilon_i \tag{2-1}$$

w: 시간당 임금, edu: 교육연수, exp: 경력연수 혹은 연령

식(2-1)과 관해서 다음의 두 가지 정도는 언급하고 넘어갈 필요가 있다. 먼저 좌측 변수가 임금 그 자체가 아니라 로그 변환된 시간당 임금 함수라는 점이다. 종속변수에 로그를 취하는 것은 다음과 같은 두 가지 이유 때문이다. 첫째, 시간당 임금의 경우 오른쪽으로 꼬리가 긴 분포를 가지고 있어 정규분포와 거리가 있다. 하지만 로그를 취하면 큰 값들이 작아지면서 정규분포와 유사한 분포를 갖게 된다([그림 2-2] 참조). 종속변수가 정규분포를

갖게 되면 OLS 추정치가 MLE 추정치와 동일해져 효율적인 추정량이 된다.

둘째, 로그-로그 모형, 혹은 트랜스-로그 모형의 경우, 추정계수를 탄력성으로 해석할 수 있다는 장점이 있다. 경제 분석의 핵심이 탄력성 추정인 점을 고려해보면, 변수들에 로그를 취하고 회귀계수를 추정하면 바로 탄력성이 추정되기 때문에 매우 편리하다.

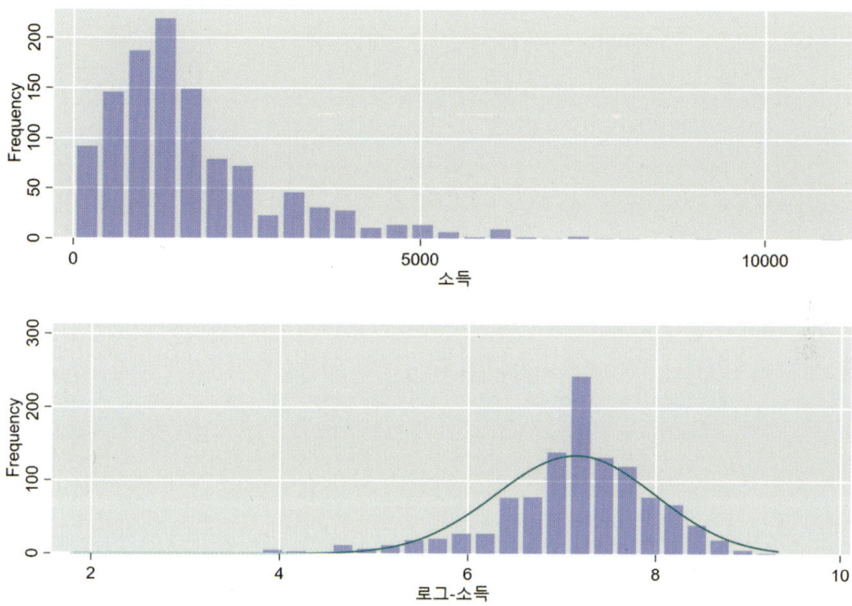

그림 2-2 소득에 로그를 취하기 전과 후의 분포

두 번째 포인트는 추정된 회귀계수인 β_1과 β_2의 의미이다. 1변수 단순 회귀분석이 아니라 2개 이상의 변수를 식(2-1)과 같이 가정하면, 주요 변수 외에 다른 변수들은 통제의 의미가 있다. 예컨대 주된 관심이 학력의 증가가 임금 몇 %를 향상시키는가에 있다면, 경력(연령) 변수는 통제의 의미가 있다. "경력(연령)이 동일한 노동자 중에서"라고 해석하면 된다. "경력연수가 미치는 영향들을 제외하고 나서"의 의미(partialling-out)가 있다. 인과관계로 해석할 때는, 보통 사람에게 1년 교육을 추가적으로 시켰을 때, 피교육자의 임금이 평균적으로 얼마 정도 오를 것을 기대할 수 있는 정도의 크기를 보여준다. 통제의 의미를 가질 때에는 경력이 동일한 사람 중에서 교육 차이에 따른 임금 격차를 비교하는 의미를 갖게 된다.

일반적으로 다변수 회귀모형(multiple regression model)은 아래 식(2-2)와 같이 써 볼 수 있다.

$$
\begin{aligned}
&y_i = \beta_0 + \beta_2 x_{2i} + \ldots + \beta_k x_{ki} + u \\
&E(u|x_k, \ldots, x_k) = 0
\end{aligned}
\tag{2-2}
$$

왼쪽 변수인 y를 보통 종속변수(dependent variable) 혹은 피설명변수(explained variable)이라고 부른다. 오른쪽에 있는 변수들은 독립변수(independent variables) 혹은 설명변수(explanatory variables)이라고 부른다. 개인적으로는 피설명변수, 설명변수로 부르는 것을 선호한다. 회귀분석은 y를 x로 잘 설명할 수 있는지를 통계적 검정을 통해 확인하는 것이기 때문이다.

추정은 STATA가 자동으로 해주기 때문에 장황하게 설명할 필요는 없지만, 기본적인 아이디어는 오차의 제곱의 합인 식(2-3)을 계수에 대해서 최소화 시킨 값, 최소자승(ordinary least squares)의 해가 OLS 추정치가 된다. 좀 더 자세한 OLS추정량의 특성들은 Stock & Watson(2007), Wooldridge(2015) 등의 계량경제학 교과서를 참고하라.

$$
\sum_{i=1}^{n}(y_i - \widehat{\beta_0} - \widehat{\beta_1} x_{1i} - \ldots - \widehat{\beta_k} x_{ki})^2 \tag{2-3}
$$

나 OLS 모형 추정 예제

몇 가지 예를 통해 OLS 추정을 STATA에서 실행하는 방법에 대해서 배워보자.

A. 기업의 CEO의 임금과 수익률과의 관계

OLS 모형을 이용해서 기업의 수익률을 이용해 해당 기업 CEO의 연봉수준을 설명할 수 있는지 살펴보자. 통상적으로 기업의 수익률이 높을수록 CEO의 연봉이 높을 것을 기대해볼 수 있다. 기업의 수익률을 나타내는 다양한 지표가 있지만 여기서는 자기자본수익률(ROE, return on equity)과 CEO의 연봉간의 관계에 대해서 살펴보자.

celosal1.dta 파일을 열자.

```
. use ceosal1, clear
```

list를 이용해서 어떤 자료인지 살펴보자. 행으로는 변수인 roe와 salary가 있고, 종으로는 관측치가 1,2,3….으로 기록이 되어 있다.

```
. list roe salary in 1/10

     +---------------+
     |  roe   salary |
     |---------------|
  1. | 14.1     1095 |
  2. | 10.9     1001 |
  3. | 23.5     1122 |
  4. |  5.9      578 |
  5. | 13.8     1368 |
     |---------------|
  6. |   20     1145 |
  7. | 16.4     1078 |
  8. | 16.3     1094 |
  9. | 10.5     1237 |
 10. | 26.3      833 |
     +---------------+
```

실증분석에서 우리가 관심을 가지고 있는 측면은, 수익률이 높은 기업일수록 CEO에게 좀 더 높은 연봉을 제공하고 있는 지 여부이다. 먼저 산포도를 통해 이러한 관계가 있는지 시각적으로 살펴보자.

[그림 2-3]의 X-축은 기업의 자기자본수익률(return on equity, roe), Y-축은 CEO의 연봉이다. 그리고 두 변수 간의 관계가 산포도로 그려져 있다.

```
. scatter salary roe,  xla(,grid) yla(,grid) mcolor(red%30)
```

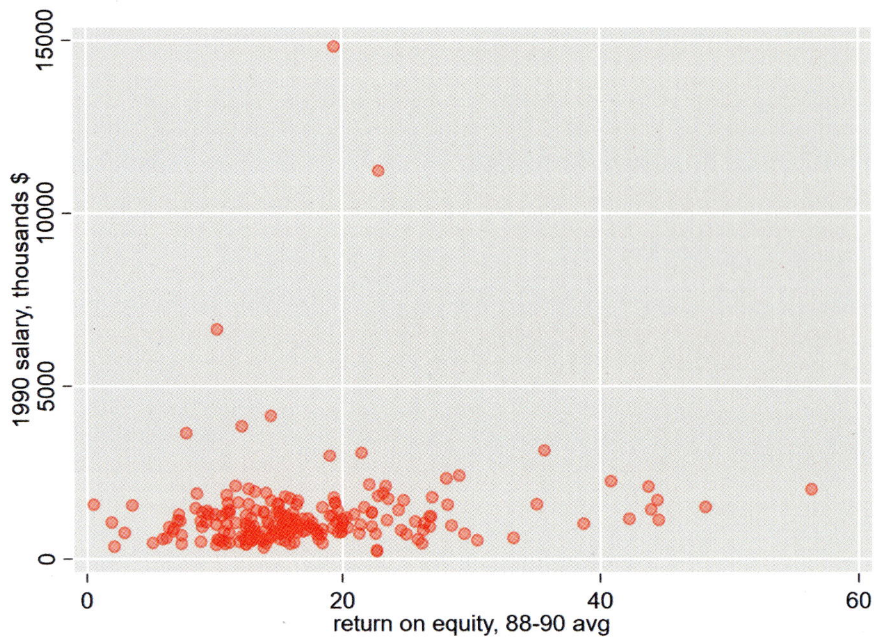

그림 2-3 기업의 수익성과 CEO 연봉과의 관계

우리가 추정하고 싶은 것은 [그림 2-4]의 점선, 즉 회귀선(regression line)이다. 회귀선의 기울기를 살펴보면, 기업의 ROE가 증가할 때 CEO의 연봉이 얼마나 증가하는지를 알 수 있다. [그림 2-4]에 따르면, 기업의 ROE가 증가할 때 CEO의 연봉이 증가하는 경향이 있음을 보여주고 있다.

```
. twoway (scatter salary roe, mcolor(red%30)) ///
> (lfit salary roe, lpattern(dash) lcolor(blue%70)),  ///
> legend(ring(0) pos(1) col(1))
```

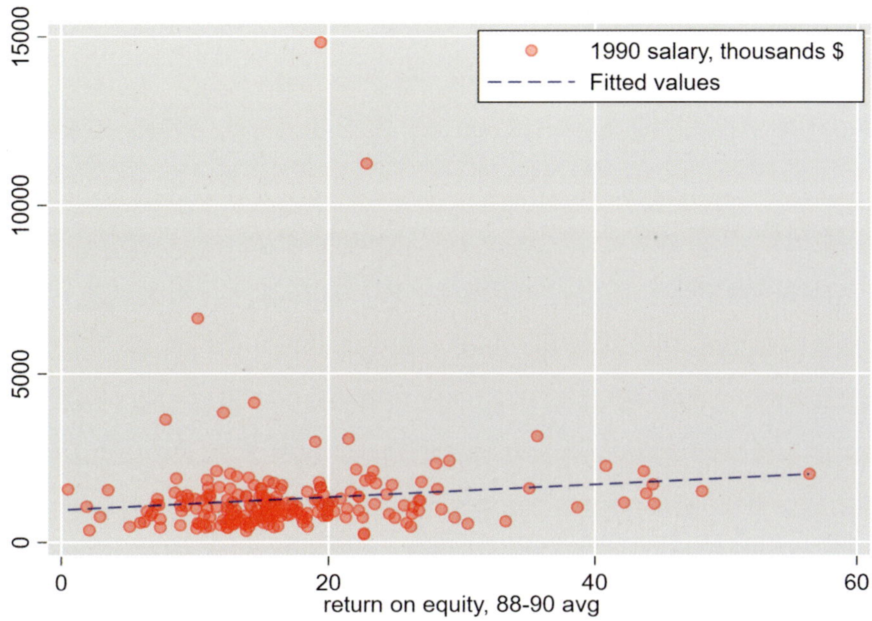

그림 2-4 회귀선의 추정

식(2-4)의 회귀분석식은 이러한 상관관계를 추정할 때 사용할 수 있는 가장 간단한 1변수 회귀모형이다.

$$salary_i = \beta_0 + \beta_1 roe_i + e_i \qquad (2\text{-}4)$$

STATA에서 회귀분석은 regress(줄임말 reg) 명령어를 이용하면 된다. 종속변수와 설명변수를 순서대로 써주면 OLS 추정치를 얻을 수 있다. CEO의 연봉을 기업의 수익률인 roe에 회귀분석 하면 아래와 같은 결과를 얻게 된다.

```
. reg salary roe

      Source |       SS           df       MS      Number of obs   =       209
-------------+----------------------------------   F(1, 207)       =      2.77
       Model |  5166419.04         1  5166419.04   Prob > F        =    0.0978
    Residual |   386566563       207  1867471.32   R-squared       =    0.0132
-------------+----------------------------------   Adj R-squared   =    0.0084
       Total |   391732982       208  1883331.64   Root MSE        =    1366.6

------------------------------------------------------------------------------
      salary |      Coef.   Std. Err.      t    P>|t|     [95% Conf. Interval]
-------------+----------------------------------------------------------------
         roe |   18.50119   11.12325     1.66   0.098    -3.428196    40.43057
       _cons |   963.1913   213.2403     4.52   0.000     542.7902    1383.592
------------------------------------------------------------------------------
```

위 추정결과는 다소 복잡해 보이기는 하지만, 일차적으로 우리가 관심 가지고 있는 것은 roe 변수 오른쪽에 있는 숫자들이다. 추정결과에 따르면 roe의 추정치는 18.5이고, roe가 1%p 증가하면 연봉이 평균적으로 18,500달러 정도 증가하는 관계를 보여주고 있다.

회귀분석에서 모형의 설명력을 나타내 주는 지표인 R^2에 대한 해석이 필요한 경우가 있다. R^2에 관한 가장 유용한 해석은 y의 변화(variation)가 x의 변화에 의해 설명되는 정도를 나타내는 측도라는 것이다. 여기에서는 $R^2=0.0132$로서 y의 변화를 x가 약 1.3% 정도를 설명하고 있어, 임금의 변화 정도를 수익률의 변화가 그다지 많이 설명하고 있어 보이지는 않는다. 그러면 "R^2가 너무나 낮은 것이 아닌가?"라는 의문이 생길 수 있다. 하지만 R^2는 선형의 관계만을 측정하기 때문에 횡단면 분석 혹은 패널분석에서는 R^2 값이 작은 것은 매우 흔한 일이다. 반면 시계열 분석에서는 R^2가 0.9를 넘는 경우가 많고 가끔은 1에 가깝게 추정되기도 한다.

식(2-4)의 회귀방정식은 변수의 수준을 이용한 것이기 때문에, 변수의 단위에 따라 추정치가 변한다는 치명적인 약점이 있다. 경제학자들은 이를 극복하기 위해 수준변수 대신 로그-변수를 이용하여 탄성치(elasticity)를 바로 추정한다.

이번에는 기업의 매출과 CEO의 연봉과의 관계 중 탄성치를 추정해보자. 식(2-5)는 기업의 매출액에 로그를 취한 변수와 CEO 연봉에 로그를 취한 변수를 이용한 회귀모형이다.

$$\log\left(salary_i\right)=\beta_0+\beta_1\log\left(sale_i\right)+e_i \tag{2-5}$$

매출과 연봉의 수준 관계를 산포도를 이용하여 그려보면 [그림 2-5]와 같이 나타난다.

```
. scatter  salary sales,  mcolor(red%30)
```

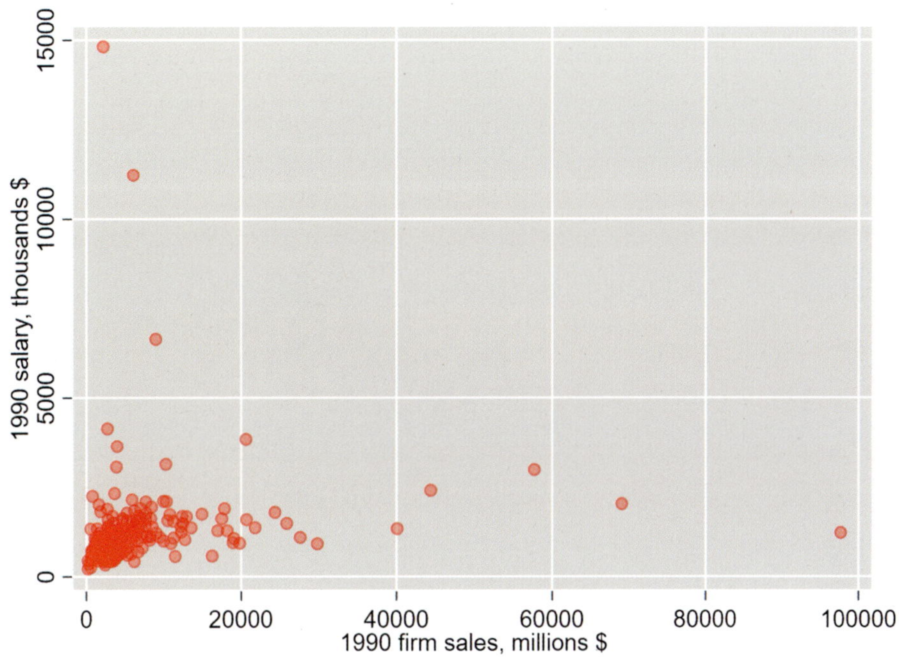

그림 2-5 기업의 매출과 CEO의 연봉 산포도

[그림 2-5]에서는 매출과 연봉 사이의 관계가 분명히 보이지는 않는다. 이번에는 변수들에 로그를 취하고 난 다음에 다시 산포도를 그려보자. [그림 2-6]에 따르면 로그를 취한 후에 변수들의 관계가 좀 더 분명하게 보임을 확인할 수 있다. 로그-매출액이 큰 기업이 로그-연봉이 좀 더 큰 것을 알 수 있다. 양 축이 모두 로그 스케일이기 때문에 기울기는 변화율로 읽을 수 있다.

```
. scatter  lsalary lsales, mcolor(blue%30)
```

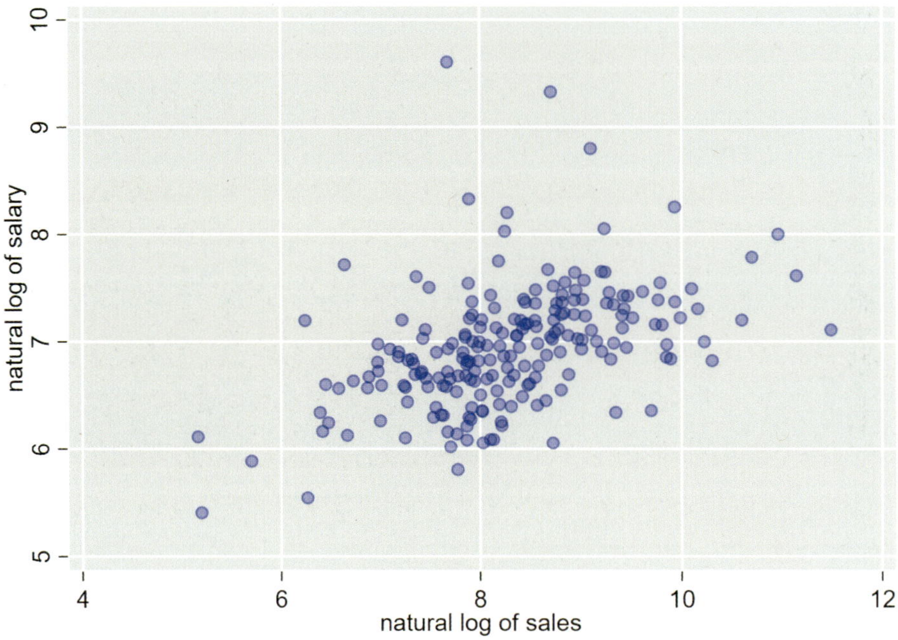

그림 2-6 로그-매출액 대비 로그-연봉과의 관계

회귀분석 결과는 매출이 1% 증가하였을 때 CEO의 연봉은 0.25% 증가하는 경향이 있음을 보여주고 있다. 즉, 다시 말해 매출이 10% 증가하면, CEO의 연봉은 2.5% 증가하게 된다. 그리고 이러한 관계는 통계적으로도 매우 유의하다. 하지만 변화 규모만으로 보았을 때는 비탄력적이라고 볼 수 있다.

```
. reg  lsalary lsales

      Source |       SS       df       MS              Number of obs =     209
-------------+------------------------------           F(  1,   207) =   55.30
       Model |  14.0661688     1  14.0661688           Prob > F      =  0.0000
    Residual |  52.6559944   207  .254376785           R-squared     =  0.2108
-------------+------------------------------           Adj R-squared =  0.2070
       Total |  66.7221632   208  .320779631           Root MSE      =  .50436

------------------------------------------------------------------------------
     lsalary |      Coef.   Std. Err.      t    P>|t|     [95% Conf. Interval]
-------------+----------------------------------------------------------------
      lsales |   .2566717   .0345167     7.44   0.000     .1886224    .3247209
       _cons |   4.821997   .2883396    16.72   0.000     4.253538    5.390455
------------------------------------------------------------------------------
```

B. 대학성적 결정요인 분석

앞의 예에서는 CEO의 임금 결정 요인으로서 한 가지 요소만을 고려하였다. 하지만,

많은 변수들의 결정요인은 하나만 있는 것이 아니라 여러 가지 요소로부터 복합적으로 영향을 받는 것이 일반적이다. 이번에는 학생들의 대학 성적을 결정하는 요인들이 무엇인지를 살펴봄으로써 다중회귀분석을 해보자. 먼저 gpa1.dta를 읽어 들이자.

```
. use gpa1, clear
```

describe를 이용해서 자료를 살펴보자. 141개의 학생이 관측되었고, 29개의 변수가 포함되어 있다. 연령(age), 학년 더미 변수(soph, junior, senior), 성별(male) 등이 포함되어 있고, 고등학교 성적(hsGPA)과 대학교 성적(colGPA) 등이 포함되어 있다.

```
. des

Contains data from gpa1.dta
  obs:           141
 vars:            29                          8 Jul 1998 11:14
 size:         5,781
-----------------------------------------------------------------------------
              storage  display    value
variable name   type   format     label      variable label
-----------------------------------------------------------------------------
age             byte   %9.0g                 in years
soph            byte   %9.0g                 =1 if sophomore
junior          byte   %9.0g                 =1 if junior
senior          byte   %9.0g                 =1 if senior
senior5         byte   %9.0g                 =1 if fifth year senior
male            byte   %9.0g                 =1 if male
campus          byte   %9.0g                 =1 if live on campus
business        byte   %9.0g                 =1 if business major
engineer        byte   %9.0g                 =1 if engineering major
colGPA          float  %9.0g                 MSU GPA
hsGPA           float  %9.0g                 high school GPA
ACT             byte   %9.0g                 'achievement' score
job19           byte   %9.0g                 =1 if job <= 19 hours
job20           byte   %9.0g                 =1 if job >= 20 hours
drive           byte   %9.0g                 =1 if drive to campus
bike            byte   %9.0g                 =1 if bicycle to campus
walk            byte   %9.0g                 =1 if walk to campus
voluntr         byte   %9.0g                 =1 if do volunteer work
PC              byte   %9.0g                 =1 of pers computer at sch
greek           byte   %9.0g                 =1 if fraternity or sorority
car             byte   %9.0g                 =1 if own car
siblings        byte   %9.0g                 =1 if have siblings
bgfriend        byte   %9.0g                 =1 if boy- or girlfriend
clubs           byte   %9.0g                 =1 if belong to MSU club
skipped         float  %9.0g                 avg lectures missed per week
alcohol         float  %9.0g                 avg # days per week drink alc.
gradMI          byte   %9.0g                 =1 if Michigan high school
fathcoll        byte   %9.0g                 =1 if father college grad
mothcoll        byte   %9.0g                 =1 if mother college grad
-----------------------------------------------------------------------------
Sorted by:
```

먼저 고등학교 성적과 대학성적과의 관계를 산포도를 이용해서 살펴보자. 쉽게 예측할 수 있는 것은 고등학교 때 공부 잘 한 학생이 대학에서도 공부를 잘 할 가능성이 높다는 것이다. 그러면 두 변수의 관계는 양(+)의 관계가 있을 것임을 쉽게 예측할 수 있다. [그림 2-7]은 고등학교 성적과 대학교 성적 간에 그러한 관계가 대략 존재하고 있음을 보여주고 있다.

```
. scatter colGPA hsGPA, mcolor(red%30)
```

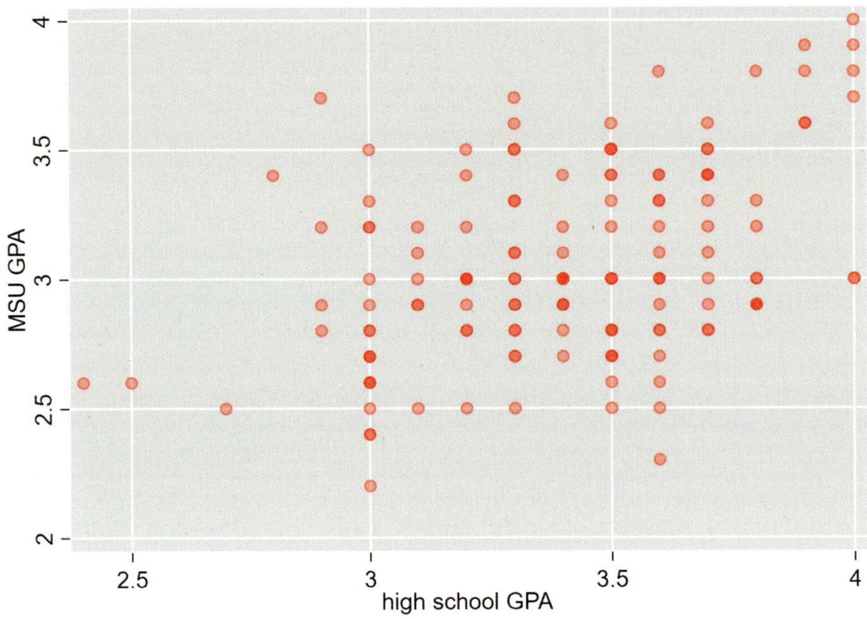

그림 2-7 고등학교 학점과 대학교 학점과의 상관관계

대학 성적이 높은 이유는 고등학교 성적 외에도 다른 요인들도 있을 수가 있다. 예컨대 GPA는 재학 고등학교의 상대적인 수준을 보여주는 반면, 수능과 같이 표준화된 학업성취도 평가(achievement test score) 같은 경우는 전국적인 수준에서의 수준을 보여준다. 따라서 전국에서 학생들이 모이는 대학에서의 성적이라면 고등학교 내신보다는 표준화된 시험과 좀 더 상관관계가 높을 가능성이 있다. [그림 2-8]은 표준화된 성취점수와 대학교 성적과의 관계를 보여주고 있다. 고등학교 성적과 유사하게 양(+)의 상관관계가 존재하는 것으로 판단된다.

```
. scatter colGPA  ACT,  mcolor(blue%30)
```

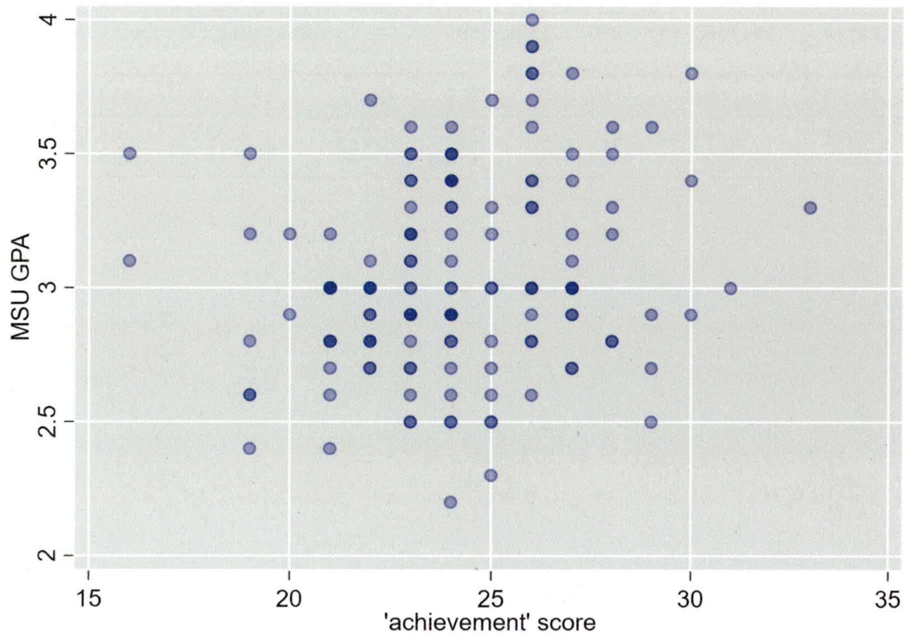

그림 2-8 성취점수와 대학교 학점과의 상관관계

성취점수가 동일한 학생들을 이용해서 고등학교 성적이 대학교 성적에 미치는 한계효과(marginal effect)를 추정하는 것이 필요하다. 즉 ACT 효과를 통제한 후에 고등학교 GPA가 대학교 GPA에 미치는 효과를 추정해야 한다. 이러한 통제의 역할을 회귀분석이 해주게 된다.

ACT를 통제하지 않았을 경우, 고등학교 성적이 대학교 성적에 미치는 효과는 고등학교 학점이 1점 높아질 때 대학 학점이 0.48점 상승하는 경향이 있다. R^2=0.17로서 대학 GPA 차이의 17% 정도를 고등학교 GPA가 설명해주고 있다.

```
. reg colGPA hsGPA

      Source |       SS       df       MS              Number of obs =     141
-------------+------------------------------           F(  1,   139) =   28.85
       Model |  3.33506006     1  3.33506006           Prob > F      =  0.0000
    Residual |  16.0710394   139  .115618988           R-squared     =  0.1719
-------------+------------------------------           Adj R-squared =  0.1659
       Total |  19.4060994   140  .138614996           Root MSE      =  .34003

------------------------------------------------------------------------------
      colGPA |      Coef.   Std. Err.      t    P>|t|     [95% Conf. Interval]
-------------+----------------------------------------------------------------
       hsGPA |   .4824346   .0898258     5.37   0.000      .304833    .6600362
       _cons |   1.415434   .3069376     4.61   0.000     .8085635    2.022304
------------------------------------------------------------------------------
```

ACT를 통제하면, 그 효과는 0.45로 소폭 감소하게 된다. R^2=0.176으로 대학 학점 변이의 17.6%를 고등학교 학점과 ACT 점수의 변이가 설명해주고 있다. 참고로 설명변수가 추가되면 R^2는 단조적으로 증가한다. 즉, 회귀모형에 아무 변수나 추가하여도 설명력이 증가하는 것처럼 보인다. 이러한 단점을 보완하기 위한 측도가 adjusted R^2이다. adjusted R^2는 0.166에서 ACT를 포함한 이후에는 오히려 0.165로 감소하였다.

```
. reg colGPA hsGPA ACT

      Source |       SS       df       MS              Number of obs =     141
-------------+------------------------------           F(  2,   138) =   14.78
       Model |  3.42365506     2  1.71182753           Prob > F      =  0.0000
    Residual |  15.9824444   138  .115814814           R-squared     =  0.1764
-------------+------------------------------           Adj R-squared =  0.1645
       Total |  19.4060994   140  .138614996           Root MSE      =  .34032

------------------------------------------------------------------------------
      colGPA |      Coef.   Std. Err.      t    P>|t|     [95% Conf. Interval]
-------------+----------------------------------------------------------------
       hsGPA |   .4534559   .0958129     4.73   0.000     .2640047    .6429071
         ACT |    .009426   .0107772     0.87   0.383    -.0118838    .0307358
       _cons |   1.286328   .3408221     3.77   0.000      .612419    1.960237
------------------------------------------------------------------------------
```

C. 교육수익률 추정

이번에는 좀 더 복잡한 회귀모형을 추정해보자. 소위 말하는 교육의 수익률(return to education)을 추정해보자. labor_supply_female.do 파일을 이용하여 labor_supply_female.dta를 열어보자.

```
. use labor_supply_female, clear
```

먼저 교육수익률이란 무엇인지 생각해보자. 교육수익률은 1년 교육을 더 받았을 경우 시간당 임금이 평균적으로 몇 %의 상승을 기대할 수 있는 지를 측정한 것이다. 연간 혹은 월간 소득 대신 시간당 임금을 사용한다는 점에 유의해야 한다. 연간 혹은 월간 소득의 경우 시간당 임금과 노동시간의 곱으로 이루어진다. 시간당 임금이 높지 않더라도 좀 더 많은 시간을 일한 사람의 소득이 높을 수 있다. 그런 경우 소득이 높은 것이 높은 교육으로 인한 것인지 아니면 일을 많이 해서 그런 것인지를 구분할 수 없게 된다. 따라서 교육의 수익률을 측정하려고 할 때에는 시간당 임금을 사용하는 것이 바람직하다.

임금과 시간당 임금의 분포를 살펴보자. 일변수의 분포를 살펴보는 가장 편한 방법은 히스토그램을 사용하는 것이다. STATA에서는 hist[ogram] 명령어를 이용하여 [그림 2-9]와 같이 히스토그램을 그릴 수 있다. 아래의 명령어는 임금(wage)과 시간당임금(wage_hourly)의 히스토그램을 각각 그린 후, 두 개의 그래프를 묶은 것이다. 이를 위해 graph combine이라는 명령어를 사용하였다.

```
. global gstyle = "fcolor(blue%30) lcolor(blue%0) "

. hist wage, gap(20) freq ylabel(#4) xlabel(,grid)  xtitle(소득) saving(wage, repl
> ace)  $gstyle
(bin=30, start=6, width=372.46667)
(file wage.gph saved)

. hist wage_hourly , gap(20) freq ylabel(#4) xlabel(,grid)  xtitle(시간당 소득) sa
> ving(wage_hourly, replace)   $gstyle
(bin=30, start=.00721154, width=.21693133)
(file wage_hourly.gph saved)

. graph combine wage.gph wage_hourly.gph, col(1)
```

임금의 분포나 시간당 임금의 분포 모두 유사하게 생겼고, 오른쪽으로 꼬리가 긴(right skewed) 분포임을 알 수 있다.

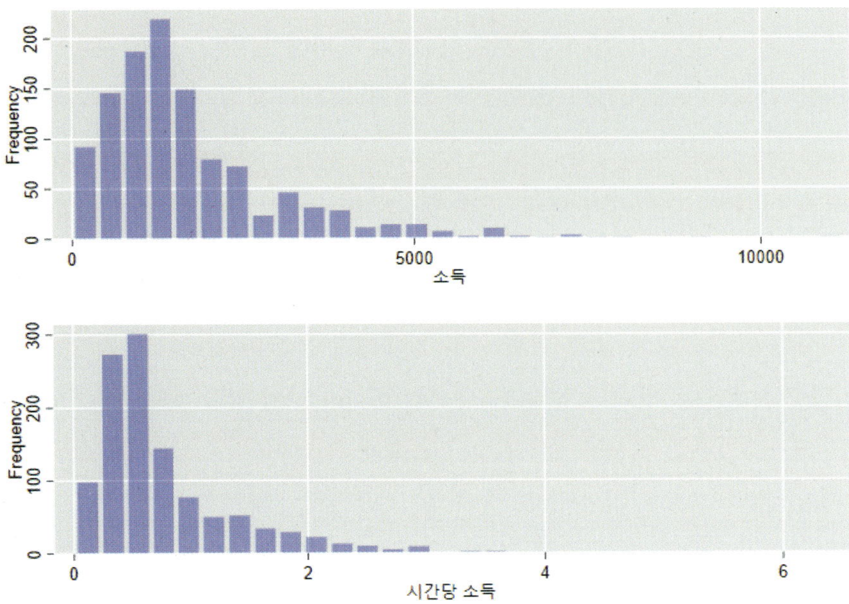

그림 2-9 소득 및 시간당 임금의 분포

이번에는 수준 변수 대신 로그 변환한 변수의 분포를 살펴보자. [그림 2-10]은 로그를 취한 임금(ln_wage)과 시간당 임금의 분포(ln_wage_hourly)는 정규분포와 유사해졌음을 알 수 있다.

```
. hist ln_wage, freq normal gap(20) ylabel(#4) xlabel(,grid)  xtitle(로그-소득) sa
> ving(ln_wage, replace)    $gstyle
(bin=30, start=1.7917595, width=.25100406)
(note: file ln_wage.gph not found)
(file ln_wage.gph saved)

. hist ln_wage_hourly, freq  normal gap(20) ylabel(#4) xlabel(,grid)  xtitle(로그-
> 시간당 소득) saving(ln_wage_hourly, replace)   $gstyle
(bin=30, start=-4.9320731, width=.22687345)
(note: file ln_wage_hourly.gph not found)
(file ln_wage_hourly.gph saved)

. gr combine ln_wage.gph ln_wage_hourly.gph, col(1)
```

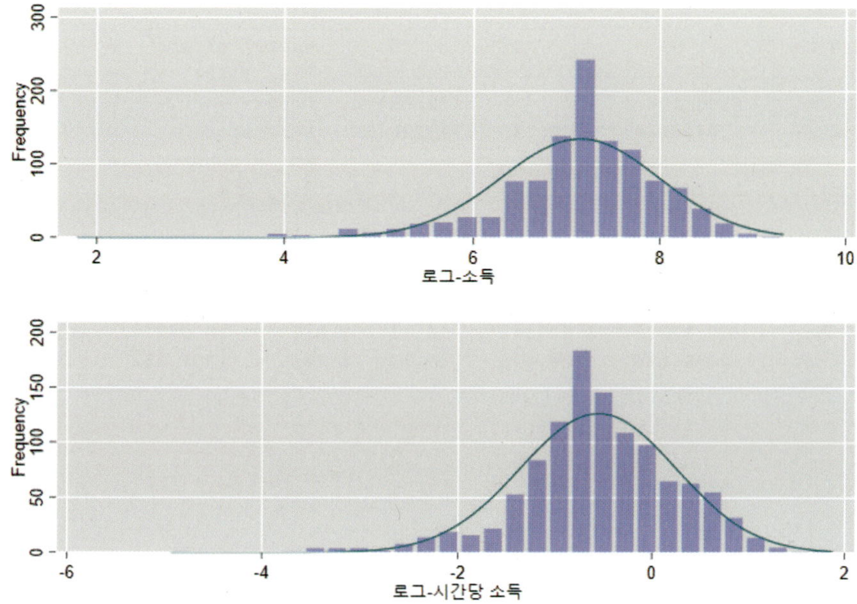

그림 2-10 로그-임금 및 로그-시간당 임금의 분포

교육의 수익률은 통상적으로 Mincer의 임금방정식을 추정함으로써 얻을 수 있다. 통상적인 Mincer의 임금방정식은 아래의 식과 같다.

$$\ln(w_i) = \beta_0 + \beta_1 age_i + \beta_2 age_i^2 + Z_i^{'}\beta + e_i \quad (2\text{-}6)$$

노동자의 임금은 연령과 연령제곱, 그리고 교육변수(교육더미일수도 있고 교육기간일수도 있다), 그리고 개인의 특성(Z) 변수에 의해서 결정된다는 것이다. 그리고 e_i는 임금의 결정요인 중 연구자에게는 관측되지 않는 부분이다.

교육수익률 추정을 위해 기본적인 모형부터 추정을 해보자. 먼저 임금에 대한 설명변수로서 연령만을 포함시켰을 경우를 추정해보자. 회귀방정식에 독립변수로는 연령만을 포함시키고 베이스라인 회귀분석을 해보자.

추정결과에 따르면, 연령이 1살 증가할 때 평균적으로 임금이 약 18.8만원 감소하는 것으로 추정되었다. 이는 통상적인 상식과 다르다. 모형의 설정에 문제가 있을 가능성이 있다. 모형이 연령제곱항을 추가적으로 포함시켜 보자.

```
. reg wage  age

      Source |       SS           df       MS      Number of obs   =     1,140
-------------+----------------------------------   F(1, 1138)      =     37.36
       Model |  63701894.3         1  63701894.3   Prob > F        =    0.0000
    Residual |  1.9406e+09     1,138  1705240.97   R-squared       =    0.0318
-------------+----------------------------------   Adj R-squared   =    0.0309
       Total |  2.0043e+09     1,139  1759671.74   Root MSE        =    1305.8

------------------------------------------------------------------------------
        wage |      Coef.   Std. Err.      t    P>|t|     [95% Conf. Interval]
-------------+----------------------------------------------------------------
         age |  -18.82093   3.079342    -6.11   0.000    -24.86276   -12.77911
       _cons |   2448.606    128.021    19.13   0.000     2197.422     2699.79
------------------------------------------------------------------------------
```

연령제곱항 c.age#c.age을 추가적으로 포함시키면 추정결과에 변화가 발생한다. 첫째, 연령의 부호가 음수에서 양수로 바뀌었을 뿐만 아니라 그 크기도 큰 폭으로 바뀌었다. 연령이 1살 증가하면 임금이 124만원 증가하는 것으로 추정되었다. 둘째, 연령제곱항의 부호는 음수로 추정되었다. 연령이 증가하면서 임금이 증가하는 것은 맞지만 그 증가 정도는 연령에 따라 감소한다는 것이다. 즉 연령에 따른 임금 증가는 체감하게 된다.

```
. reg wage  age c.age#c.age

      Source |       SS           df       MS      Number of obs   =     1,140
-------------+----------------------------------   F(2, 1137)      =     50.70
       Model |   164105694         2  82052847.1   Prob > F        =    0.0000
    Residual |  1.8402e+09     1,137  1618434.85   R-squared       =    0.0819
-------------+----------------------------------   Adj R-squared   =    0.0803
       Total |  2.0043e+09     1,139  1759671.74   Root MSE        =    1272.2

------------------------------------------------------------------------------
        wage |      Coef.   Std. Err.      t    P>|t|     [95% Conf. Interval]
-------------+----------------------------------------------------------------
         age |   124.0989   18.39165     6.75   0.000     88.01349    160.1843
             |
 c.age#c.age |  -1.652939   .2098599    -7.88   0.000    -2.064695   -1.241183
             |
       _cons |  -358.5743   377.5964    -0.95   0.343    -1099.438    382.2897
------------------------------------------------------------------------------
```

기본 모형에 우리의 관심 변수인 교육수준을 추가적으로 고려해보자. 설문조사에서 교육수준을 측정하는 변수는 아래와 같이 범주형 질문으로 물어보는 것이 보통이다. 예컨대 학력에 대한 질문을 묻고, 보기 중에서 자신의 학력에 표시를 하는 방법을 사용한다. 그러면 아래와 같은 학력 별로 몇 명이 있는지에 대한 정보가 있다. 이를 더미변수로 만들어서 회귀식에 넣는 방법이 있다.

```
. tab w2edu
```

(가구원)2008년말 기준 교육 수준 - 최종교육 기관	Freq.	Percent	Cum.
안받았음(미취학 포함)	263	14.46	14.46
초등학교	365	20.07	34.52
중학교	179	9.84	44.37
고등학교	457	25.12	69.49
전문대학교	168	9.24	78.72
대학교	334	18.36	97.09
대학원 석사	47	2.58	99.67
대학원 박사	6	0.33	100.00
Total	1,819	100.00	

한편 교육기간(educ_year) 변수를 새롭게 만들어서 사용할 수도 있다. 예컨대, 초등학교 졸은 6년, 중학교졸은 9년, 고등학교졸은 12년, 대학졸은 16년 등으로 변수를 새롭게 만들어서 사용할 수 있다. 다음과 같이 gen과 replace를 이용하여 educ_year를 새롭게 생성할 수 있다.

```
· gen educ_year = .
· replace educ_year = 6 if w2edu == "초등학교"
· replace educ_year = 9 if w2edu == "중학교"
· ......
```

이렇게 생성된 변수를 회귀방정식에 포함하여 아래와 같이 교육기간이 임금에 미치는 효과를 추정할 수 있다. 추정결과에 따르면, 교육기간이 1년 증가했을 때, 임금이 평균적으로 201.8만원 증가하는 것으로 보인다.

```
. reg wage  age c.age#c.age  educ_year

      Source |       SS           df       MS      Number of obs   =     1,140
-------------+----------------------------------   F(3, 1136)      =    117.55
       Model |  474795871         3  158265290     Prob > F        =    0.0000
    Residual |  1.5295e+09     1,136  1346364.65   R-squared       =    0.2369
-------------+----------------------------------   Adj R-squared   =    0.2349
       Total |  2.0043e+09     1,139  1759671.74   Root MSE        =    1160.3

------------------------------------------------------------------------------
        wage |      Coef.   Std. Err.      t    P>|t|     [95% Conf. Interval]
-------------+----------------------------------------------------------------
         age |   75.02075   17.08297     4.39   0.000     41.50303    108.5385
             |
 c.age#c.age |  -.6263996   .2029878    -3.09   0.002    -1.024673   -.2281264
             |
   educ_year |   201.7636    13.2819    15.19   0.000     175.7037    227.8234
       _cons |  -2740.299   378.4079    -7.24   0.000    -3482.756   -1997.842
------------------------------------------------------------------------------
```

이번에는 원래 우리의 관심이었던 시간당 임금을 이용해서 회귀분석을 해보자. 이전과 동일한 연령, 연령제곱 외에 교육수준을 더미변수 형태로 추정할 경우 다음과 같은 명령어를 이용할 수 있다.

학력변수가 더미변수의 형태로 포함되었기 때문에, 계수의 해석은 더미변수에서 제외된 무학을 기준으로 하여 상대적으로 해석해야만 한다. 예컨대, 초졸은 무학에 비해보았을 때, 620원 정도 시간당 임금이 높다. 중졸은 무학에 비해 1840원 정도 시간당 임금이 높다.

```
. reg wage_hourly  age c.age#c.age  i.w2edu

      Source |       SS           df       MS      Number of obs   =     1,125
-------------+----------------------------------   F(9, 1115)      =     51.00
       Model |  137.444593         9  15.2716215   Prob > F        =    0.0000
    Residual |  333.853612     1,115   .29942028   R-squared       =    0.2916
-------------+----------------------------------   Adj R-squared   =    0.2859
       Total |  471.298205     1,124  .419304453   Root MSE        =    .54719

------------------------------------------------------------------------------
 wage_hourly |      Coef.   Std. Err.      t    P>|t|     [95% Conf. Interval]
-------------+----------------------------------------------------------------
         age |   .0484652   .0090726     5.34   0.000     .0306639    .0662666
             |
 c.age#c.age |   -.000429   .0001082    -3.96   0.000    -.0006414   -.0002167
             |
       w2edu |
    초등학교 |   .0619913   .1247955     0.50   0.619    -.1828691    .3068518
      중학교 |   .1839501   .1317623     1.40   0.163    -.0745799    .4424802
    고등학교 |   .4531533   .1337369     3.39   0.001     .1907488    .7155577
  전문대학교 |    .716865   .1418918     5.05   0.000       .43846    .9952701
      대학교 |    1.06183    .138189     7.68   0.000     .7906905     1.33297
 대학원 석사 |   1.518387   .1548964     9.80   0.000     1.214465    1.822308
 대학원 박사 |   1.685061   .2799626     6.02   0.000     1.135748    2.234374
             |
       _cons |  -1.056055   .1959171    -5.39   0.000    -1.440463   -.6716472
------------------------------------------------------------------------------
```

이번에는 교육수준을 더미 변수 대신에 연도 형태로 넣어보자. 추정결과를 간단히 살펴보면, 학력이 1년 올라갈수록 시간당 임금이 약 111원 정도 증가하는 것으로 보인다.

```
. reg wage_hourly  age c.age#c.age  educ_year

      Source |       SS           df       MS      Number of obs   =     1,125
-------------+----------------------------------   F(3, 1121)      =    120.71
       Model |  115.078494         3  38.359498   Prob > F        =    0.0000
    Residual |  356.219711     1,121  .317769591   R-squared       =    0.2442
-------------+----------------------------------   Adj R-squared   =    0.2422
       Total |  471.298205     1,124  .419304453   Root MSE        =    .56371

------------------------------------------------------------------------------
 wage_hourly |      Coef.   Std. Err.      t    P>|t|     [95% Conf. Interval]
-------------+----------------------------------------------------------------
         age |   .0225421   .0084046     2.68   0.007     .0060515    .0390326
             |
 c.age#c.age |  -.0000819   .0001001    -0.82   0.413    -.0002783    .0001145
             |
   educ_year |   .1111097    .006493    17.11   0.000       .09837    .1238494
       _cons |  -1.389178   .1858735    -7.47   0.000    -1.753877   -1.024478
------------------------------------------------------------------------------
```

원래 변수 대신에 탄력성을 바로 추정할 수 있는 로그-변수들을 사용하여 추정해보자. 종속변수가 로그 변수이고, 우리가 관심을 가지고 있는 정책변수가 범주형, 특히 0 혹은 1의 값을 갖는 더미변수인 경우 퍼센티지로 나타낸 교육 수익률로 해석할 수 있다.

예컨대 학력 더미변수를 이용한 추정결과를 살펴보자. 초졸의 경우에는 무학에 비해 14.2%, 중졸은 33.9%, 고졸은 62% 정도가 높다고 추정치로부터 해석 할 수 있다.

```
. reg ln_wage_hourly  age c.age#c.age  i.w2edu

      Source |       SS           df       MS      Number of obs   =     1,125
-------------+----------------------------------   F(9, 1115)      =     53.46
       Model |  219.752607         9  24.4169564   Prob > F        =    0.0000
    Residual |  509.223765     1,115  .456702929   R-squared       =    0.3015
-------------+----------------------------------   Adj R-squared   =    0.2958
       Total |  728.976373     1,124  .648555492   Root MSE        =     .6758

------------------------------------------------------------------------------
ln_wage_hou~y |      Coef.   Std. Err.      t    P>|t|     [95% Conf. Interval]
--------------+----------------------------------------------------------------
          age |     .07429   .0112049     6.63   0.000     .0523049    .0962751
              |
  c.age#c.age |   -.000839   .0001336    -6.28   0.000    -.0011012   -.0005767
              |
        w2edu |
     초등학교 |   .1421755   .1541257     0.92   0.356    -.1602336    .4445847
       중학교 |   .3391013     .16273     2.08   0.037     .0198098    .6583927
     고등학교 |   .6199602   .1651687     3.75   0.000     .2958838    .9440367
   전문대학교 |   .9276296   .1752402     5.29   0.000      .583792    1.271467
       대학교 |   1.235671   .1706671     7.24   0.000     .9008058    1.570535
 대학원  석사 |   1.653079   .1913012     8.64   0.000     1.277728     2.02843
 대학원  박사 |   1.845497   .3457613     5.34   0.000     1.167081    2.523913
              |
        _cons |  -2.860568   .2419628   -11.82   0.000    -3.335321   -2.385814
------------------------------------------------------------------------------
```

학력변수를 이용하여 추정한 결과에 따르면, 학력 1년의 시간당 임금 프리미엄은 약 11.6% 정도 된다.

```
. reg ln_wage_hourly  age c.age#c.age  educ_year

      Source |       SS           df       MS      Number of obs   =     1,125
-------------+----------------------------------   F(3, 1121)      =    144.51
       Model |  203.302303         3  67.7674342   Prob > F        =    0.0000
    Residual |   525.67407     1,121  .468933158   R-squared       =    0.2789
-------------+----------------------------------   Adj R-squared   =    0.2770
       Total |  728.976373     1,124  .648555492   Root MSE        =    .68479

------------------------------------------------------------------------------
ln_wage_ho~y |      Coef.   Std. Err.      t    P>|t|     [95% Conf. Interval]
-------------+----------------------------------------------------------------
         age |   .0505973   .0102098     4.96   0.000     .0305649    .0706297
             |
 c.age#c.age |  -.0005288   .0001216    -4.35   0.000    -.0007674   -.0002902
             |
   educ_year |   .1165055   .0078876    14.77   0.000     .1010295    .1319816
       _cons |  -3.124733   .2257963   -13.84   0.000    -3.567764   -2.681702
------------------------------------------------------------------------------
```

다 몇 가지 코멘트

A. 상수항에 대한 제약

연구문제에 따라 회귀계수에 제약을 주어야 하는 경우가 발생한다. 예컨대 경제모형에 따라서 회귀모형의 상수항이 0, 즉 $\beta_0=0$이어야만 회귀모형이 의미를 갖는 경우가 있다. 이런 경우 회귀모형을 추정할 때 상수항이 0이라는 제약하에서 회귀모형을 추정할 필요가 있다. STATA에서는 regress 명령어에 옵션인 noconstant를 아래와 같이 넣어주면 된다.

```
. reg y x1 x2 x3, noconstant
```

상수항을 제약할 때 주의할 점이 있다. 진짜 모형(true model)에서 상수항이 0이 아닌데 기울기에 대한 제약을 주게 되면 기울기에 대한 추정치가 편의 있게 추정될 가능성이 있다. 반대로 진짜 모형에서 상수항이 0임에도 불구하고 추정 모형에서 상수항을 넣어서 추정하는 경우 문제가 발생하는 부분은 기울기 추정치의 표준오차가 좀 더 크게 추정되는 것 밖에는 없다. 따라서 구조모형을 추정하는 과정에서 상수항에 제약을 가해야만 하는 상황이 아니라면, 상수항을 넣고 추정하는 것이 바람직하다.

B. 다중공선성의 문제

회귀분석에서 자주 등장하는 이슈로 다중공성선(multicollinearity)이라고 불리는 문제가 있다. 행렬표현을 이용해서 OLS 추정치는 다음과 같이 써 볼 수 있다.

$$\hat{\beta}=\left(X'X\right)^{-1}X'y \qquad \textbf{(2-7)}$$

OLS 추정량을 구하기 위해서는 위의 식처럼 $(X'X)$의 역행렬을 구해야 한다. 하지만, 다중공선성, 특히 독립변수들 중에 완전한 상관관계가 있는 변수들이 있으면 역행렬을 구할 수 없게 된다. 결국 회귀계수를 식별할 수 없는 문제가 발생한다. 이런 의미에서 OLS 추정량에 대한 식별 조건으로서 X가 full-rank인 조건이 식별조건으로 필요하다. 설명변수가 다른 설명변수들의 선형결합(linear combination)으로 표현 가능해서는 안 된다.

설명변수들이 완전히 상관되어 있는 것만 아니라면 OLS 추정에는 문제가 없다. 설사 완전 상관되어 있다고 하더라도 STATA에서는 이러한 변수들을 자동으로 추정모형에서 탈락시켜 주기 때문에 큰 문제가 되지는 않는다. 완전 상관되어 있지 않는 경우에는 추정치는 그냥 계산 된다. 다만 독립변수들이 서로 상관되어 있기 때문에 변수가 추가된다고 해도 추가적인 정보량은 거의 없다. 이렇게 추가적인 정보량이 적은 경우, OLS 추정치의 표준오차는 커지게 된다.

다중공선성의 문제는 컴퓨터가 발달되지 않았던 때에는 중요한 문제였지만 지금에 와서는 그다지 중요하지는 않다. 각 설명변수들이 가지고 있는 정보량이 유사하다면 추가적인 변수의 통계적 의미가 크지 않기 때문에 계수의 표준오차가 크게 추정되는 것일 뿐이다.

그럼에도 불구하고 STATA에는 다중공성선 문제를 진단할 수 있는 방법이 있다. 먼저 변수간에 corr을 명령어를 이용해서 설명변수간의 상관관계를 추정해보거나, OLS 추정 이후에 VIF(variance inflation factors)을 확인해보면 된다. OLS 추정 후에 estat vif 명령어를 통해 확인해 볼 수 있다.

$$\mathrm{VIF}\left(x_k\right) = \frac{1}{1 - R_k^2} \tag{2-8}$$

여기에서 R_k^2는 변수 x_k를 다른 설명변수에 회귀분석을 해서 산출되는 결정계수이다.

VIF는 대략 10을 기준으로 10보다 크면 다중공선성을 의심해볼 수 있다(rule of thumb). 하지만, 단지 의심을 해본다는 것이지 무슨 문제가 있고 그런 것은 아니다.

```
. estat vif

    Variable |       VIF       1/VIF
-------------+----------------------
         age |     39.03    0.025619
 c.age#c.age |     42.27    0.023656
   educ_year |      2.02    0.494296
-------------+----------------------
    Mean VIF |     27.78
```

C. 표준오차 구하기

관심을 가지고 있는 모수에 대한 추정을 한 후에는 통계적 추론(statistical inference)을 하게 된다. 이러한 과정은 추정된 모수의 표준오차와 기준이 되는 분포(reference distribution)를 이용하게 된다. 본 장에서 살펴보고 있는 regress 명령어는 추정결과의 일부로 표준오차를 보고하고 있다.

이 표준오차는 등분산성(homoskedasticity) 가정에 기초하여 얻어진 것이다. 하지만 오차항이 등분산성의 가정을 만족하지 못하는 경우가 좀 더 일반적이다. 좀 더 일반적인 표준오차는 소위 말하는 샌드위치 공식(sandwich formula)으로 표현되는 Huber-White, Eicker-White, Eicker-Huber-White 분산-공분산 행렬로부터 구할 수 있다.

STATA에서는 regress 명령어에 vce(robust)라는 옵션을 주면 Huber-White 공식에 따라 표준오차를 계산해준다. 이론적인 정당성 외에도 실용적인 관점에서 보았을 때 오차항 구조에 대한 확신이 없을 때에는 아래와 같이 robust 옵션을 주어 표준오차를 계산하는 것이 좀 더 강건한 추정치를 얻는 방법이 된다.

```
. reg ln_wage_hourly  age c.age#c.age  educ_year, vce(robust)

Linear regression                               Number of obs     =      1,125
                                                F(3, 1121)        =     103.98
                                                Prob > F          =     0.0000
                                                R-squared         =     0.2789
                                                Root MSE          =     .68479

------------------------------------------------------------------------------
             |               Robust
ln_wage_ho~y |      Coef.   Std. Err.      t    P>|t|     [95% Conf. Interval]
-------------+----------------------------------------------------------------
         age |   .0505973   .0129398     3.91   0.000     .0252084    .0759862
             |
 c.age#c.age |  -.0005288   .0001693    -3.12   0.002    -.0008609   -.0001967
             |
   educ_year |   .1165055   .0098671    11.81   0.000     .0971455    .1358656
       _cons |  -3.124733   .2387398   -13.09   0.000    -3.593161   -2.656306
------------------------------------------------------------------------------
```

최근에는 군집(cluster) 내에서 오차항의 상관관계를 허용하되 군집 간에는 독립을 허용하는 이른바 군집화(clustering)된 표준오차를 계산하는 것이 유행이다. 같은 군집 내에서 독립변수가 충분히 통제되지 않으면 오차항 사이에 상관관계가 존재할 가능성이 높다.

우리의 예에서는 지역 마다 노동시장 상황이 달라서 같은 지역에 있는 사람들은 지역내 노동시장 상황을 공유하지만, 다른 지역의 노동시장 상황과는 독립일 수 있다. 이러한 상황을 반영하면 regress의 옵션에 vce(cluster varlist) 넣어주면 된다. 여기에서는 지역마다 군집이 발생할 수 있는 상황을 상정하여 vce(cluster w2area)를 넣어보자.

```
. reg ln_wage_hourly  age c.age#c.age  educ_year, vce(cluster w2area )

Linear regression                               Number of obs     =      1,125
                                                F(3, 14)          =      76.41
                                                Prob > F          =     0.0000
                                                R-squared         =     0.2789
                                                Root MSE          =     .68479

                                (Std. Err. adjusted for 15 clusters in w2area)
------------------------------------------------------------------------------
             |               Robust
ln_wage_ho~y |      Coef.   Std. Err.      t    P>|t|     [95% Conf. Interval]
-------------+----------------------------------------------------------------
         age |   .0505973   .0125073     4.05   0.001     .0237719    .0774228
             |
 c.age#c.age |  -.0005288   .0001773    -2.98   0.010    -.0009091   -.0001484
             |
   educ_year |   .1165055   .0185298     6.29   0.000      .076763    .1562481
       _cons |  -3.124733   .3320544    -9.41   0.000    -3.836919   -2.412547
------------------------------------------------------------------------------
```

3
CHAPTER

정책변수가 내생적일 때의 정책 효과 추정

STATA

가 개 요

정책변수는 대개 내생성의 문제가 있다. 내생성의 문제가 있다는 것은 정책변수와 성과변수의 미관측 이질성 사이에 체계적인 상관관계가 존재한다는 것을 의미한다. 시범사업이나 정책실험을 하는 경우를 제외하고 나면 정책변수를 외생적으로 보기는 어렵다. 정책을 시행하면 통상적으로 2단계의 선별과정을 거치게 된다. 먼저, 지원 자격을 정하고 신청을 받는다. 예컨대, 연령이나 소득기준이 대표적이다. 따라서, 정책을 받고자 신청을 한 사람들은 정책을 신청하지 않은 사람들과 체계적으로 다를 가능성이 높다. 명시적인 기준이 없는 경우에도 정책 수혜 그룹과 비수혜 그룹간 체계적인 차이가 있을 수 있다. 정책을 통해 이득을 가장 많이 볼 것으로 기대하는 사람들이 지원을 할 가능성이 높기 때문이다. 두 번째로는 정책담당자의 선정과정에서 정책담당자의 개입이 있었을 수 있다. 정책담당자가 정책의 성과에 따라 본인 혹은 담당부서가 평가를 받게 되는 경우가 있을 수 있다. 이런 경우 아무래도 담당자가 개인의 특성을 보고 성과가 좋을 가능성이 있는 대상을 선정했을 수 있다. 특별히, 이러한 특성을 정책담당자는 볼 수 있지만 이후에 정책을 평가할 연구자가 볼 수 없다면 내생성의 문제가 발생할 수 있다. 도구변수 추정법(instrumental variable estimation)은 정책변수와 오차항 간 외생성의 가정이 만족되지 않는 내생성의 문제가 있을 때 정책효과를 추정할 수 있는 추정방법이다.

식(3-1)과 같은 모형을 생각해보자.

$$y_{i,1} = \alpha y_{i,2} + \beta_0 x_{i,0} + \beta_1 x_{i,1} + \beta_2 x_{i,2} + \cdots + \beta_k x_{i,k} + e_i \tag{3-1}$$

식(3-1)에서 $y_{i,1}$은 성과변수, $y_{i,2}$는 정책변수, $x_{i,k}$는 통제변수, e_i는 오차항이라고 해보자. 우리가 추정하고 싶어 하는 대상은 정책효과인 α이다. y_1을 y_2와 x_k에 대해서 OLS를 돌리면 된다.

보통 정책변수 $y_{i,2}$가 e_i와 상관관계를 갖고 있으면, $y_{i,2}$를 내생변수(endogenous variable)라고 부른다. 특별히 식(3-2)와 같은 조건이 성립하게 된다.

$$E\left[y_2 e\right] \neq 0 \tag{3-2}$$

정책변수가 내생성의 문제를 갖고 있으면 OLS 추정량은 통계적으로 여러 문제를 갖게 된다. 특히, α의 OLS 추정치가 일치추정량이 되지 못한다.

정책평가에 있어 내생성이 문제가 되는 경우가 많다. 오히려 정책평가에 있어서 내생성의 문제는 늘 있는 문제라고 보는 것이 타당할 수 있다. 내생성이 발생할 수 있는 경우는 다양하긴 하지만 필자의 경우 다음과 같이 4가지 경우 정도로 정리를 하고 있다.

- 연립방정식 모형의 경우
- 측정오차가 있는 경우
- 선택편의가 있는 경우(자기선택 혹은 표본선택의 경우)
- 누락된 변수가 있는 경우

계량경제학의 역사를 보면 내생성의 문제가 처음으로 제기된 것은 연립방정식 문제의 경우였다. 하지만 최근에 와서는 연립방정식의 경우보다는 선택편의나 누락변수의 문제가 좀 더 자주 제기되고 있다. 특히 정책평가를 하는 경우에는 더욱 그렇다.

각각의 문제에 대해서는 다음 장에서 좀 더 자세히 설명해보자.

나 이 슈

A. 연립방정식의 경우

실증 정책평가에서 수요 혹은 공급함수를 추정해야 하는 경우가 많다. 예를 들어 저출산 정책이 여성의 경제활동을 제고하였는지를 평가하는 경우 여성의 노동공급함수를 추정하는 것이 필요하다. 최저임금 인상이 고용에 미치는 효과를 보기 위해서는 노동수요함수의 추정이 필요하다. 도서정가제가 도서 소비에 미치는 효과를 알기 위해서는 도서수요함수를 추정할 필요가 있다.

이러한 수요 혹은 공급함수는 이른바 연립방정식 모형을 구성한다. 수요함수의 수요량과 가격, 공급함수의 공급량과 가격은 수요-공급함수로 구성된 연립방정식의 해로부터 도출된 해이기 때문이다.

수요함수(혹은 공급함수)를 추정하기 위해서는 최소한 가격(p)과 양(q)이 관측된 자료가 필요하다. 좀 더 상황이 좋은 경우에는 시장의 상황, 소비자의 특징, 혹은 제품의 특성 등이 관측되는 경우가 있다.

수요함수를 추정하기 위해 식(3-3)과 같은 수요 모형을 생각해보자. 예산제약하에서 소비자의 효용극대화 과정을 거쳐 도출된 수요 함수가 아래와 같은 선형함수라고 가정해보자.

$$\begin{aligned} Q_i^d &= \alpha P_i + \beta Y_i + U_i \\ U_i &\sim IID\left(0, \sigma_u^2\right) \end{aligned} \tag{3-3}$$

위의 수요함수는 보통수요함수 혹은 마샬리안 수요함수라고 불리고, 가격과 소득의 함수이다.

식(3-3)과 같은 수요방정식을 추정하는 것이 우리의 목표라고 하자. 더 구체적으로는 α를 추정하는 것이 중요하다. 이를 통해 수요의 가격탄력성(price elasticity of demand)을 추정하는 것이 우리의 목적이라고 하자. 보상탄력성(compensated elasticity)을 추정하기 위해서는 β와 슬러츠키 방정식(Slutsky equation)도 필요하다.

수요함수 식(3-3) 추정과 관련하여 중요한 문제는 가격 P와 오차항 U가 식(3-4)와 같은 외생성의 조건을 만족시키는 것이냐는 것이다.

$$E[PU] = 0 \tag{3-4}$$

식(3-4)의 조건이 성립하면 가격과 오차항이 외생적이기 때문에 내생성의 문제가 없다. 하지만 식(3-4)가 성립하지 않으면 내생성의 문제가 발생하게 된다.

앞에서도 잠시 언급했지만 경제학 이론에 따르면 식(3-3)의 거래량과 가격은 균형 거래량과 균형 가격이다. 거래량은 수요함수만으로 결정되는 것이 아니다. 시장이 청산되는 수준에서 가격이 결정되고 그에 따라 거래량도 결정되는 것이다. 여기에서 시장이 청산된다고 하는 것은 주어진 가격에서 초과수요 혹은 초과공급도 없는 상황을 지칭한다. 주어진 가격에서 수요량과 공급량이 일치하는 상황을 말하는 것이다. 따라서 수요함수를 생각할 때는 공급함수도 동시에 고려할 필요가 있다.

이를 위해 아래와 같은 공급함수를 생각해보자.

$$
\begin{aligned}
&Q_i^s = \gamma P_i + \delta C_i + V_i \\
&V_i \sim IID\left(0, \sigma_u^2\right)
\end{aligned}
\qquad (3\text{-}5)
$$

시장을 청산하는 균형 가격은 수요량과 공급량이 일치하는 즉, 식(3-3)과 식(3-5)의 연립 방정식(simultaneous equation)의 해로서 결정된다.

$$
Q^s = Q^d \qquad (3\text{-}6)
$$

이를 그림으로 나타내면 아래와 같다. 균형가격은 수요곡선(Q^d)과 공급곡선(Q^s)이 일치하는 수준인 P^*에서 결정된다. 균형가격이 결정되면 이에 따라 균형거래량인 Q^* 역시 결정된다.

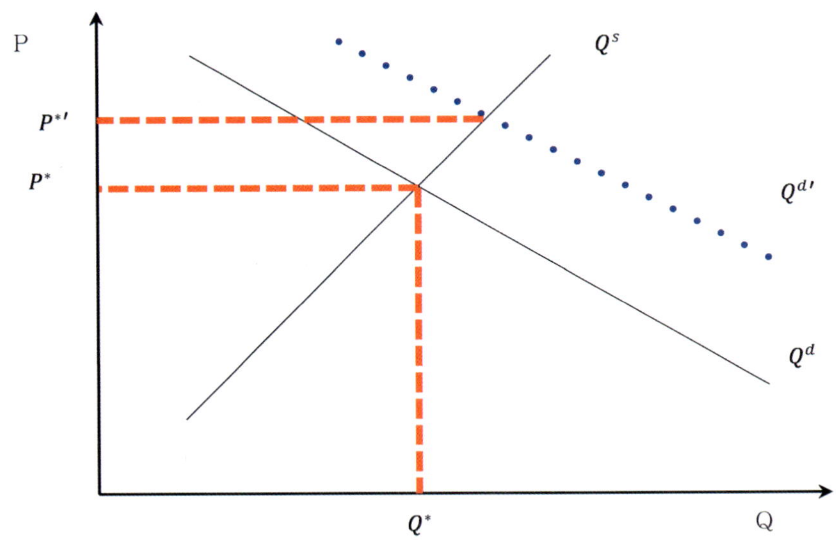

그림 3-1 균형가격과 균형거래량

이번에는 우리의 관심인 수요함수의 가격 P와 오차항 U가 외생성의 조건을 만족시키는지 검토해 보자. 이를 위해 다음과 같이 아이스크림 시장의 예를 생각해보자. 아이스크림의 수요함수와 공급함수가 [그림 3-1]과 같이 주어져 있다고 해보자. 어느 날 갑자기 기온이 높아져 아이스크림의 수요가 증가하는 경우를 생각해보자. 이런 경우는 양(+)의 수요측 충격을 받아서 수요가 증가하였다고 볼 수 있다. 즉, 수요함수 중 수요 변동 요인 중 하나인 U가 큰 값으로 실현된 경우이다. 위의 그림으로 보면, 수요곡선이 오른쪽으로 $Q^{d'}$처럼 이동한 경우이다. 이런 경우 [그림 3-1]에서 볼 수 있듯이 수요-공급의 청산조건에 의해서 가격이 P^*에서 $P^{*'}$으로 상승하게 된다.

위의 두 상황을 이어서 생각해보자. 수요-공급함수의 균형조건에 의해서 U가 증가하는 경우 P가 반드시 증가하게 되어 있다. 즉

$$cov(P,U) > 0 \tag{3-7}$$

인 경우가 된다. 따라서 독립변수 P와 오차항 U사이에 상관관계가 존재하게 된다. 즉, 내생성의 상황이 발생하게 되는 것이다.

내생성의 문제를 고려하지 않고 관측된 거래량을 관측된 가격에 OLS 했을 경우에 어떤 상황이 발생하게 되는지 생각해보자. 아래의 예를 통해 간단히 분석해보자. 분석의 편이를 위해 다음과 같이 간단한 수요-공급 모형을 생각해보자.

수요함수는 식(3-8)과 같고

$$q_i^d = -\beta_1 p_i + e_{1i} \tag{3-8}$$

공급함수는 식(3-9)와 같다고 가정해보자.

$$q_i^s = \beta_2 p_i + e_{2i} \tag{3-9}$$

식(3-10)과 같이 수요 및 공급함수의 오차항들을 벡터의 형태로 정의해보자

$$e_i = \begin{pmatrix} e_{1i} \\ e_{2i} \end{pmatrix} \tag{3-10}$$

그리고 식(3-11)과 같이 평균은 0이고, 분산은 1, 공분산은 0이라고 정의하자.

$$E[e_i] = 0, E[e_i e_i'] = I \tag{3-11}$$

식(3-8)과 식(3-9)의 수요-공급함수는 아래와 같이 행렬 형태로 쓸 수 있다.

$$\begin{bmatrix} 1 & \beta_1 \\ 1 & -\beta_2 \end{bmatrix} \begin{bmatrix} q_i \\ p_i \end{bmatrix} = \begin{bmatrix} e_{1i} \\ e_{2i} \end{bmatrix} \tag{3-12}$$

위의 해를 구하면 다음과 같다.

$$\begin{bmatrix} q_i \\ p_i \end{bmatrix} = \begin{bmatrix} \beta_2 e_{1i} + \beta_1 e_{2i} \\ e_{1i} - e_{2i} \end{bmatrix} \Big/ \left(\frac{1}{\beta_1 + \beta_2} \right) \tag{3-13}$$

이런 관계를 가지고 있는 수요함수를 구하기 위해서 아래와 같은 회귀방정식을 추정한다고 생각해보자. OLS 추정을 위해 설명변수의 외생성을 가정해보자.

$$\begin{aligned} q_i &= \beta^* p_i + u_i \\ E[p_i u_i] &= 0 \end{aligned} \tag{3-14}$$

그러면 OLS 추정량은 다음으로 수렴하게 된다.

$$\hat{\beta}^* \xrightarrow{p} \frac{E[p_i q_i]}{E[p_i^2]} = \frac{\beta_2 - \beta_1}{2} \tag{3-15}$$

식(3-15)에서 두 번째 등식은 식(3-11)에서 했던 e_1, e_1의 평균, 분산, 공분산에 대한 가정으로부터 도출된다.

위의 OLS 추정량 식(3-15)는 수요함수의 β_1도 공급함수의 β_2도 아니다. 실제로 $\hat{\beta}^*$아무것도 아니다. 관측된 양을 가격에 단순히 회귀분석해서는 수요함수 혹은 공급함수 중 아무것도 식별할 수 없게 된다. 내생성의 문제 때문이다.

이러한 내생성의 문제를 고려하려면 도구변수가 필요하다. 특별히 연립방정식 체계 하에서 적절한 도구변수는 이른바 제외제약(exclusion restriction)조건을 만족하는 변수이다. 이러한 도구변수를 이용한 추정방법에 대해서는 이후에 설명하겠다.

연립방정식 문제의 다른 예는 역인과관계(reverse causality)의 경우이다. 회귀분석은 *X*가 *Y*에 미친 인과관계를 암묵적으로 전제한다. 그렇지 않으면 회귀분석은 큰 의미가 없다. 하지만, 이러한 인과관계의 방향은 연구자가 사전적으로 가정한 것일 뿐이다. 실제로는 반대 방향의 인과관계가 존재할 수 있다. 즉, *Y*에서 *X*로의 인과관계가 존재할 수 있다.

예를 들어 케인즈의 소비함수를 생각해보자.

$$C_i = \beta_0 + \beta_1 Y_i + e_i \tag{3-16}$$

위의 소비모형은 소득이 없어도 최소한 β_0 정도는 소비를 하며(subsistence level), 소득이

1만원 증가하면 그 중 β_1 만큼을 소비하는 경향, 즉 한계소비성향(marginal propensity to consumption)이 β_1임을 의미한다. 물론, 위 모형은 소득(Y)이 소비(C)에 미치는 인과관계의 방향을 상정하고 있다.

하지만 인과관계가 한 방향으로만 간다고 볼 수는 없다. 예컨대, 국민소득 항등식은 식(3-17)과 같다.

$$Y = C + I + G + NX \tag{3-17}$$

식(3-17)에 따르면, 소비가 커지면 소득 역시 커지는 관계가 있을 수 있다. 이렇게 역인과관계가 있을 경우에도 내생성의 문제가 발생할 수 있다.

B. 측정오차(measurement error)가 있을 경우

우리가 관심을 가지고 있는 정책변수가 정확히 측정된 것이 아닐 수 있다. 예컨대, 노동공급함수를 추정하기 위해서 시간당 임금을 설명변수로 이용해야 하는 경우를 생각해보자. 시간당 임금을 받는 시급 노동자를 제외하고는 시간당 임금 계약을 하는 경우가 적기 때문에 개인의 기억이나 속셈에 의존하게 된다. 혹은 연구자가 직접 월소득을 근무시간으로 나누어 시간당임금을 구하는 방법을 사용한다. 전자의 경우 실제 시간당 임금과 차이가 당연히 발생한다. 50시간 일한 노동자가 51시간 혹은 49시간으로 답할 가능성이 존재한다. 후자의 경우에도 노동자가 자신이 일한 시간을 정확히 기억하지 못할 경우에는 동일한 관측오차의 문제가 발생한다.

측정오차가 심한 경우는 소득 및 자산조사 항목의 경우이다. 예컨대 월 소득의 경우, 월이 특정되지 않으면 월소득에 대한 질문에 대해 답하기가 쉽지 않다. 특히, 계절성(seasonality)이 있는 경우 어느 시점의 소득을 물어보느냐에 따라 큰 차이가 있을 수 있다. 연간 소득의 경우 응답자가 기억을 잘 하지 못할 수 있다. 물론, 이런 기억을 보완하기 위해서 연말정산 서류 등을 이용하면 기억을 보조하거나 정확도를 높힐 수가 있다. 예컨대 한국조세재정연구원의 조세재정패널의 경우 응답자가 국세청에 제출한 연말정산 서류를 직접 제출하거나 혹은 연말정산 서류를 보고 소득을 답하도록 유도하고 있다.

하지만 소득의 경우 더 근본적인 문제는 개인이 자신의 소득을 남에게 정확하게 알려줄 유인이 없다는 점이다. 설문조사에서 조사원이 응답자에게 소득에 관한 질문을 하면, 응답자가 자신의 소득에 관한 정보가 어디에 사용될지 모르거나 목적을 밝혀도 신뢰하지 않을 수 있다. 자신이 기존에 국세청에 신고했던 소득과 지금 답하는 소득이 다를 경우 혹시 모를 세무감사 등을 걱정할 수도 있다. 그런 경우, 조사에서 응답자가 자신의 소득을 정확하게 보고하지 않을 유인이 있다. 더 나아가서 고소득자의 경우 자신의 소득을 전략적으로 과소보고할 가능성이 높다.

설명변수에 측정오차가 있을 때 어떻게 내생성의 문제가 발생하는지 모형을 통해 살펴보자. 식(3-18)과 같은 모형을 가정하자.

$$\begin{aligned} &Y_i = \beta_0 + \beta_1 X_i^* + U_i \\ &U_i \sim IID\left[0, \sigma_u^2\right] \end{aligned} \tag{3-18}$$

여기에서 X_i^*는 우리가 관심을 가지고 있는 정책변수라고 하자. 그런데, 연구자에게 X_i^*가 직접 관측된 것이 아니라 노이즈가 섞여서 X_i^* 대신 X_i가 관측된 경우를 생각해보자. 식(3-19)와 같이 관측된 경우이다.

$$\begin{aligned} &X_i = X_i^* + e_i \\ &e_i \sim IID\left[0, \sigma_e^2\right] \end{aligned} \tag{3-19}$$

실증분석에서는 y_i를 X_i^*에 회귀분석하는 것이 아니라 관측된 변수인 X_i에 하게 된다. 이러한 상황을 아래와 같은 모형으로 나타낼 수 있다.

$$\begin{aligned} Y_i &= \beta_0 + \beta_1 X_i^* + U_i \\ &= \beta_0 + \beta_1 \left(X_i - e_i\right) + U_i \\ &= \beta_0 + \beta_1 X_i + \epsilon_i \end{aligned} \tag{3-20}$$

$$\epsilon_i = -\beta_1 e_i + U_i$$

위의 식에 따르면 만약 e가 큰 값으로 실현되어 측정오차가 양의 방향으로 커지게 될 때 $\beta_1 > 0$이라면 ε이 작아지고 X는 커지게 된다. 즉, ε과 X는 체계적으로 음의 상관관계를 갖게 된다. 내생성이 존재할 가능성이 커지게 된다.

문제는 관측오차로 인해 내생성의 문제가 발생할 때 어떤 문제가 있겠냐는 것이다. 이러한 관계를 수학적으로 살펴볼 수도 있겠지만 직관적으로도 어떤 문제가 있을지 가늠해볼 수 있다.

X가 관측되는데, X^*가 전혀 포함되지 않고 오로지 측정오차 부분인 e만 포함되어 관측된

경우를 생각해보자. 이런 경우, X가 Y를 설명할 수 없다. 왜냐하면 X는 실체는 없고 완전히 측정오차만 남아 있기 때문이다. 그럴 경우 $\hat{\beta}_1 \approx 0.0$ 이 되도록 추정되는 것이 맞다. 모수 $b_1=0$ 이기 때문이다.

측정오차 문제에서 오차의 크기가 실체에 비해 커질수록 OLS 추정치는 점점 0을 향해 갈 것이라는 것을 예상해볼 수가 있다. 즉, 관측오차의 문제가 있으면 절대값으로 보았을 때 0을 향해 편의가 발생하게 된다. 그런 이유로 attenuation bias라고 부르기도 한다.

다음과 같은 예를 통해서 살펴보자.

$$
\begin{aligned}
&X^* \sim N(0,1) \\
&X = X^* + 4\times(U-0.5) \\
&U \sim U[0,1]
\end{aligned}
\tag{3-21}
$$

X^*는 표준정규분포를 따르고, X는 여기에 측정오차가 포함되어 관측된 것이다. 측정오차 부분에 해당하는, 평균이 0으로 조정된 일양분포가 더해져 관측된 변수이다. 아래 그림처럼 원래 X^*에 비해 노이즈가 더해진 X는 좀 더 넓게 분포하고 있음을 확인할 수 있다.

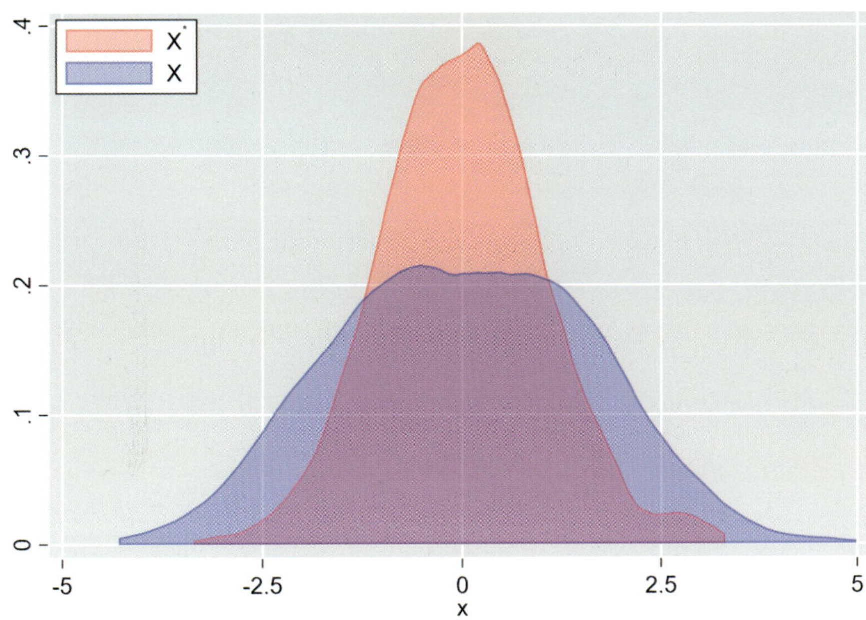

그림 3-2 측정오차가 있을 경우의 X*와 X의 분포

실제 성과지표 Y는 아래와 같다고 해보자.

$$\begin{aligned} & Y_i = 2.0 + 2.0 \times X_i^* + e_i \\ & e_i \sim N(0,1) \end{aligned} \tag{3-22}$$

Y는 잠재변수 X^*와 오차항 e의 함수이다. X^*가 추가적으로 1만큼 증가할 때, Y는 2만큼 증가하는 관계를 갖는다. e는 표준정규분포를 따르고 있다.

[그림 3-3]은 측정오차가 있는 경우의 산포도와 측정오차가 없는 경우의 산포도를 비교하여 보여주고 있다. 측정오차가 없는 X^*와 Y의 산포도와 측정오차가 있는 X와 Y의 산포도를 비교해볼 때, 측정오차가 포함된 경우 좀 더 좌우로 퍼져서 관측됨을 확인할 수 있다.

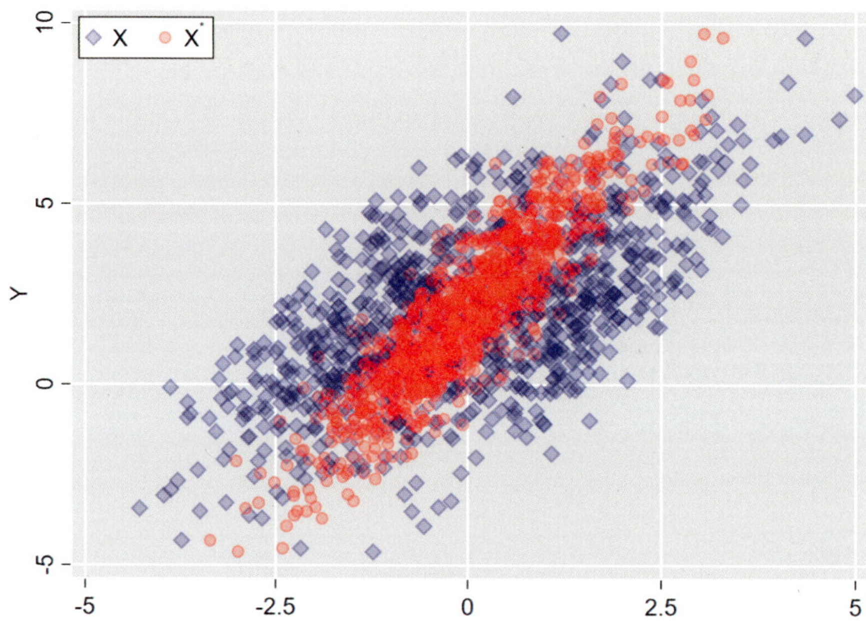

그림 3-3 **측정오차가 있는 경우의 산포도**

주: 빨간 원은 측정오차가 없는 경우의 산포도를, 회색 다이아몬드는 측정오차가 있는 경우의 산포도를 보여주고 있다.

Y를 X^*에 대해서 OLS를 하면 아래와 같은 추정결과를 얻을 수 있다. 모수가 $\beta_0 = \beta_1 = 2.0$ 이었던 점을 고려하면 관측 자료를 생성했던 모수들을 OLS 추정으로도 꽤 정확하게

추정하고 있음을 확인할 수 있다. $\hat{\beta}_0 = 2.035$, $\hat{\beta}_1 = 2.005$으로 2.0에 가깝게 추정이 되이 되었다. 표준오차들의 크기를 고려해보았을 때, 각 계수가 2.0이라는 귀무가설은 기각하기 어렵다.

```
. use eiv, clear

. reg Y X_star

      Source |       SS           df       MS      Number of obs   =     1,000
-------------+----------------------------------   F(1, 998)       =   4122.35
       Model |  4233.17446         1  4233.17446   Prob > F        =    0.0000
    Residual |  1024.83027       998  1.02688404   R-squared       =    0.8051
-------------+----------------------------------   Adj R-squared   =    0.8049
       Total |  5258.00473       999    5.263268   Root MSE        =    1.0134

------------------------------------------------------------------------------
           Y |      Coef.   Std. Err.      t    P>|t|     [95% Conf. Interval]
-------------+----------------------------------------------------------------
      X_star |   2.004921   .0312266    64.21   0.000     1.943644    2.066199
       _cons |   2.034766   .0320452    63.50   0.000     1.971883     2.09765
------------------------------------------------------------------------------
```

반면 이번에는 *Y*를 측정오차가 포함된 *X*에 대해서 OLS를 해보자. 관측오차가 포함된 *X*를 이용해서 회귀분석했을 경우, *X*의 계수값이 0.865로 0의 방향으로 작아졌음을 확인할 수 있다. 이것은 앞에서 논의했던 편의의 방향과 일치하는 결과이다. 물론 *X*의 계수가 2.0이라는 귀무가설은 쉽게 기각될 수 있다. 즉, 측정오차가 포함된 *X*에 대해서 회귀분석했을 경우 실제 계수보다 작게 추정되는 경향이 발생하고 있다.

```
. reg Y X

      Source |       SS           df       MS      Number of obs   =     1,000
-------------+----------------------------------   F(1, 998)       =    571.62
       Model |  1914.84172         1  1914.84172   Prob > F        =    0.0000
    Residual |    3343.163       998  3.34986273   R-squared       =    0.3642
-------------+----------------------------------   Adj R-squared   =    0.3635
       Total |  5258.00473       999    5.263268   Root MSE        =    1.8303

------------------------------------------------------------------------------
           Y |      Coef.   Std. Err.      t    P>|t|     [95% Conf. Interval]
-------------+----------------------------------------------------------------
           X |   .8648204    .036172    23.91   0.000     .7938384    .9358024
       _cons |   2.008854   .0578841    34.70   0.000     1.895266    2.122443
------------------------------------------------------------------------------
```

위의 두 추정결과를 다음과 같은 STATA 명령어를 이용하여 간단히 비교할 수 있다. 먼저 회귀분석을 한 이후, 추정결과를 고유이름을 지정하여 저장한다. 예의 경우에는 estimate store 명령어를 이용하여 X_star 와 X 라고 저장하였다.

```
. * Estimation of true model
. reg Y X_star

      Source |       SS           df       MS      Number of obs   =     1,000
-------------+----------------------------------   F(1, 998)       =   4122.35
       Model |  4233.17446         1  4233.17446   Prob > F        =    0.0000
    Residual |  1024.83027       998  1.02688404   R-squared       =    0.8051
-------------+----------------------------------   Adj R-squared   =    0.8049
       Total |  5258.00473       999    5.263268   Root MSE        =    1.0134

------------------------------------------------------------------------------
           Y |      Coef.   Std. Err.      t    P>|t|     [95% Conf. Interval]
-------------+----------------------------------------------------------------
      X_star |   2.004921   .0312266    64.21   0.000     1.943644    2.066199
       _cons |   2.034766   .0320452    63.50   0.000     1.971883     2.09765
------------------------------------------------------------------------------

. estimate store X_star
```

이렇게 저장된 추정결과는 estimates table을 이용해서 아래와 같이 동시에 보고할 수 있다.

```
. * Estimation of model with errors in variable
. reg Y X

      Source |       SS           df       MS      Number of obs   =     1,000
-------------+----------------------------------   F(1, 998)       =    571.62
       Model |  1914.84172         1  1914.84172   Prob > F        =    0.0000
    Residual |    3343.163       998  3.34986273   R-squared       =    0.3642
-------------+----------------------------------   Adj R-squared   =    0.3635
       Total |  5258.00473       999    5.263268   Root MSE        =    1.8303

------------------------------------------------------------------------------
           Y |      Coef.   Std. Err.      t    P>|t|     [95% Conf. Interval]
-------------+----------------------------------------------------------------
           X |   .8648204    .036172    23.91   0.000     .7938384    .9358024
       _cons |   2.008854   .0578841    34.70   0.000     1.895266    2.122443
------------------------------------------------------------------------------

. estimate store X
```

측정오차와 관련하여 마지막으로 유의해야할 점은 종속변수 *Y*에 관측오차가 있는 경우는 큰 문제가 아니라는 점이다. 이는 이미 회귀식의 오차항에 반영되어 있기 때문이다. 추가적인 관측오차가 존재한다면 이는 추정치의 표준오차를 크게 만들 수는 있지만 계수의 방향성 자체에는 영향을 주지 않는다.

C. 자기선택(self-selection)의 경우

정책평가를 하다 보면 자기선택의 경우를 종종 접하게 된다. 예를 들어, 중소기업 정책자금의 효과성에 대해서 평가 하는 경우를 생각해보자. 처리군에는 정책금융을 받은 중소기업, 통제군에는 정책금융을 받지 못한 중소기업이 있는 경우를 생각해보자.

정책자금의 효과를 추정하기 위해 통상적으로 다음과 같은 회귀모형을 추정하게 된다.

$$y_i = \beta_0 + \beta_1 d_i + \gamma' Z_i + e_i \tag{3-23}$$

y_i : 재무적 성과,

d_i : 정책자금 수혜 여부,

Z_i : 중소기업 혹은 정책자금의 특성

e_i : 미관측 이질성

위의 회귀식 (3-23)에 따르면 기업의 성과, 예컨대 수익성을 나타내는 자기자본수익률(ROE, return on equity)은 정책자금 수혜 여부, 기업의 관측가능한 특성, 연구자에게 관측되지 않은 특성 등에 의해서 결정된다.

만약 정책자금 수혜 여부가 임의화 과정을 통해 결정된 경우 d_i와 e_i는 확률적으로 상관이 없다. 그런 경우 더미변수 d_i를 포함하여 회귀분석을 하면 β_1은 정책효과로 해석할 수 있다. 즉, β_1은 정책자금 수혜를 통해 수익성이 얼마나 개선되었는지를 측정하고 있는 것으로 볼 수 있다.

문제는 임의화 과정을 통해서 기업이 정책자금을 받은 것은 아니라는 것이다. 정책자금 선정은 몇 단계 과정을 통해 결정된다. 이를 좀 더 자세히 살펴볼 필요가 있다. 몇 가지 이유로 정책자금 선정이 내생적일 수 있다. 첫째, 중소기업 정책자금에 지원한 기업이 임의의 기업이 아닐 수 있다. 정책자금을 찾아서 지원했다는 사실을 생각해보면 해당 기업 CEO의 노력 혹은 의지가 강한 기업으로 볼 수 있다. CEO가 기업을 잘 운영하려는 노력을 하고 있고 그 노력의 일환으로 정책자금을 신청한 것일 수 있다. 이러한 CEO의 노력은 해당 기업의 성과에도 영향을 미칠 것이다. CEO의 노력이 e_i 안에 포함되어 있다면 d_i와 e_i 사이에 상관관계가 존재할 수 있다.. 둘째, 정책자금을 신청한 기업들 모두 정책자금을 받을 수 있는 건 아니다. 정책자금을 담당하는 기관들은 기업에 대한 평가를 한다. 예컨대 신용보증기금은 신용평가를, 기술보증기금은 기술평가를 한다. 평가자가 기업의 비계량화된 기술력 등을 평가하고 정책자금을 준 것이라면 d_i 와 e_i 사이에 상관관계가 존재할 수 있다.

다음과 같이 STATA를 이용해서 위와 같은 문제를 살펴볼 수 있다.

먼저 다음과 같이 자료를 생성해보자.

```
. clear

. set obs 1000
number of observations (_N) was 0, now 1,000

. set seed 1234563
```

set obs 1000은 관측치를 1,000개로 설정한다는 것이다. 보통 빈 자료에는 관측치의 수가 없기 때문에 자료를 생성할 수가 없다. 따라서 set obs를 통해서 관측치의 수를 정해주는 것이다. set seed 는 난수 생성을 위해 seed를 이리 정하는 것이다.

```
. gen z = 4*(runiform()-0.5)
```

변수 z는 일양분포를 따르되, 평균은 0으로 조정하였고 좀 더 퍼지도록 4를 곱하였다.

```
. matrix C = (1, 0.8\ 0.8, 1)

. drawnorm e v, corr (C)
```

명령어 drawnorm 은 다변수 정규분포에서 난수를 임의추출하는 명령어이다. 여기에서는 변수 e 와 v 만을 추출하였기 때문에 상관계수를 나타내는 행렬 C를 생성하였다. e 와 v의 상관관계는 0.8로 설정하였다. e가 큰 값으로 실현되면 v 역시 큰 값으로 실현될 가능성이 높은 것이다.

```
. gen x = 1.0 + 2.0*z + v
```

위의 x는 z와 v에 의해서 결정되는 일종의 잠재 정책변수이다.

```
. gen d = (x > 2.0)
```

정책수혜 변수 d는 x가 경계점인 2.0 보다 크면 1을 갖고, 그렇지 않으면 0을 갖는 더미변수이다.

```
. gen y = 1.0 + 2.0*d + e
```

성과지표 y는 정책수혜 여부 d와 동시에 미관측 이질성 e에 따라서 결정된다.

문제는 e와 v가 상관관계가 있기 때문에 e가 높은 사람은 v 역시 높을 가능성이 높다. v가 높기 때문에 결과적으로 d=1이 될 가능성 역시 높아진다. [그림 3-4]는 d값에 따라서 e의 분포가 어떤지를 보여주고 있다. d=1일 때 평균적으로 e가 높은 경향이 있음을 보여주고 있다.

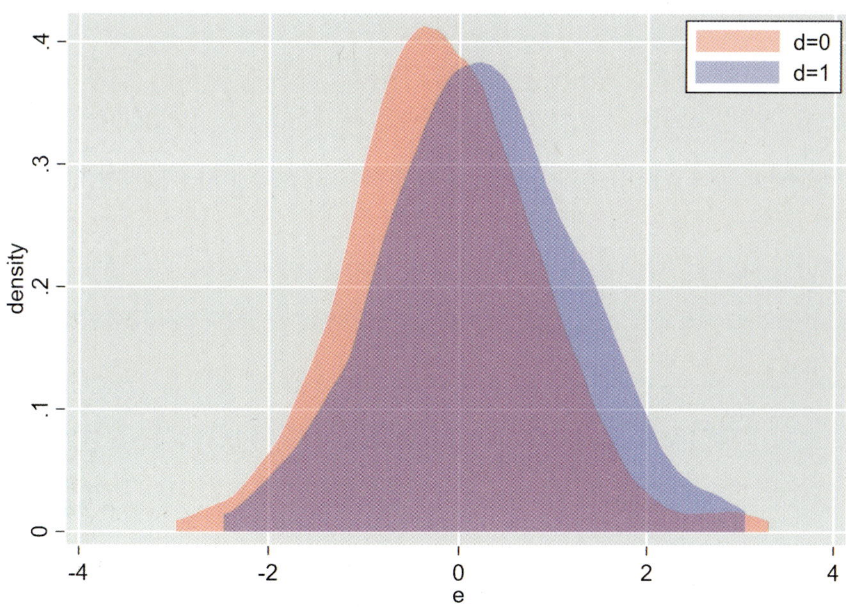

그림 3-4 정책수혜 여부에 따른 e의 분포

이런 상황 하에서 y를 d에 대해서 OLS 회귀분석을 하면, d의 계수는 2.391이 된다.

```
. reg y d

      Source |       SS           df       MS      Number of obs   =     1,000
-------------+----------------------------------   F(1, 998)       =   1336.01
       Model |  1336.42793         1  1336.42793   Prob > F        =    0.0000
    Residual |  998.309424       998  1.00031004   R-squared       =    0.5724
-------------+----------------------------------   Adj R-squared   =    0.5720
       Total |  2334.73735       999  2.33707443   Root MSE        =    1.0002

------------------------------------------------------------------------------
           y |      Coef.   Std. Err.      t    P>|t|     [95% Conf. Interval]
-------------+----------------------------------------------------------------
           d |   2.391781   .0654359    36.55   0.000     2.263374    2.520189
       _cons |    .850534   .0399105    21.31   0.000     .7722158    .9288522
------------------------------------------------------------------------------
```

여기에 d의 계수가 2라는 귀무가설을 검정하면 귀무가설이 기각이 됨을 확인할 수 있다. 즉, 실제 계수가 2이지만 OLS 추정값은 2와는 다른 값이 얻어지게 된다.

```
. test d =2

 ( 1)  d = 2

       F(  1,   998) =   35.85
            Prob > F =    0.0000
```

선택편의가 있는 경우 정책변수의 계수는 편의를 가지고 추정이 된다.

D. 누락변수의 경우(omitted variable 혹은 missing variable)

필자의 경험상 정책평가에서 내생성의 문제가 가장 빈번히 일어나는 경우는 누락변수가 있을 때이다. 통상적으로 긴 회귀와 짧은 회귀의 문제(long regression vs. short regression)이라고 알려져 있다. 긴 회귀는 종속변수 Y에 영향을 주는 X외에 중요한 결정요인들이 설명변수에 모두 포함된 경우를 지칭한다. 이런 경우 정책변수의 계수를 정책의 인과적 효과로 해석할 수 있다.

중요한 결정요인이 회귀모형에서 누락되고, 동시에 누락된 변수가 정책변수와 상관관계를 가지고 있는 경우를 짧은 회귀라고 한다. 짧은 회귀에서는 추정된 계수를 인과효과로 해석할 수가 없다.

다음과 같이 교육 수익률을 추정하는 상황을 생각해보자.

$$\ln(w_i) = \beta_0 + \beta_1 edu_i + \gamma a_i + \epsilon_i \tag{3-24}$$

w_i: 시간당 임금, edu_i: 교육수준, a_i: 능력, ε_i: 미관측 이질성

위의 임금방정식은 교육, 능력, 연구자에게 관측되지 않으나 중요한 미관측 이질성에 따라 결정된다는 모형을 상정하고 있다.

식(3-24)는 임의의 학생이 교육을 1년 더 받았을 때 노동시장에서 평균 임금이 증가하는 정도, 즉 교육수익률(return to schooling)을 추정하는 데 사용되는 식이다. 문제는 능력 a_i가 임금에 영향을 주기는 하지만 연구자에게는 관측되지 않는 것이 보통이다. IQ 나 직무능력 등을 나타내는 대리변수가 있을 경우 이를 이용하면 어느 정도 문제를 완화할 수 있다. 하지만 이러한 능력의 대리변수들은 대부분의 조사에서 빠져 있는 것이 보통이다.

누락되어 있는 변수가 정책변수와 상관관계를 가지고 있으면 내생성의 문제가 발생한다. 예를 들면, 능력있는 노동자가 교육을 좀 더 길게 받은 경우에 해당된다.

$$E[edu \times a] \neq 0 \tag{3-25}$$

누락변수의 경우 OLS 추정에 있어 어떤 문제가 발생하는가? 직관적으로 살펴보자. 식(3-24)에 따르면 높은 임금의 이류를 학력과 능력을 이용해서 설명해야 적절하다. 노동자의 능력과 학력이 높아서 임금이 높다는 것이다. 그런데 능력을 빼고 학력으로만 임금이 높은 이유를 설명해야 하는 경우를 생각해보자. 특별히 능력이 높은 노동자가 학력도 긴 경우라면 학력이 임금 격차를 무리해서 설명해야 한다. 즉, 학력의 역할이 무리해서 임금격차를 설명해야하기 때문에 교육의 수익률을 과대추정하게 되는 경향이 있다.

이러한 관계는 다음의 수식을 통해서도 간단히 살펴볼 수 있다.

진짜 모형이 식(3-26)과 같다고 하자.

$$Y_i = \beta_0 + \beta_1 X_{1i} + \beta_2 X_{2i} + \epsilon_i \tag{3-26}$$

근데 실수 혹은 자료의 부족으로 X_{2i}가 빠진 채, 식(3-27)과 같은 모형을 추정하였다고

하자.

$$Y_i = \tilde{\beta}_0 + \tilde{\beta}_1 X_{1i} + \tilde{\epsilon}_i \tag{3-27}$$

식(3-27)의 모형에 대한 OLS 추정량은 식(3-28)과 같다.

$$\hat{\tilde{\beta}}_1 = \frac{\sum_{i=1}^{n}\left(X_{1i} - \bar{X}\right)Y_i}{\sum_{i=1}^{n}\left(X_{1i} - \bar{X}\right)^2} \tag{3-28}$$

위의 Y_i 대신 진짜 모형을 대입하고 기댓값을 취하면 다음과 같다.

$$\begin{aligned} E\left[\hat{\tilde{\beta}}_1\right] &= E\left[\frac{\sum_{i=1}^{n}\left(X_{1i} - \overline{X}\right)\left(\beta_0 + \beta_1 X_{1i} + \beta_2 X_{2i} + \epsilon_i\right)}{\sum_{i=1}^{n}\left(X_{1i} - \overline{X}\right)^2}\right] \\ &= \beta_0 \frac{\sum_{i=1}^{n}\left(X_{1i} - \overline{X}\right)}{\sum_{i=1}^{n}\left(X_{1i} - \overline{X}\right)^2} + \beta_1 \frac{\sum_{i=1}^{n}\left(X_{1i} - \overline{X}\right)^2}{\sum_{i=1}^{n}\left(X_{1i} - \overline{X}\right)^2} \\ &+ \beta_2 \frac{\sum_{i=1}^{n}\left(X_{1i} - \overline{X}\right)X_{2i}}{\sum_{i=1}^{n}\left(X_{1i} - \overline{X}\right)^2} + \frac{E\left[\sum_{i=1}^{n}(X_{1i} - \bar{X})\epsilon_i\right]}{\sum_{i=1}^{n}\left(X_{1i} - \overline{X}\right)^2} \\ E\left[\hat{\tilde{\beta}}\right] &= \beta_1 + \beta_2 \frac{\sum_{i=1}^{n}\left(X_{1i} - \overline{X}_1\right)\left(X_{2i} - \overline{X}_2\right)}{\sum_{i=1}^{n}\left(X_{1i} - \overline{X}_1\right)^2} \\ &\overset{p}{\to} \beta_1 + \beta_2 \frac{cov\left(X_1, X_2\right)}{var\left(X_1\right)} \end{aligned} \tag{3-29}$$

즉 짧은 회귀의 OLS 추정치의 평균은 $\beta_1 + \beta_2 cov(X_1, X_2)/\text{var}(X_1)$으로 확률수렴하게 된다. 만약 X_1과 X_2가 양의 상관관계가 있으면, 즉 $cov(X_1, X_2) > 0$이면 짧은 회귀에서 구한 OLS 추정치는 진짜 추정치보다 과대추정함을 알 수 있다. 반대로 음의 상관관계가 있으면 과소추정하게 된다.

이러한 관계는 다음과 같은 STATA 실습을 통해서도 간단히 확인할 수 있다.

다음과 같이 자료를 만들자.

```
. clear

. set obs 10000
number of observations (_N) was 0, now 10,000

. set seed 12345
```

변수 a는 정규분포를 따르도록 생성하자. 평균은 0, 표준편차는 3인 정규분포를 따르는 변수를 생성하자.

```
. gen a = rnormal(0,3)
```

변수 x1은 표준정규분포와 변수 a의 합이라고 하자.

```
. gen x1 = rnormal() + a
```

변수 x2는 아래와 같이 일양분포와 변수 a의 합으로 생성하였다.

```
. gen x2 = 4*(runiform()-0.5) + a
```

이렇게 a를 공통요인으로 하여 x1과 x2를 생성하면 x1과 x2 사이에는 상관관계, 특별히 양의 상관관계가 존재한다. 만약 x1과 x2를 생성할 때 a의 부호가 반대였다면 음의 상관관계를 갖게 될 것이다.

e는 오차항으로서 정규분포를 따르도록 생성하였다.

```
. gen e = rnormal(0,2)
```

이렇게 생성된 x1, x2, e를 이용하여 성과변수 y를 아래와 같이 생성하였다.

```
. gen y = 1 + 2*x1 + x2 + e
```

[그림 3-5]의 (a)는 x1과 x2가 양의 상관관계를 가지고 있음을 보여주고 있다. 이는 x1과 x2가 변수 a를 공유하고 있기 때문이다. 두 변수 모두 a가 큰 값을 가질 때 큰 값을 갖는 경향이 있어 양의 상관관계가 존재하는 것이다. (b)경우는 x1과 y의 상관관계를 보여주고 있다. 자료 생성과정에서 x1의 계수가 2였기 때문에 그림처럼 양의 상관관계를 갖고 있다.

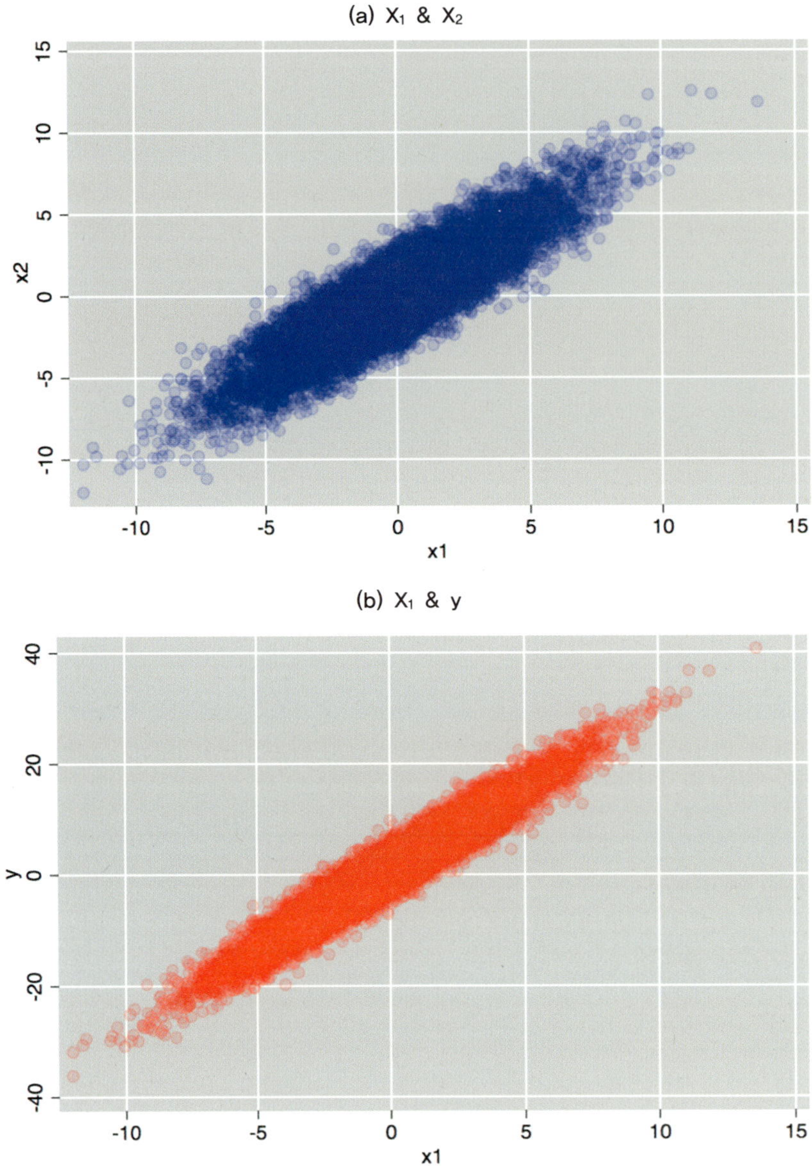

그림 3-5 누락변수가 있을 때의 변수들간의 산포도

이렇게 생성된 자료를 이용해서 다음과 같이 회귀분석을 해보자. 먼저 진짜 자료 생성과정과 같이 y를 x1과 x2에 OLS 추정을 하자. 그 다음으로는 x2를 빼고 x1에 대해서만 OLS 추정을 해보자. 그리고 추정결과는 estimates store를 이용해서 저장해보자.

```
. reg y x1 x2

      Source |       SS           df       MS      Number of obs   =    10,000
-------------+----------------------------------   F(2, 9997)      >  99999.00
       Model |  863730.294         2  431865.147   Prob > F        =    0.0000
    Residual |  39881.7476     9,997  3.98937157   R-squared       =    0.9559
-------------+----------------------------------   Adj R-squared   =    0.9559
       Total |  903612.042     9,999  90.3702412   Root MSE        =    1.9973

------------------------------------------------------------------------------
           y |      Coef.   Std. Err.      t    P>|t|     [95% Conf. Interval]
-------------+----------------------------------------------------------------
          x1 |   1.983032   .0136173   145.63   0.000     1.956339    2.009724
          x2 |   1.016421   .0134269    75.70   0.000     .9901014     1.04274
       _cons |   .9878799   .0199779    49.45   0.000     .9487193    1.027041
------------------------------------------------------------------------------

. estimates store real

. reg y x1

      Source |       SS           df       MS      Number of obs   =    10,000
-------------+----------------------------------   F(1, 9998)      >  99999.00
       Model |  840869.147         1  840869.147   Prob > F        =    0.0000
    Residual |  62742.8944     9,998  6.27554455   R-squared       =    0.9306
-------------+----------------------------------   Adj R-squared   =    0.9306
       Total |  903612.042     9,999  90.3702412   Root MSE        =    2.5051

------------------------------------------------------------------------------
           y |      Coef.   Std. Err.      t    P>|t|     [95% Conf. Interval]
-------------+----------------------------------------------------------------
          x1 |    2.89655    .007913   366.05   0.000     2.881039    2.912061
       _cons |   .9683298   .0250545    38.65   0.000     .9192178    1.017442
------------------------------------------------------------------------------

. estimates store omitted

. estout real omitted, cells(b(star fmt(3)) se(par fmt(3)))

--------------------------------------------
                     real         omitted
                     b/se            b/se
--------------------------------------------
x1                 1.983***        2.897***
                  (0.014)         (0.008)
x2                 1.016***
                  (0.013)
_cons              0.988***        0.968***
                  (0.020)         (0.025)
--------------------------------------------
```

그리고 estout을 이용하여 저장된 OLS 추정결과를 비교하여 살펴보자. 아래의 회귀분석 결과를 살펴보면 긴 회귀분석(real)의 경우 X_1의 계수가 1.983로 참값인 2.0에 근사하게 추정되었음을 확인할 수 있다. 반면, X_2가 누락된 짧은 회귀의 경우 X_1의 계수는 2.897로 2와는 확연히 다르다[1]. 즉, 원래 2.0보다는 훨씬 큰 값으로 과대추정되었음을 확인할 수 있다.

이번에는 X_1과 X_2가 음의 상관관계가 있는 경우를 살펴보기 위해 위 프로그램 중 일부를 아래와 같이 수정해보자.

```
. gen x2 = 4*(runiform()-0.5) - a
```

[그림 3-6]의 (a)와 같이 X_1과 X_2가 음의 상관관계가 있음을 확인할 수 있다. 하지만 (b)와 같이 x1과 y는 여전히 양의 상관관계가 있음을 알 수 있다.

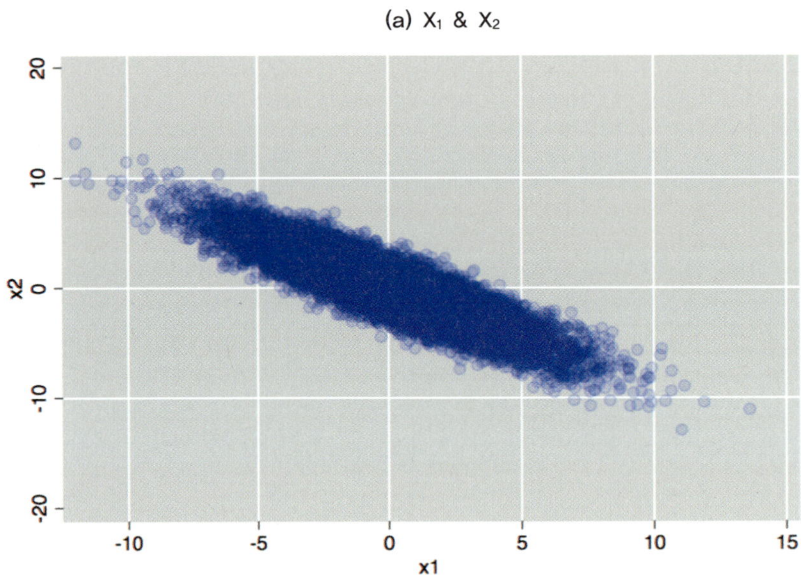

그림 3-6 결측변수가 있을 때의 변수들간의 산포도

1 test x1 = 2를 이용하면 H_0 : β_1=2라는 귀무가설에 대해 F-test를 할 수 있다.

```
. test x1=2.0

 ( 1)  x1 = 2

       F(  1,  9998) =12800.18
            Prob > F =    0.0000
```

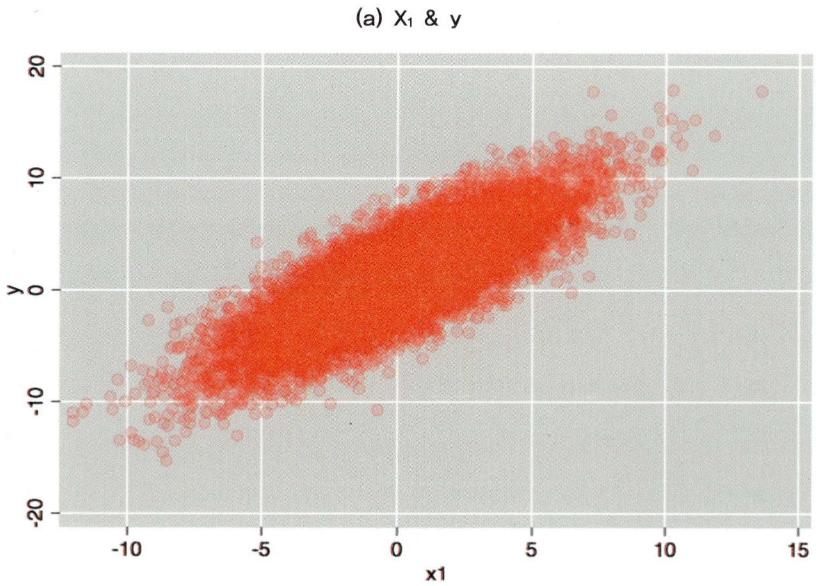

그림 3-6 **결측변수가 있을 때의 변수들간의 산포도 [계속]**

위의 자료에서 앞의 모형과 동일한 OLS 회귀분석을 하면 다음과 같은 결과를 얻을 수 있다. 즉 누락된 변수와 정책변수 간에 음의 상관관계가 있는 경우 OLS 추정치는 1.106으로 과소추정 하게 된다.

```
. estout real omitted, cells(b(star fmt(3)) se(par fmt
```

	real b/se	omitted b/se
x1	1.983*** (0.014)	2.897*** (0.008)
x2	1.016*** (0.013)	
_cons	0.988*** (0.020)	0.968*** (0.025)

앞의 예처럼, 회귀모형에서 *Y*에 영향을 주는 변수가 누락되고, 그 누락된 변수가 정책변수와 상관관계를 갖고 있다면 상관관계에 따라 OLS 추정치가 실제 추정치보다 과대 혹은 과소 추정될 수 있을 가능성을 알 수 있다.

다 도구변수 추정

A. 도구변수

앞에서 설명한 바와 같이 내생성이 있는 경우 연구자들은 보통 도구변수 추정법을 이용한다. 적절한 도구변수를 선택하면 도구변수 추정량은 정책효과에 대한 일치 추정량이 된다. X가 오차항 u와 상관관계가 있는 경우를 생각해보자. 좀 더 생각해보면 X의 일부분은 u와 상관관계가 있을 것이고 다른 부분은 u와 상관관계가 없을 것이다. 만약에 정책효과의 추정에서 문제를 일으키는 u와 상관 있는 X부분은 버리고 X 중 u와 상관없는 부분만 남길 수 있다면 어느 정도의 정책효과를 추정할 수 있을 것이다. 도구변수는 이러한 역할을 하는 변수이다.

도구변수는 보통 Z로 지칭한다. 좋은 도구변수가 되려면 다음의 두 가지 조건을 만족시켜야 한다. 먼저, 도구변수 Z는 X와 상관관계가 있는 변수이어야 한다. X대신 Z를 이용하여 y의 변이를 설명해야 하기 때문에 Z가 변할 때 X역시 변할 필요가 있다. 두 번째 조건은 Z는 u와 체계적으로 상관이 없어야 한다. X의 내생성 문제를 해결하기 위한 도구변수이기 때문에 도구변수 Z는 내생성의 문제가 있으면 안 된다. 이를 다음과 같이 정리할 수 있다.

① 도구관련성(instrument relevance): $Corr(Z_i, X_i) \neq 0$

② 도구외생성(instrument exogeneity): $Corr(Z_i, u_i) = 0$

위의 두 가지 조건을 만족시키는 도구변수는 u와 상관없는 X의 일부분을 발라내서 회귀분석을 할 수 있도록 해준다.

■ 도구변수 추정

도구변수를 이용한 추정을 도구변수 추정이라고 보통 부른다. 도구변수 추정에는 보통 2단계 최소자승추정법(2SLS, 2-stage least square estimation)이 사용된다. 추정과정에서 OLS를 두 번 사용하기 때문에 그렇다. 식(3-30)과 같은 모형을 상정해보자.

1단계: $X_i = \pi_0 + \pi_1 Z_i + v_i$ **(3-30)**

구조방정식: $Y_i = \beta_0 + \beta_1 X_i + u_i$

1단계에서는 식(3-30)의 1단계 식을 OLS을 추정하여 π_0와 π_1을 추정한다. 추정된 계수를 이용하여 X_i예측치인 $\hat{X}_i$를 식(3-31)과 같이 계산한다.

$$\hat{X}_i = \hat{\pi}_0 + \hat{\pi}_1 Z_i \tag{3-31}$$

우리가 관심을 가지고 있는 계수는 구조방정식에 있는 β_1이다. 하지만 X_i는 u_i와 상관관계가 있어 내생성의 문제가 있기 때문에 OLS를 바로 이용할 수가 없다. OLS 추정치는 일치성을 가지고 있지 않기 때문이다. 따라서 2단계에서는 구조방정식의 X_i대신 1단계에서 계산한 $\hat{X}_i$ 으로 바꿔 사용하면 된다. $\hat{X}_i$ 은 Z_i의 선형함수이다. Z_i가 도구변수의 구성상 u_i와 상관관계가 없기 때문에 $\hat{X}_i$ 역시 u_i와 상관관계가 없다. 2단계에서는 Y_i를 $\hat{X}_i$에 OLS를 해서 $\hat{\beta}_1$을 구하면 된다. 이렇게 구해진 $\hat{\beta}_1$은 β_1의 일치추정량이 된다.

IV에 대한 다른 설명

식(3–30)의 구조방정식과 1단계 식을 합하여 축약형 모형을 다음과 같이 만들 수 있다

축약형: $Y_i = \alpha_0 + \alpha_1 Z_i + e_i$

그러면 IV 추정량은 축약형, 즉 도구변수 Z가 Y에 미친 효과인 α_1과 도구변수 Z가 정책변수 X에 미친 효과인 π_1의 비율로서 추정할 수가 있다. 즉

$$\beta_1 = \frac{\alpha_1}{\pi_1} = \frac{cov(Y_i, Z_i)/var(Z_i)}{cov(X_i, Z_i)/var(Z_i)} = \frac{cov(Y_i, Z_i)}{cov(X_i, Z_i)}$$

이를 말로 풀어서 설명하면,

β_1 = (Z가 Y에 미친 효과)/(Z가 X에 미친효과)

만약 X와 Z가 이항변수, 즉 0 또는 1을 갖는 변수라고 하면 정책효과는 다음과 같은 형태를 갖게 된다.

$$\beta_1 = \frac{E[Y_i \mid Z_i = 1] - E[Y_i \mid Z_i = 0]}{E[X_i \mid Z_i = 1] - E[X_i \mid Z_i = 0]} = \frac{E[Y_i \mid Z_i = 1] - E[Y_i \mid Z_i = 0]}{Pr[X_i \mid Z_i = 1] - Pr[X_i \mid Z_i = 0]}$$

몇 가지 추가적인 가정이 만족되면(예컨대 단조성 등), β_1은 이른바 국지처리효과(local average treatment effect)로 해석할 수 있다.

β_1의 도구변수 추정치가 구해지면 남은 것은 $\hat{\beta}_1$의 표준오차를 구하는 것이다. 간단한 계산을 하고 나면 $\hat{\beta}_1$의 표준오차는 아래와 같이 구할 수 있다.

$$\eta_i \equiv Y_i - \beta_0 - \beta_1^{IV} X_i$$
$$SE\left(\hat{\beta}_1\right) = \frac{\sigma_\eta}{\sqrt{n}} \times \frac{1}{\sigma_{\hat{X}}} \tag{3-32}$$

여기에서 σ_η는 η의 표준편차다.

문제는 η가 2단계에서 구해진 잔차가 아니라는 점에 유의할 필요가 있다. 2단계 OLS에서 구해진 잔차는 아래와 같다.

$$\epsilon_i \equiv Y_i - \beta_0 - \beta_1^{IV} \hat{X}_i \tag{3-33}$$

위의 ε과 식(3-22)에서 구한 η는 차이가 있다는 점에 유의하자. 따라서 2단계 추정을 손으로 한 이후에 그 때 산출되는 표준오차를 도구변수 추정치의 표준오차로 사용하면 안 된다.

반드시 앞에서 정의한 표준오차를 사용해야만 된다. 왜냐하면 2단계 회귀분석에 우리가 X_i 대신에 추정된 값 $\hat{X}_i$를 사용했기 때문에 이를 표준오차 계산에서 반영해주어야만 하기 때문이다. 손으로 계산하지 말고 반드시 STATA가 도구변수 추정에서 제공해주는 값을 사용해야 한다.

누가 도구변수 추정법을 발견했을까?[2]

도구변수 추정은 필립 라이트가 아버지인 소월 라이트와의 공동작업을 통해 1928년에 출간한 "동물성 기름과 식물성 기름에 대한 관세(The Tariff on Animal and Vegetable Oils)"에서 제시한 추정방법이다. 필립 라이트는 버터나 콩기름에 대한 관세 부과의 효과에 대해서 알기 위해서 가격에 대한 수요탄력성과 공급탄력성을 추정하고 싶어 했다. 예컨대 다음과 같은 버터의 수요함수를 추정하고 싶어 했다.

2 Stock & Watson, p.465

$$ln\left(Q_i^b\right) = \beta_0 + \beta_1 ln\left(P_i^b\right) + e_i$$

b: 버터

수요-공급은 연립방정식에서 구해지는 내생변수이기 때문에 오차항 e_i과 설명변수 $ln\left(P_i^b\right)$와 상관관계가 있어 내생성이 문제가 된다.

필립 라이트는 도구변수로서 가격에는 영향을 주지만 수요량에는 영향을 주지 않는 변수 중 몇 개를 도구변수로 이용하였다. 예컨대, 날씨와 관련된 변수들 중 목축 지역의 강수량 등을 사용하였다.

B. 도구변수의 예

교육수익률 추정을 위한 임금방정식을 생각해보자. 식(3-34)와 같은 임금방정식에서는 교육수준 edu변수가 내생변수가 될 수 있다.

$$\ln\left(w_i\right) = \beta_0 + \beta_1 edu_i + \gamma a_i + \epsilon_i \quad \textbf{(3-34)}$$

교육수익률을 편의 없이 추정하기 위해서는 교육수준과는 상관 있지만 능력과는 상관관계가 없는 도구변수가 필요하다.

세 가지 도구변수를 생각해보자. 먼저, 부모의 교육수준이 노동자의 교육수준에 대한 좋은 도구변수가 될 수 있다. 노동자의 연봉을 결정할 때 개인의 교육수준과 업무능력은 반영하지만 부모의 교육수준을 반영하지 않는 것이 보통이다. 그런 점에서 부모의 교육수준과 오차항과는 상관관계가 없다고 볼 수 있다. 하지만 부모의 교육수준이 높은 경우 자녀의 교육수준이 높을 수 있다. 예컨대 부모의 교육수준이 높은 부모는 경제력도 높아, 같은 환경이라면 자녀의 가방 끈이 좀 더 길 수 있다. 또한 학력이 긴 부모의 경우 자녀에게 높은 학력의 비경제적 혜택이 있음을 알려주어 자녀가 좀 더 긴 학력을 취득하도록 독려했을 수도 있다. 물론, 이러한 도구변수에도 반론이 존재한다. 예컨대 직무능력도 일종의 유전일 수 있다는 것이다. 부모의 학력이 긴 것이 부모의 유전 요인으로 인한 것이라면 유전자를 이어 받은 자녀의 능력과 부모의 학력 간에는 상관관계가 있을 수 있다.

두 번째 도구변수로는 특정 노동자가 성장기에 살았던 거주지 근처에 대학이 있었는지를 나타내는 더미변수이다. 어렸을 때 대학 주변에서 살았다면 대학문화에 노출되고 대학에 대한 긍정적인 인상을 갖게 되었을 가능성이 있다. 또한 거주지 근처에 대학이 있어 그

대학으로 진학하는 경우 집에서 통학을 할 수 있게 되어 기숙사 비용을 아끼고, 새로운 지역에 대한 적응을 걱정할 필요도 없고, 기존 친구들과의 교우관계 유지할 수 있는 등의 장점이 있다. 결과적으로 진학 시기에 대학 근처에 살았던 사람들이 그렇지 않은 사람들에 비해 대학 진학률이 높아 학력이 좀 더 길 가능성이 있다. 하지만 내가 학령기에 어느 지역에 살았는 지는 나의 결정이라기보다는 부모의 직업 결정에 따른 결과일 가능성이 높기 때문에, 나의 직무능력과는 무관할 가능성이 높다. 물론, 여기에도 반론은 존재한다. 예컨대 우리나라 같은 경우는 맹자의 엄마 역할을 하는 것이 부모의 도리라고 생각하는 사람들이 많다(孟母三遷之教). 만약 대학 근처에 사는 것이 자녀 교육에 도움이 되고 자녀의 능력을 믿는 부모가 대학 근처로 이사를 간 것이라면 거주지역과 자녀의 능력과는 어느 정도 상관관계가 존재할 수도 있다.

마지막으로 태어난 시점도 좋은 도구변수가 된다. 과거 우리나라에서는 만 7세가 되는 해에 초등학교를 입학할 수 있었다. 근데 같은 해에 태어났더라도 1,2월에 태어난 아동은 전년도에 출생한 아동과 같이 초등학교에 입학할 수 있었다. 학기가 3월부터 시작하여 만으로 7세가 되기 때문이다. 예컨대 2월 28일에 태어난 아동은 하루 늦은 3월 1일에 태어난 아동보다 학령기가 일찍 시작된다. 만약 동일한 사건이 동시에 일어나서 학업을 중단하게 되었다면 1,2월 생인 아동이 이후에 태어난 아동보다 학력이 길 가능성이 있다. 이러한 종류의 도구변수는 미국의 경우에도 자주 사용되고 있다. 미국의 경우 5세가 되는 해에 유치원에 입학할 수 있고 16세에 학업을 중단할 수 있는 제약을 이용하고 있다. 보통은 태어난 분기를 도구변수로 사용한다. 하지만 이러한 도구변수에 대한 반론도 만만치는 않다. 먼저, 태어난 시점에 따라 지능이 다를 수 있다는 주장이 있을 수 있다. 계절에 따라 아동발달 속도가 다를 수 있어 결과적으로 지능에 영향을 줄 수 있다는 주장이다. 다른 주장은 좀 더 심각하다. 예컨대, 태어난 분기를 가짜로 만들어서 도구변수로 사용해도 실제 태어난 분기를 이용한 도구변수의 결과와 크게 다르지 않다는 주장도 있다.

이번에는 수요함수 추정에 이용되는 도구변수를 생각해보자. 수요함수는 아래와 같다고 가정하자.

$$\ln\left(q_i\right) = \beta_0 + \beta_1 \ln\left(p_i\right) + \delta\, Z_i + e_i \tag{3-35}$$

수요-공급함수의 균형조건 때문에 e_i와 $\ln(p_i)$ 사이에 상관관계가 존재할 수 있는 가능성에 대해서는 이미 앞에서 설명한 바 있다. $\ln(p_i)$에 대한 적절한 도구변수는 가격 결정에는 영향을 주나 수요의 미관측 이질성 혹은 수요측 충격과는 상관관계가 없는 변수이다. 보통 이러한 조건을 제외제약조건(exclusion restrictions condtion)이라고 한다. 수요함수에는 포함되지 않으나 공급함수에는 포함된 요인이 좋은 도구변수의 후보가 된다. 예컨대, 유가 같은 경우가 좋은 예이다. 혹은 차별화된 재화(differentiated goods)라면 경쟁관계에 있는 다른 재화의 특성 같은 것도 좋은 도구변수가 된다.

담배에 대한 수요함수 추정의 경우를 생각해보자. 종속 변수는 지역별 담배의 소비량, 설명변수는 담배의 지역별 가격과 흡연자의 지역 특성 혹은 담배의 특성 등이 될 것이다. 담배소비세가 지역별로 차이가 있다고 해보자. 지역별 담배소비세의 수준은 좋은 도구변수가 될 수가 있다. 더 나아가서 담배소비세 변화를 나타내는 더미변수 역시 담배가격에 대한 도구변수 후보가 될 수 있다.

혹스비(Hoxby, 2000)는 학교를 선택할 수 있는 기회가 좀 더 많으면 학생들의 학업성취도가 좀 더 좋아지는 데에 관심이 있었다. 이를 위해 다음과 같은 모형을 추정하였다.

$$A_{im} = \alpha_0 + \alpha_1 C_m + \delta' Z_{im} + e_{im} \qquad \textbf{(3-36)}$$

A_{im}: m지역의 학생 i의 학업성취도
C_m: m지역의 선택할 수 있는 학교수
Z_{im}: 지역 특성

문제는 m지역의 학교선택 기회을 나타내는 C_m과 e_{im}사이에 존재할 수 있는 내생성의 문제이다. 혹스비의 경우 미국의 학군이 18-19세기의 물리적 지역 구분에 기반하여 확정되었고 그 이후에는 크게 바뀌지 않은 점에 착안을 하였다. 그래서 해당 지역에 있는 하천(streams)의 수를 도구변수로 사용하였다. 이후에 로스스타인(2005)과 혹스비(2007)의 도구함수의 적합도에 대한 논쟁으로 이어지기도 하였다.[3]

---

3 Caroline M. Hoxby, 2007. "Does Competition Among Public Schools Benefit Students and Taxpayers? Reply," American Economic Review, American Economic Association, vol. 97(5), pages 2038-2055, December.

C. 도구변수 추정

도구변수가 확정이 되면 도구변수 추정은 STATA의 ivregress를 이용해서 쉽게 추정할 수 있다.

기존 regress 모형에다 내생변수와 도구변수만 지정을 해주면 된다.

```
ivregress 2sls depvar [varlist1] (varlist2 = varlist_iv) [if] [in]
[weight] [, options]
```

다음과 같은 예를 통해서 알아보자. 먼저 card.dta 파일을 불러들이자.

```
use card, clear
```

이 자료를 이용해서 앞에서 설명했던 식(3-34)의 교육수익률을 추정해보자. 먼저 OLS를 이용해서 추정해보자. 종속변수는 로그-변환된 시간당 임금, 설명변수는 교육연수, 통제변수로는 경력, 경력제곱, 흑인 여부, 도시 거주 여부(smsa), 남부지역 거주 여부이다. 회귀분석에 앞서 요약통계량을 살펴보자.

아래 요약통계량에 따르면 전체 3,010명의 응답자 중 시간당 임금은 5달러 77센트(1976년 기준이고 센트가 단위이다)이다. 평균 교육연수는 13.3년, 평균 경력은 8.9년, 표본 중 약 23.4%가 흑인이고, 71.3%가 도시에 거주하고 있었고, 40.4%가 남부지역에 거주하고 있었다.

```
. sum wage edu exper black smsa south, separator(0)
```

Variable	Obs	Mean	Std. Dev.	Min	Max
wage	3,010	577.2824	262.9583	100	2404
educ	3,010	13.26346	2.676913	1	18
exper	3,010	8.856146	4.141672	0	23
black	3,010	.2335548	.4231624	0	1
smsa	3,010	.7129568	.4524571	0	1
south	3,010	.4036545	.4907113	0	1

다음으로는 로그-임금과 교육과의 상관관계를 산포도를 이용하여 살펴보자.

```
. tw (scatter lwage edu, ms(O)  color(gs7%30) ) ///
> (lfit lwage edu, lcolor(red%50)) ///
> (lpoly lwage edu, lcolor(blue%50) lpattern(dash)) ///
> , ytitle("log(wage)")
```

아래 그림을 살펴보면, 학력이 높을수록 로그-임금값이 높은 경향이 있음을 확인할 수 있다. 빨간 선은 선형함수일 때의 관계를 보여주고 있다. 파란 점선은 비모수적으로 회귀선을 추정했을 때의 관계를 보여주고 있다. 모든 관계가 학력과 임금간에 양의 상관관계가 있음을 보여주고 있다. 문제는 그 정도이다. 즉, 교육의 수익률을 추정하는 것이 분석의 목적이다.

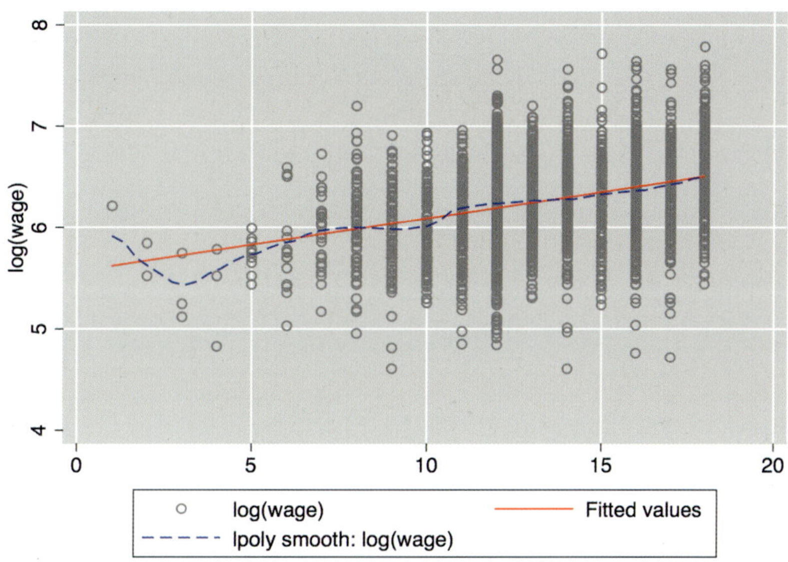

그림 3-7 **교육과 임금의 상관관계**

교육의 수익률을 추정하기 위해 다음과 같이 OLS를 이용해 추정해보자. 그리고 결과를 저장하자.

```
. global control = "exper expersq black smsa south"
```

아래 OLS 추정결과에 따르면 educ의 계수는 0.074로 교육의 수익률은 대체로 7.4%정도로 볼 수 있다. 좀 더 정확한 수익률은 exp(0.074009)-1로 7.68%이다.

```
. reg lwage edu $control

      Source |       SS           df       MS      Number of obs   =     3,010
-------------+----------------------------------   F(6, 3003)      =    204.93
       Model |  172.165615         6  28.6942691   Prob > F        =    0.0000
    Residual |  420.475997     3,003  .140018647   R-squared       =    0.2905
-------------+----------------------------------   Adj R-squared   =    0.2891
       Total |  592.641611     3,009  .196956335   Root MSE        =    .37419

------------------------------------------------------------------------------
       lwage |      Coef.   Std. Err.      t    P>|t|     [95% Conf. Interval]
-------------+----------------------------------------------------------------
        educ |    .074009   .0035054    21.11   0.000     .0671357    .0808823
       exper |   .0835958   .0066478    12.57   0.000     .0705612    .0966305
     expersq |  -.0022409   .0003178    -7.05   0.000    -.0028641   -.0016177
       black |  -.1896316   .0176266   -10.76   0.000    -.2241929   -.1550702
        smsa |    .161423   .0155733    10.37   0.000     .1308876    .1919583
       south |  -.1248615   .0151182    -8.26   0.000    -.1545046   -.0952184
       _cons |   4.733664   .0676026    70.02   0.000     4.601112    4.866217
------------------------------------------------------------------------------
```

문제는 이와 같은 수익률이 내생성의 문제로 비일치 추정치일 수 있다는 점이다. 이번에는 능력을 나타내주는 지능변수인 IQ를 능력에 대한 대리변수로 추가적으로 통제를 해보자.

```
. reg lwage edu IQ $control

      Source |       SS           df       MS      Number of obs   =     2,061
-------------+----------------------------------   F(7, 2053)      =     85.49
       Model |   81.169149         7  11.5955927   Prob > F        =    0.0000
    Residual |  278.452082     2,053  .135631798   R-squared       =    0.2257
-------------+----------------------------------   Adj R-squared   =    0.2231
       Total |  359.621231     2,060  .174573413   Root MSE        =    .36828

------------------------------------------------------------------------------
       lwage |      Coef.   Std. Err.      t    P>|t|     [95% Conf. Interval]
-------------+----------------------------------------------------------------
        educ |   .0692646    .004872    14.22   0.000     .0597099    .0788192
          IQ |   .0025294   .0006747     3.75   0.000     .0012062    .0038526
       exper |   .0935215   .0095356     9.81   0.000     .0748211    .1122219
     expersq |  -.0026762   .0004916    -5.44   0.000    -.0036403    -.001712
       black |  -.1361351   .0262767    -5.18   0.000    -.1876668   -.0846034
        smsa |    .153351   .0188749     8.12   0.000     .1163351     .190367
       south |  -.0790786   .0180092    -4.39   0.000    -.1143968   -.0437604
       _cons |   4.482581    .103596    43.27   0.000     4.279416    4.685745
------------------------------------------------------------------------------
```

IQ를 추가적으로 통제했을 때 교육의 수익률은 6.93%로 앞의 OLS 추정치보다는 다소 작아진다.

이번에는 educ 변수에 대한 도구변수를 이용하여 추정해보자. 먼저, 부모의 교육수준인 fatheduc과 motheduc을 도구변수로 사용해보자. 아래 그림 3.8을 살펴보면 아빠 혹은 엄마의 교육수준과 자녀의 교육 수준은 양의 상관관계가 있음을 확인할 수 있다.

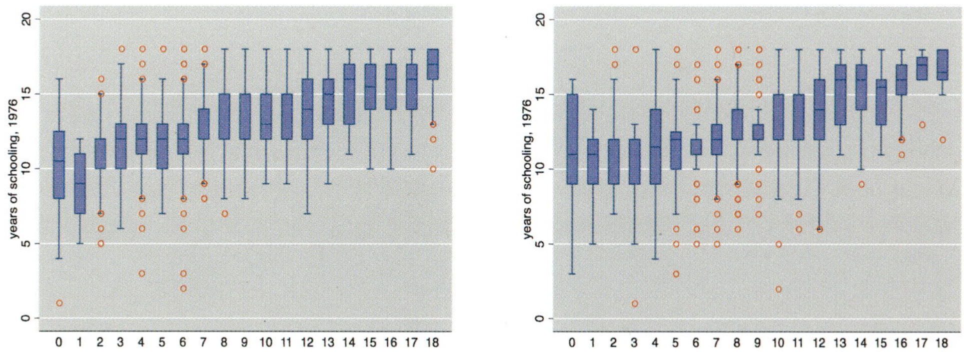

(a) 아빠의 교육수준과 자녀의 교육수준 (b) 엄마의 교육수준과 자녀의 교육수준

그림 3-8 부모의 교육수준과 자녀의 교육수준과의 관계

주: X-축은 부모의 교육수준, Y-축은 자녀의 교육수준이다.

엄마와 아빠의 교육수준을 도구변수로 이용한 2SLS 추정은 아래와 같이 할 수 있다. 도구변수 추정결과 교육의 수익률은 9.9%로 OLS 추정치보다 커졌음을 확인할 수 있다.

```
. ivregress 2sls lwage (educ = fatheduc motheduc ) $control

Instrumental variables (2SLS) regression          Number of obs   =      2,220
                                                  Wald chi2(6)    =     502.23
                                                  Prob > chi2     =     0.0000
                                                  R-squared       =     0.2529
                                                  Root MSE        =     .37997

------------------------------------------------------------------------------
       lwage |      Coef.   Std. Err.      z    P>|z|     [95% Conf. Interval]
-------------+----------------------------------------------------------------
        educ |    .099931   .0127359     7.85   0.000     .0749692    .1248929
       exper |    .098884   .0094973    10.41   0.000     .0802696    .1174984
     expersq |  -.0024487   .0004006    -6.11   0.000    -.0032339   -.0016635
       black |  -.1505902   .0259188    -5.81   0.000    -.2013901   -.0997903
        smsa |   .1509271   .0195871     7.71   0.000      .112537    .1893171
       south |  -.1072797   .0180429    -5.95   0.000    -.1426431   -.0719162
       _cons |    4.26415   .2185621    19.51   0.000     3.835776    4.692524
------------------------------------------------------------------------------
Instrumented:  educ
Instruments:   exper expersq black smsa south fatheduc motheduc
```

추정옵션에 first를 추가하면 1단계 추정치를 얻을 수 있다. 앞의 그림에서 살펴본 것과 같이 엄마와 아빠의 교육수준은 자녀의 교육수준과 양의 상관관계가 있다. 아빠의 교육수준(fatheduc)의 계수는 0.113, 엄마의 교육수준(motheduc)의 계수는 0.13 정도이다.

```
First-stage regressions
-----------------------

                                                Number of obs     =      2,220
                                                F(   7,    2212)  =     293.46
                                                Prob > F          =     0.0000
                                                R-squared         =     0.4815
                                                Adj R-squared     =     0.4799
                                                Root MSE          =     1.8663
```

educ	Coef.	Std. Err.	t	P>|t|	[95% Conf.	Interval]
exper	-.3780068	.0383099	-9.87	0.000	-.4531338	-.3028797
expersq	.0024069	.0019649	1.22	0.221	-.0014463	.0062601
black	-.3543201	.1192245	-2.97	0.003	-.5881238	-.1205164
smsa	.3509246	.0913667	3.84	0.000	.1717512	.5300981
south	-.1211238	.0874443	-1.39	0.166	-.2926054	.0503578
fatheduc	.1127966	.0145471	7.75	0.000	.0842692	.141324
motheduc	.1296943	.0170386	7.61	0.000	.096281	.1631077
_cons	13.89295	.26665	52.10	0.000	13.37004	14.41586

남은 문제는 교육수준 educ 변수는 내생성의 문제가 있는지를 점검하고, 우리가 선택한 도구변수가 도구변수로서 가져야 할 조건을 만족시키는지를 검정하는 일이다. 정책변수의 내생성의 문제가 애초에 없다면 OLS 추정으로만으로도 충분하기 때문이다.

문제는 정책변수만으로는 내생성의 문제의 여부를 판정할 수 없다.[4] 적절한 도구변수가 있다면, 정책변수 X의 내생성 문제를 검정할 수 있다.

기본적인 아이디어는 다음과 같다. OLS 추정치를 $\hat{\beta}_{ols}$, IV 추정치를 $\hat{\beta}_{iv}$라고 해보자. 내생성이 없다면 두 추정치는 유사해야 한다.

$$\hat{\beta}_{ols} \simeq \hat{\beta}_{iv} \tag{3-37}$$

만약 두 추정치가 서로 다르다면, 다른 말로 거리가 멀다면 우리는 정책변수의 내생성이 없다는 귀무가설을 기각할 수 있을 것이다. 이러한 검정을 Wu-Hausman 혹은 Hausman 검정이라고 한다. 먼저, 하우스만 검정의 쉬운 버전을 이용하여 내생성 검정을 해보자.

식(3-38)과 같은 간단한 모형을 상정해보자.

4 도구변수 없이 사용할 수 있는 검정으로는 Ramsey의 RESET 검정이 있다(Johnston & Dinardo, 1997, p.121).

$$y_i = \beta_1 + \beta_0 x_i + u_i$$
$$x_i = \pi_0 + \pi_1 z_i + v_i \tag{3-38}$$

도구변수가 외생성의 조건을 만족시킨다면 다음의 조건을 만족시켜야 한다.

$$E\left[z \cdot u\right] = 0 \tag{3-39}$$

z와 u가 상관관계가 없기 때문에 x와 u사이에 내생성의 문제가 있다면, u와 v사이에 상관관계가 있어야 한다. 즉, 식(3-40)가 성립해야 한다.

$$E\left[u \cdot v\right] \neq 0 \tag{3-40}$$

u를 다음과 같이 다시 써보자.

$$u = \rho v + e \tag{3-41}$$

여기에서 e는 프로젝션 오차이고, $\rho = E\left[v \cdot u\right] / E\left[v^2\right]$, $E\left[v \cdot e\right] = 0$ 이라고 정의하자. 그러면 e는 x와 상관관계가 없다, 즉

$$E\left[x\mathrm{e}\right] = 0 \tag{3-42}$$

위의 관계를 원래의 식(3-38)에 넣자.

$$y_i = \beta_1 + \beta_0 x_i + \rho v_i + e_i \tag{3-43}$$

위의 식에서 $H_0 : \rho = 0$을 검정하면, 내생성의 존재 여부를 검정할 수 있다. 위 모형을 OLS 추정하여 t-값을 이용하여 검정하면 된다.

하지만 실제 검정에서는 v가 직접 관측되지는 않는다. 실제 검정에서는 1단계 추정으로부터 v의 추정치인 $\hat{v}$를 구해 대신 사용할 수 있다.

$$y_i = \beta_1 + \beta_0 x_i + \rho \hat{v}_i + e_i \tag{3-44}$$

다음과 같이 1단계 모형을 추정한 후, predict를 이용해서 잔차를 생성한 후 이를 구조방정식에 추가하여 회귀분석을 하였다.

```
. reg educ  fatheduc motheduc  exper expersq black smsa south

. predict e, resid
(790 missing values generated)

. reg lwage educ  exper expersq black smsa south e

      Source |       SS           df       MS      Number of obs   =     2,220
-------------+----------------------------------   F(7, 2212)      =    114.27
       Model |  113.931689         7  16.2759556   Prob > F        =    0.0000
    Residual |  315.067795     2,212  .142435712   R-squared       =    0.2656
-------------+----------------------------------   Adj R-squared   =    0.2633
       Total |  428.999484     2,219  .193330097   Root MSE        =    .37741

------------------------------------------------------------------------------
       lwage |      Coef.   Std. Err.      t    P>|t|     [95% Conf. Interval]
-------------+----------------------------------------------------------------
        educ |    .099931   .0126498     7.90   0.000     .0751243    .1247378
       exper |    .098884   .0094332    10.48   0.000     .0803852    .1173828
     expersq |  -.0024487   .0003979    -6.15   0.000     -.003229   -.0016684
       black |  -.1505902   .0257437    -5.85   0.000    -.2010747   -.1001058
        smsa |   .1509271   .0194548     7.76   0.000     .1127755    .1890787
       south |  -.1072797    .017921    -5.99   0.000    -.1424235   -.0721358
           e |  -.0266082   .0133606    -1.99   0.047    -.0528089   -.0004075
       _cons |    4.26415   .2170859    19.64   0.000     3.838437    4.689864
------------------------------------------------------------------------------
```

위의 회귀분석은 앞의 IV 추정치와 같음을 알 수 있다. 또한 $\hat{\rho}$의 t-값은 -1.99로 95% 신뢰수준에서 $\rho=0$이라는 귀무가설을 기각할 수 있음을 볼 수 있다. 즉, 내생성의 문제가 있음을 알 수 있다.

이를 좀 더 일반적인 Wu-Hausman 검정을 통해서 살펴보자. 검정은 estat endogenous을 이용해서 할 수 있다. 앞에서 IV와 OLS를 추정할 때 저장해 놓은 추정치를 이용하면 다음과 같은 결과를 얻게 된다.

```
. * Wu-Hausman test
. estat endogenous educ

  Tests of endogeneity
  Ho: variables are exogenous

  Durbin (score) chi2(1)          =  3.97344  (p = 0.0462)
  Wu-Hausman F(1,2212)            =  3.96622  (p = 0.0465)
```

위의 결과에 따르면 앞의 OLS 추정치에 기반한 검정결과와는 유사하게, Wu-Hausman

검정 통계량은 3.967이고 p-value는 0.0465이기 때문에 IV가 OLS와 유사하다는 귀무가설을 기각할 수 있었다.

이번에는 도구변수로 부모의 교육수준에서 주변에 대학이 있는지 여부인 nearc2, nearc4를 이용해서 교육수익률을 추정해 보자.

```
. ivregress 2sls lwage (educ = nearc2 nearc4 ) exper expersq black smsa south

Instrumental variables (2SLS) regression          Number of obs   =      3,010
                                                  Wald chi2(6)    =     663.32
                                                  Prob > chi2     =     0.0000
                                                  R-squared       =     0.1455
                                                  Root MSE        =     .41017

------------------------------------------------------------------------------
       lwage |      Coef.   Std. Err.      z    P>|z|     [95% Conf. Interval]
-------------+----------------------------------------------------------------
        educ |   .1608487   .0485725     3.31   0.001     .0656483     .256049
       exper |   .1192111   .0211532     5.64   0.000     .0777516    .1606707
     expersq |  -.0023052   .0003502    -6.58   0.000    -.0029917   -.0016188
       black |  -.1019727   .0525575    -1.94   0.052    -.2049834    .0010381
        smsa |   .1165736   .0302782     3.85   0.000     .0572294    .1759179
       south |  -.0951187   .0234448    -4.06   0.000    -.1410697   -.0491677
       _cons |   3.272103    .818303     4.00   0.000     1.668259    4.875948
------------------------------------------------------------------------------
Instrumented:  educ
Instruments:   exper expersq black smsa south nearc2 nearc4
```

도구변수를 변화시켰을 때에는 교육의 수익률은 16.1%로 훨씬 크게 추정되었다. 내생성 검정 역시 5% 유의수준에서 기각할 수 있었다.

```
. * Wu-Hausman test
. estat endogenous educ

  Tests of endogeneity
  Ho: variables are exogenous

  Durbin (score) chi2(1)          =  3.87381  (p = 0.0490)
  Wu-Hausman F(1,3002)            =  3.86849  (p = 0.0493)
```

다음으로 할 작업은 도구변수의 적합성과 외생성을 검정하는 것이다. 적합성은 내생변수 *X*와 도구변수 *Z*와의 관계가 작거나 부정확하게(표준오차가 크게) 추정된 경우를 지칭한다.

도구변수가 이런 성질을 가지고 있을 때 이를 약한 도구변수(weak instrument) 문제라고 부른다. 약한 도구변수의 경우 추정된 정책효과가 우리가 기대했던 통계학 성질을 가지지 않게 된다. 95% 신뢰구간을 구축했을 때, 신뢰구간이 참값을 포함할 확률이 0.95보다 작아지게 된다. 추론을 위해 기준분포로 사용했던 정규분포도 더 이상 사용할 수 없게 된다.[5] 한 마디로 말해 도구변수가 약한 경우 우리가 알고 있던 도구변수의 성질을 더 이상 사용할 수 없게 된다.

그럼 언제 약한 도구변수의 문제가 발생하는지 알 수 있는가? 먼저 1단계 회귀분석에서 추정된 도구변수의 계수의 크기 및 t-값을 살펴본다. 크기가 아주 작거나 통계적으로 유의하지 않으면 적절한 도구변수가 아닐 수 있음을 의심해야 한다. 문헌에서 표준적으로 이용하는 것은 F-값을 살펴보는 것이다. 통상적으로 10을 기준으로 사용한다. F-값이 10보다 큰 경우 약한 도구변수의 문제는 없는 것으로 간주한다.

주변의 대학 유무를 도구변수를 이용하여 추정한 도구변수 추정의 1단계 추정결과는 아래에 제시되어 있다. nearc2의 경우 통계적으로 유의하지는 않았지만, nearc4의 경우는 계수의 크기도 크고 통계적으로 유의하였다. F-값이 10을 훌쩍 넘어서는 수준이기 때문에 본 추정에서 사용된 도구변수는 약한 도구변수는 아닌 것으로 판정된다.

```
First-stage regressions
-----------------------

                                            Number of obs     =      3,010
                                            F(   7,    3002)  =     387.78
                                            Prob > F          =     0.0000
                                            R-squared         =     0.4748
                                            Adj R-squared     =     0.4736
                                            Root MSE          =     1.9421
```

educ	Coef.	Std. Err.	t	P>|t|	[95% Conf.	Interval]
exper	-.409533	.0336888	-12.16	0.000	-.4755885	-.3434776
expersq	.0006956	.0016498	0.42	0.673	-.0025393	.0039305
black	-1.01298	.0897474	-11.29	0.000	-1.188953	-.8370075
smsa	.3886608	.0854936	4.55	0.000	.2210289	.5562928
south	-.2786568	.0796824	-3.50	0.000	-.4348945	-.1224192
nearc2	.1076585	.0728953	1.48	0.140	-.0352713	.2505882
nearc4	.3312388	.082587	4.01	0.000	.1693061	.4931715
_cons	16.62244	.1780999	93.33	0.000	16.27323	16.97165

5 정규분포가 아니라 정규분포의 비율로 생성되는 분포를 따르게 된다.

약한 도구변수의 문제가 있으면 어떻게 해야 하는가? 도구변수가 여러 개인 경우 약한 도구변수들을 버리고 사용하는 것이 좋다. 그러면 정책효과의 표준오차가 기존보다 커질 수 있다. 신경쓸 필요가 없다. 기존의 표준오차도 약한 도구변수 문제로 정확한 추정치가 아니었을 수 있기 때문이다. 도구변수가 하나인 경우에는 난감하다. 두 가지 해결책이 있다. 첫째, 새로운 도구변수를 찾는 것이다. 하지만 도구변수가 어디에 널려 있는 것이 아니기 때문에 현실적인 대안이 되지는 못한다. 다른 좋은 도구변수를 쉽게 구할 수 있다면 연구자가 왜 굳이 약한 도구변수에 목을 매고 있겠는가? 둘째는 2SLS 외에 다른 추정방법을 이용하는 것이다. 3장에서는 2SLS에 대해 집중적으로 설명하였지만, 2SLS 대신 LIML (limited information maximum likelihood) 추정을 사용하는 것이 대안이 될 수 있다. LIML 추정치의 경우 약한 도구변수에도 불구하고 실제 모수에 좀 더 근접하게 추정되는 것으로 알려져 있다.

모형 선택에서 가장 중요한 단계 중 하나는 축약형 모형을 추정해보는 것이다. 경험상 축약형 모형에서 도구변수 효과의 크기가 작거나 통계적인 유의성을 발견할 수 없다면 정책효과는 없거나 적어도 주어진 자료로부터 발견하기 힘들 가능성이 높다. 축약형 모형에서 발견할 수 없다면, 정책효과 역시 없다고 보는 것이 맞다.

아래 축약형 모형 추정결과에 따르면, nearc2와 nearc4 모두 규모도 적절해 보이고 통계적으로 유의하였다.

```
. reg lwage nearc2 nearc4 exper expersq black smsa south

      Source |       SS           df       MS      Number of obs   =     3,010
-------------+----------------------------------   F(7, 3002)      =     99.98
       Model |  112.044131         7  16.0063044   Prob > F        =    0.0000
    Residual |  480.597481     3,002  .160092432   R-squared       =    0.1891
-------------+----------------------------------   Adj R-squared   =    0.1872
       Total |  592.641611     3,009  .196956335   Root MSE        =    .40012

------------------------------------------------------------------------------
       lwage |      Coef.   Std. Err.      t    P>|t|     [95% Conf. Interval]
-------------+----------------------------------------------------------------
      nearc2 |   .0408917   .0150177     2.72   0.007     .0114458    .0703377
      nearc4 |   .0423136   .0170143     2.49   0.013     .0089528    .0756745
       exper |   .0534389   .0069405     7.70   0.000     .0398304    .0670475
     expersq |  -.0022011   .0003399    -6.48   0.000    -.0028676   -.0015347
       black |  -.2665015   .0184895   -14.41   0.000    -.3027549   -.2302482
        smsa |   .1789726   .0176131    10.16   0.000     .1444376    .2135076
       south |  -.1385934   .0164159    -8.44   0.000     -.170781   -.1064058
       _cons |    5.94265   .0366916   161.96   0.000     5.870707    6.014593
------------------------------------------------------------------------------
```

마지막으로 도구변수와 관련하여 점검해보아야 할 것은 도구변수가 외생성을 만족시키는지를 점검해보는 것이다. 내생변수 하나에 도구변수 하나인 경우 통계적으로 외생성을 점검할 방법은 없다. 제도적 변화 혹은 경제 이론이 제공하는 외생성이 아니라면 통계적 검정을 통해서 외생성을 검정할 수 없다. 장인의 손길인 아트(art)가 필요한 지점이다.

내생변수의 개수보다 도구변수의 수가 많으면 추가적인 도구변수의 적절성에 대해서는 통계적으로 검정할 수 있다. 이른바 과도식별제약 검정(overidentifying restrictions test)을 이용하여 검정할 수 있다.

예컨대 하나의 내생변수에 두 개의 도구변수가 있는 상황을 생각해보자. 도구변수를 하나씩 사용하여 2SLS 추정치를 얻었다고 생각해보자. 두 개의 추정치가 동일할 수도 있으나 두 개의 추정치가 완전히 상반될 수도 있다. 둘 중 하나의 도구변수가 문제가 있거나 아니면 둘 다 문제가 있을 수 있다. 즉, 도구-외생성의 가정에 문제가 있을 수 있다.

과도식별제약 검정을 통해 이러한 문제점에 대한 통계적 검정할 수 있다. 만약 도구변수들이 도구-외생성의 조건을 만족시킨다면 구조방정식의 오차항 u_i와 상관관계가 없어야 한다. 모든 도구변수를 써서 추정한 2SLS 추정치를 구조방정식에 대입하여 오차항의 추정치를 구해보자.

$$\hat{u}_i^{iv} = Y_i - \hat{\beta}_0^{iv} - \hat{\beta}_1^{iv} X_i \quad \text{(3-45)}$$

만약 외생성의 조건을 만족시킨다면 $\hat{u}_i^{iv}$를 도구변수 Z_{1i}, Z_{2i}에 회귀분석했을 때의 계수는 모두 0이 될 것임을 기대할 수 있다.

$$\hat{u}_i^{iv} = \delta_0 + \delta_1 Z_{1i} + \delta_2 Z_{2i} + \epsilon_i \quad \text{(3-46)}$$

위 모형을 OLS 추정하고 $\delta_1 = \delta_2 = 0$을 검정하면 된다. 이 때 구해진 F-검정량에 도구변수의 수를 곱하면 이른바 Sargan의 J-통계량이 된다. 몇 가지 가정하에 J-통계량은 $\chi^2(m-k)$을 따르게 된다(m: 도구변수의 수, k: 내생변수의 수).

STATA에서는 estat overid를 통해서 추정할 수 있다. 아래의 estat overid의 경우에는 Sargan의 J-통계량이 0 이라는 5% 유의수준 하에서 적절한 도구변수라는 귀무가설을 기각할 수 없다. 즉, 도구변수로 사용된 nearc2와 nearc4는 외생성의 조건을 만족시키고 있음을 확인할 수 있다.

```
. estat overid

  Tests of overidentifying restrictions:

  Sargan (score) chi2(1) =  2.65082  (p = 0.1035)
  Basmann chi2(1)        =   2.6461  (p = 0.1038)
```

이상의 도구변수 관련 검정은 아래의 [그림 3-9]처럼 정리해볼 수 있다. 먼저, 정책변수의 *X* 자체의 내생성에 대한 검정은 어렵다. 이는 제도, 이론, 경험 등에 따라서 확정할 수 있다. 도구변수가 있다면 도구변수 추정치에 비추어 볼 때 OLS 추정치가 얼마나 다른지를 검정함으로써 정책변수의 내생성을 검정할 수 있다. 약한 도구변수의 문제는 1단계 회귀분석의 t-값 혹은 F-값을 확인하면 된다 도구변수의 외생성 역시 전문적, 제도적인 추론이 필요하다. 과도식별의 경우에는 estat overid를 이용하여 검정할 수 있다.

그림 3-9 내생성 검정과 과도식별 검정

STATA 버전 15의 통합명령어 eregress

기존의 regress, tobit, probit, ivregress, heckman, teffect 등의 명령어를 통합한 명령어가 eregress 이다.

예를 들어 내생성의 문제가 있는 경우에는 다음과 같은 명령어를 이용하면 된다. eregress의 옵션으로 endogenous()를 넣어주고 내생변수와 도구변수 리스트를 넣어주면 된다.

```
eregress depvar [indepvars], endogenous(depvars_en = varlist_en)
```

표본선택의 문제가 있는 경우에는 기존의 heckman 대신에 다음과 같이 eregress를 사용할 수 있다.

```
eregress depvar [indepvars] select(depvar_s = varlist_s)
```

내생적인 처리효과의 경우에는 teffects 대신에 다음과 같은 옵션을 활용할 수 있다.

```
eregress depvar [indepvars], entreat(depvar_tr [= varlist_tr])
```

기존 명령어와 겹치는 부분이 많기 때문에 활용도가 얼마나 될 지는 가늠하기 어렵지만 하나의 명령어로 통합되었다는 점에서는 개선이 이루어진 것 같다.

D. 연립방정식의 추정[6]

연립방정식 모형은 과거 거시모형을 추정할 때 많이 사용되었다. 하지만 1970년 후반 루카스의 비판(Lucas' critique) 이후로는 많이 사용되고 있지는 않다. 그 자리는 심스(C. Sims)의 벡터자기회귀모형(vector autogregression)이 차지했다. 그 만큼 정책평가에 있어서 연립방정식 모형이 많이 쓰이지는 않는다. 하지만 앞에서 설명한대로 수요함수와 공급함수를 동시에 추정해야 하는 경우 혹은 역인과관계를 명시적으로 고려하여 추정해야 하는 경우에는 여전히 유용한 방법이 된다.

여기에서는 연립방정식 추정과 관련된 자세한 방법론보다 STATA에서 간단히 사용할 수 있는 reg3 명령어를 소개하고자 한다.

6 본 장의 논의는 STATA의 reg3의 매뉴얼을 참조하였다.

먼저 다음과 같은 수요-공급 함수를 생각해보자.

$$\text{수요함수: } q_i^d = \alpha_0 + \alpha_p p_i + \alpha_c p_i^c + \alpha_y y_i + e_{1i} \quad \textbf{(3-47)}$$
$$\text{공급함수: } q_i^s = \beta_0 + \beta_p p_i + \beta_r p_i^r + e_{2i}$$

여기에서 q_i는 수요 및 공급량을 지칭한다. p_i는 재화의 가격이고, p_i^c는 경쟁재화의 가격, p_i^r는 원자재의 가격을 지칭한다.

STATA의 매뉴얼에 있는 자료를 사용해보자.

```
use "http://www.stata-press.com/data/r14/supDem", clear
```

먼저 quantity와 price의 산포도는 어떤지 살펴보자. [그림 3-10]에 따르면 가격과 양은 양의 상관관계가 있는 것으로 보인다.

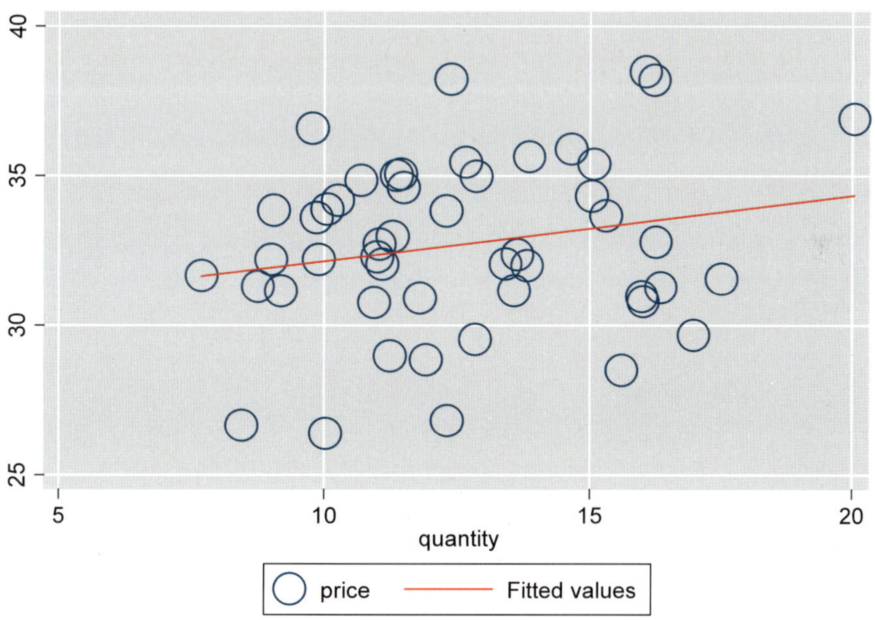

그림 3-10 수요량과 가격의 산포도

주: 가록축은 거래량을, 세로축은 가격을 나타낸다.

식(3-47)의 수요함수를 다른 고려사항 없이 아래와 같이 추정해보자. price의 추정치는 0.118로 양수이고 통계적으로 유의하지 않다. 일반적으로 우리가 수요함수에 기대하는 $\alpha_p < 0$를 만족시키지 못하고 있다. 수요의 방향이 설립하지 않고 있다.

```
. reg quantity price pcompete income

      Source |       SS           df       MS      Number of obs   =        49
-------------+----------------------------------   F(3, 45)        =      1.00
       Model |  23.1579302         3  7.71931008   Prob > F        =    0.4004
    Residual |  346.459313        45  7.69909584   R-squared       =    0.0627
-------------+----------------------------------   Adj R-squared   =    0.0002
       Total |  369.617243        48  7.70035923   Root MSE        =    2.7747

------------------------------------------------------------------------------
    quantity |      Coef.   Std. Err.      t    P>|t|     [95% Conf. Interval]
-------------+----------------------------------------------------------------
       price |   .1186265   .1716014     0.69   0.493    -.2269965    .4642496
    pcompete |   .0946416   .1200815     0.79   0.435    -.1472149    .3364981
      income |   .0785339   .1159867     0.68   0.502    -.1550754    .3121432
       _cons |   7.563261   5.019479     1.51   0.139     -2.54649    17.67301
------------------------------------------------------------------------------
```

아래 공급함수의 경우도 OLS를 이용해서 추정한 것인데 $\beta_p < 0$ 으로서 통상적으로 기대할 수 있는 공급함수의 가격 계수의 방향과는 일치한다. 원자재의 가격의 부호 역시 음수로서 원자재 가격이 오르면 공급량이 줄어드는, 즉 공급함수가 좌측으로 이동하는 성질을 가지고 있어 이론에 부합하다. 하지만 이 역시 공급함수가 제대로 식별되어 추정되었다고 단정하기는 어렵다.

```
. reg quantity price praw

      Source |       SS           df       MS      Number of obs   =        49
-------------+----------------------------------   F(2, 46)        =     35.71
       Model |  224.819549         2  112.409774   Prob > F        =    0.0000
    Residual |  144.797694        46  3.14777596   R-squared       =    0.6082
-------------+----------------------------------   Adj R-squared   =    0.5912
       Total |  369.617243        48  7.70035923   Root MSE        =    1.7742

------------------------------------------------------------------------------
    quantity |      Coef.   Std. Err.      t    P>|t|     [95% Conf. Interval]
-------------+----------------------------------------------------------------
       price |    .724675   .1095657     6.61   0.000     .5041307    .9452192
        praw |  -.8674796   .1066114    -8.14   0.000    -1.082077   -.652882
       _cons |   -6.97291   3.323105    -2.10   0.041    -13.66197   -.283847
------------------------------------------------------------------------------
```

위의 두 추정결과를 요약하면 다음과 같다.

	Demand	Supply
price	0.119	0.725***
	(0.172)	(0.110)
pcompete	0.095	
	(0.120)	
income	0.079	
	(0.116)	
praw		-0.867***
		(0.107)
Constant	7.563	-6.973*
	(5.019)	(3.323)
R-squared	0.000	0.591
Obs.	49	49

* p<0.05, ** p<0.01, *** p<0.001

수요함수를 식별하기 위해서는 제외제약조건을 이용해서 도구변수 추정을 하면 된다. 수요함수에서 가격에 대한 도구변수로서 수요함수에는 포함되어 있진 않지만 공급함수에는 포함되어 있는 변수를 사용할 수 있다. 예컨대 여기에서는 원자재 가격 praw을 도구변수로 사용할 수 있다.

아래와 같이 추정해보자.

```
. ivregress 2sls quantity (price = praw) pcompete income

Instrumental variables (2SLS) regression          Number of obs   =         49
                                                  Wald chi2(3)    =       8.77
                                                  Prob > chi2     =     0.0326
                                                  R-squared       =          .
                                                  Root MSE        =     3.7333

------------------------------------------------------------------------------
    quantity |      Coef.   Std. Err.      z    P>|z|     [95% Conf. Interval]
-------------+----------------------------------------------------------------
       price |  -1.015817    .374209    -2.71   0.007    -1.749253    -.282381
    pcompete |   .3319504    .172912     1.92   0.055    -.0069508    .6708517
      income |   .5090607   .1919482     2.65   0.008     .1328491    .8852723
       _cons |   39.89988   10.77378     3.70   0.000     18.78366    61.01611
------------------------------------------------------------------------------
Instrumented:  price
Instruments:   pcompete income praw
```

위 추정결과에 따르면 가격의 계수는 −1.02이고 통계적으로 유의하다. 가격이 오르면 수요량이 감소하는 수요의 법칙을 보여주고 있다. 소득에 대한 계수는 0.51로서 정상재임을 알 수 있다. 경쟁관계에 있는 재화의 가격에 대한 계수는 0.332로서 서로 대체재임을 알 수 있다.

탄력성을 구하기 위해 모든 변수를 로그-변환한 뒤 다시 도구변수 추정을 해보자. 수요의 가격탄력성은 −3.46으로 매우 탄력적임을 알 수 있다. 소득탄력성은 0.267이고, 대체탄력성은 0.161으로 추정되었다. 모두 5% 유의수준에서 통계적으로 유의하였다.

	Demand w/ IV	Log-demand~V
price	-1.016**	
	(0.374)	
pcompete	0.332	
	(0.173)	
income	0.509**	
	(0.192)	
lp		-3.464*
		(1.376)
lpcom		0.161*
		(0.072)
lincome		0.267*
		(0.110)
Constant	39.900***	13.848**
	(10.774)	(4.563)
Obs.	49	49

* p<0.05, ** p<0.01, *** p<0.001

공급에 대해서도 제외제약조건을 이용하여 수요함수와 유사한 방법으로 공급함수를 추정할 수 있다.

이번에는 reg3를 이용하여 수요-공급함수를 동시에 추정해보자. 3단계 최소자승추정법[7] 3SLS는 기본적으로 다음과 같이 진행된다.

7 H. Theil에 의해서 개발되었다.

- 1단계: 내생변수에 대해 모든 도구변수를 사용하여 OLS를 하고 그 추정치를 생성한다.
- 2단계: 생성된 변수를 이용하여 각 방정식의 오차를 생성하고, 이를 이용하여 연립방정식의 분산-공분산 행렬을 생성한다.
- 3단계: 2단계에서 추정된 분산-공분산 행렬을 이용하여 GLS 형식의 추정을 한다.

아래와 같은 reg3를 이용하면 아래와 같이 추정할 수 있다.

```
reg3 (Demand: quantity price pcompete income) (Supply: quantity price praw),
endog(price)
```

추정결과는 아래와 같다.

```
Three-stage least-squares regression
----------------------------------------------------------------------
Equation          Obs   Parms        RMSE    "R-sq"       chi2        P
----------------------------------------------------------------------
Demand             49       3    3.739686   -0.8540       8.68   0.0338
Supply             49       2    1.752501    0.5928      39.25   0.0000
----------------------------------------------------------------------

------------------------------------------------------------------------------
             |      Coef.   Std. Err.      z    P>|z|     [95% Conf. Interval]
-------------+----------------------------------------------------------------
Demand       |
       price |  -1.014345   .3742036    -2.71   0.007     -1.74777   -.2809194
    pcompete |   .2647206   .1464194     1.81   0.071    -.0222561    .5516973
      income |   .5299146   .1898161     2.79   0.005     .1578819    .9019472
       _cons |   40.08749   10.77072     3.72   0.000     18.97726    61.19772
-------------+----------------------------------------------------------------
Supply       |
       price |   .5773133   .1749974     3.30   0.001     .2343247    .9203019
        praw |  -.7835496   .1312414    -5.97   0.000    -1.040778   -.5263213
       _cons |  -2.550694   5.273067    -0.48   0.629    -12.88571    7.784327
------------------------------------------------------------------------------
Endogenous variables:  quantity price
Exogenous variables:   pcompete income praw
------------------------------------------------------------------------------
```

E. 실전

앞에서도 설명했듯이, 도구변수추정은 추정 자체가 어려운 것은 아니다. 핵심은 내생성이 발생하는 이유에 대해서 분명하게 파악하여 이에 따른 적절한 도구변수를 제안하는 것이다. 도구변수를 이용한 추정에서 도구변수의 발견이 거의 9할 이상을 차지한다고 볼 수 있다. 그런 의미에서 남들이 어떤 도구변수를 사용하고 있는지를 파악하는 것은 본인의 연구를 위해 매우 중요한 단계이다. 여기에서는 우리나라 경제 관련 국책연구원에서 최근 출간한 보고서에서 사용한 연구와 사용한 도구변수를 소개하고자 한다.

한국개발연구원의 연구 중 도구변수를 사용한 연구들을 살펴보자. 먼저 김희삼(2009, KDI)은 "학업성취도, 진학 및 노동시장 성과에 대한 사교육의 효과 분석"이라는 보고서에서 특정 과목의 성적과 해당 과목의 사교육비 지출의 내생성을 지적하였다. 특정 과목에 대한 사교육비에 대한 도구변수로서 다른 과목의 사교육비 지출을 사용하였다. 김희삼(2009, KDI)은 근거로서 과목별 사교육비 지출간 상관관계는 높지만 다른 과목의 사교육비 지출과 해당 과목의 성적과는 관계가 작을 것이라는 설명을 내놓았다. 다른 도구변수로서는 본인 외 가족 교육비를 사용하였다. 강창희(2012, KDI)의 연구도 사교육비의 내생성을 지적하였다. 사교육비의 도구변수로서 학생의 출생 순위를 이용하였다. 자녀의 출생 순위에 따라 사교육비 지출에 차이가 발생하지만, 출생 순위와 학생의 관측되지 않는 능력과는 상관관계가 없다고 보았기 때문이다. 한성민(2014, KDI)은 "농업재해보험의 생산량 및 가격효과에 관한 실증분석"에서 농작물 가격의 내생성을 지적하였다. 이는 수요 혹은 공급함수에서 발생할 수 있는 상황이다. 한성민(2014, KDI)에서는 농작물 가격에 대한 도구변수로서 해당 작물의 농업재해보험 시행 여부를 이용하였다. 농업재해보험의 도입은 외생적으로 주어졌다고 볼 수 있고, 이는 해당 작물의 공급에 영향을 주는 제외제약조건을 만족시키기 때문이다. 장우현(2014)은 "재병행수입의 경제적 효과 분석 : 자동차산업을 중심으로"에서 자동차 가격의 내생성을 지적하였다. 도구변수로서는 자동차 분류에 있어 동일 분류에 속하는 자동차들의 관찰 가능한 특성의 평균을 사용하였다. 예컨대, 배기량, 평균연비, 연비편차 등을 사용하였다.

한국조세재정연구원의 보고서들이 제기하고 있는 내생성과 관련된 변수들은 주로 세율과 관련된 변수들이다. 예컨대 안종석(2015,KIPF)은 "소득세 부담수준의 결정요인 분석"에서 세수입 방정식에서 사용된 평균세율의 내생성을 지적하였다. 도구변수로서는 평균임금 50%에서의 실효세율, 평균임금 250%에서의 실효세율 등을 사용하였다. 이영 & 조명환(2010, KIPF)의 "유효법인세율 측정과 법인세율 결정요인에 대한 국제비교 연구"에서는 자본의 탄력성 결정에 있어서의 유효법인세율의 내생성 문제를 지적하였다. 도구변수로서는 주변국들의 유효법인세율의 가중평균을 사용하였다. 이는 해당국과 주변국들간의 법인세율은 자본유치 경쟁으로 인해 어느 정도 상관관계가 있지만, 해당 국가의 자본탄력성 결정과는 상관이 없기 때문이다.

한국노동연구원의 출간물들은 노동공급과 관련된 내생성 문제를 자주 제기하고 있다. 예컨대 조성호&변수정(2015, KLI)은 "여성결혼이민자의 고용과 정책적 시사점"에서 고용여부의 설명변수로서 사용된 차별변수의 내생성을 지적하였다. 도구변수로서는 봉사나 취미활동 모임에 참여하는지 여부를 사용하였다. 김현동(2013, KLI)은 "대학재학 기간의 휴학경험과 직장생활"에서 노동시장성과를 설명하는 변수로서 휴학 유형변수를 사용하였고, 이 설명변수가 내생변수일 수 있음을 지적하였다. 도구변수로서는 아버지의 교육수준, 가계소득수준 등을 사용하였다.

4

CHAPTER

패널자료가 있을 경우의 정책효과 추정

STATA

가 개 요

앞에서 소개한 회귀분석 혹은 도구변수는 주로 횡단면 자료(cross-sectional data)를 분석할 때 사용된다. 횡단면 자료는 우리가 관심을 가지고 있는 모집단을 특정 시점에서 살펴본 자료이다. 한편 시계열 자료는 특정 대상을 시간을 두고 추적하면서 살펴본 자료이다. 시간이 지나면서 한 개체가 어떻게 변했는지를 추적한 자료인 것이다.

패널자료 혹은 종단자료는 여러 대상들에 대해 시간을 두고 추적 조사하여 수집한 자료이다. 패널자료는 한 시점을 특정하면 횡단면 자료가 되고, 한 대상을 특정하면 시계열 자료가 된다. 관측기간의 길이가 동일한 경우 균형패널(balanced panel), 개체마다 관측기간의 길이가 다르면 불균형패널(unbalanced panel)이라고 한다.

앞의 3장에서는 정책변수의 내생성 문제에 대해서 다뤘다. 정책평가에서 정책변수의 내생성은 자주 마주칠 수 있는 문제이다. 정책변수의 내생성 문제에 적절히 대처하기 위해서는 도구변수가 있어야 한다. 필자에게도 연말이 되면 보고서는 다 되었는데 적절한 도구변수 하나만 추천해 달라고 문의가 오는 경우가 많다. 하지만 도구변수를 발견하는 것이 어디 쉬운 일인가? 적절한 도구변수를 찾기 위해서는 정책변수의 통계적 성질뿐만 아니라 제도에 대한 이해도 있어야 한다. 더 큰 문제는 연구자가 좋은 도구변수를 생각해냈다고 해도 해당 변수가 우리가 작업하고 있는 자료에 없는 경우가 많다는 것이다.

패널자료를 이용할 경우 가장 큰 장점은 분석 대상의 미관측 이질성(unobserved heterogeneity)을 명시적으로 고려할 수 있게 된다는 것이다. 패널자료가 있으면 특별히 도구변수를 찾지 않고서도 내생성 문제의 상당 부분을 다룰 수 있게 된다. 패널자료가 있으면 도구변수를 힘들게 찾지 않아도 되기 때문에 정책효과 추정에 매우 유리한 위치에 설 수 있다. 특별히 패널자료가 있으면 누락변수 때문에 발생하는 내생성 비교적 문제를 쉽게 해결할 수 있다.

예를 들어 y의 결정에는 중요하지만 연구자에게는 관측되지 않아서 누락된 변수가 있고, 누락된 변수가 정책변수와 상관관계를 갖게 되면 OLS 추정량은 일치성을 갖지 못한다. 예컨대 흡연이 암의 발병에 미치는 인과적 효과에 대한 추정을 생각해보자. 흡연과 폐암에 동시에 영향을 줄 수 있는 변수를 회귀식에서 누락했다면 OLS 추정치는 흡연의 효과에 대해 과대 혹은 과소 추정할 가능성이 높다. 예컨대 음주 같은 경우는 흡연과 상관이 있고 동시에 암의 발병과도 상관이 있을 수 있다. 연구자가 가지고 있는 자료에 흡연에 대한 정보는 포함되어 있지만 음주에 대한 정보가 빠져 있는 경우 이른바 누락변수에 의한 편의가 발생할 수 있다. 누락된 변수를 이른바 미관측 이질성으로 회귀식에 명시적으로는 포함시킬 수 있다. 패널자료가 있다면 이러한 미관측 이질성을 고려하는 것이 가능해진다. 따라서 누락된 변수에 의한 편의 역시 완화될 수 있다.

다음과 같은 상황을 생각해보자. N명의 응답자가 T기간 동안 관측된 설문을 생각해보자. 예컨대 1,000명의 응답자가 5년 동안 관측된 경우이다. 그러면 총 관측치는 N × T 건인 5,000건이 된다. 우리는 Y를 1개의 정책변수 X와 k개의 Z_k들에 의해서 설명하려고 한다.

$$Y_{i,t} = \beta_0 + \beta_1 X_{i,t} + \gamma_1 Z^1_{i,t} + \gamma_2 Z^2_{i,t} + \cdots + \gamma_K Z^k_{i,t} + \xi\varsigma_i + \epsilon_{i.} \quad (4\text{-}1)$$

여기에서 ξ_i는 개인의 미관측 이질성[8]을 대표한다. Mundlak(1978)의 정의를 따라서 미관측 이질성 ξ_i를 어떤 성질로 규정하느냐에 따라서 위의 회귀모형의 특성이 결정된다. 예컨대 ξ_i와 $X_{i,t}$와 상관관계가 있음을 허용하면 고정효과모형(fixed effect model)이라고 한다. 반면 ξ_i와 $X_{i,t}$가 상관관계가 없다고 제약을 하면 임의효과모형(random effect model)이라고 부른다.[9]

나 임의효과 모형

임의효과 모형은 고정효과 모형과 다르게 문제가 되고 있는 미관측 이질성과 정책변수 간에 상관관계가 없다고 제약하는 모형이다. 그렇기 때문에 오차항이 두 개항으로 구성이 되어 있을 뿐 기본적으로 OLS을 이용하여 추정을 할 수 있다.

8 영어로는 다양하게 표현된다. 예컨대, unobserved component, latent variable, unobserved heterogeneity 등으로 불린다. i가 개인을 의미하는 경우, individual effect, individual heterogeneity 등으로 불리기도 한다. 한편 오차항 ε은 idiosyncratic errors, idiosyncratic disturbances 라고 불리기도 한다.

9 과거에는 ξ_i를 i마다 다른 상수로 취급하면 고정효과모형, 확률변수로 취급하면 임의효과모형이라고 부르기도 하였다. 고정효과인 경우 ξ_i를 이미 결정된(pre-determined) 특성으로 해석이 가능하다. 하지만 최근의 해석은 설명변수와 미관측 이질성과의 상관관계를 중심으로 정의하는 것이 일반적이다(Hsiao, 2014).

$$Y_{i,t} = \beta_0 + \beta_1 X_{i,t} + \gamma_1 Z_{i,t}^1 + \gamma_2 Z_{i,t}^2 + \cdots + \gamma_K Z_{i,t}^k + \xi_i + \epsilon_{i,t} \tag{4-2}$$

다만, 개인에 따른 오차항이 있어 분산-공분산 행렬의 구조가 좀 더 복잡해지기 때문에 등분산성을 가정한 OLS 추정량은 비효율적일 수 있다. 예컨대, 다음과 같은 구조를 갖는 것이 보통이다. $\mathrm{var}(\xi_i) = \sigma_\xi^2$ 으로 가정할 수 있다. 그러면 $\mathrm{cov}(\xi_i + \epsilon_{i,t}, \xi_i + \epsilon_{i,s}) \neq 0$ 이기 때문에 계열상관이 발생할 수 있다. 따라서 OLS 추정치는 더 이상 BLUE(best linear unbiased estimator)가 아니다. 이런 경우 보통 GLS(generalized least square)을 이용하면 된다. GLS 추정은 오차항들이 등분산성을 만족시킬 수 있도록 적절히 회귀식을 변환한 후 OLS 추정을 하면 정책효과를 추정을 할 수 있다.

다 고정효과 모형

고정효과모형의 경우 ξ_i는 개인의 기본 수준을 위 혹은 아래로 조정하는 개별 상수의 역할을 하게 된다. 일종의 개인별 더미변수라고 보면 된다. 패널자료가 없는 경우 이러한 ξ_i를 명시적으로 고려할 수가 없다. 왜냐하면 모든 개인에게 공통인 β_0만 추정이 가능하기 때문이다. 만약 N개의 횡단면 관측치만 있다면, N개의 회귀방정식이 있는 셈이다. 하지만 구해야 할 미지수가 N개의 ξ_i와 k+1개의 모수이기 때문에 미지수를 구할 수가 없게 된다. 패널자료가 있다면 얘기가 달라진다. 최소한 2개년도만 있어도 2N개의 방정식이 확보되기 때문이다.

고정모형의 추정은 보통 1계 차분(first difference) 혹은 평균으로부터의 편차(deviations from means)를 이용하여 추정된다. 고정효과모형의 추정에서 중요한 것은 ξ_i인데, 이를 직접 추정하면 추정해야 할 모수의 개수가 늘어나서 추정이 실질적으로 어렵게 된다. 그래서 ξ_i를 성가신 모수(nuisance parameter)라고도 한다. 1계 차분이나 평균으로부터의 편차를 이용한 측정의 핵심 아이디어는 ξ_i를 추정과정에서 제외하는 것이다. ξ_i를 모형에서 고려할 필요는 있지만 ξ_i 값 자체가 우리의 관심은 아니기 때문이다.

먼저 1계 차분모형에 대해서 알아보자. 식(4-3)과 같이 기본 모형과 한 시점 전으로 이동한 모형을 생각해보자.

$$Y_{i,t} = \beta_0 + \beta_1 X_{i,t} + \gamma_1 Z^1_{i,t} + \gamma_2 Z^2_{i,t} + \cdots + \gamma_k Z^k_{i,t} + \xi_i + \epsilon_{i,t}$$
$$Y_{i,t-1} = \beta_0 + \beta_1 X_{i,t-1} + \gamma_1 Z^1_{i,t-1} + \gamma_2 Z^2_{i,t-1} + \cdots + \gamma_k Z^k_{i,t-1} + \xi_i + \epsilon_{i,t-1} \qquad (4\text{-}3)$$

위의 식에서 아래 식을 빼면 ξ_i이 빠져나가는 것을 알 수 있다. 물론, 상수도 빠져 나간다. 시점간 동일한 요인들은 모두 빠져나가는 것이다.

$$\Delta Y_{i,t} = \beta_1 \Delta X_{i,t} + \gamma_1 \Delta Z^1_{i,t} + \gamma_2 \Delta Z^2_{i,t} + \cdots + \gamma_k \Delta Z^k_{i,t} + \Delta\epsilon_{i,t}$$
$$\Delta Y_{i,t} = Y_{i,t} - Y_{i,t-1} \qquad (4\text{-}4)$$

위의 식에서 ξ_i도 없고, ΔX와 ΔZ는 외생성의 조건을 만족시키기 때문에 정책효과 β_1는 OLS로 추정할 수 있다. 누락변수에 따른 편의가 없어지는 것이다.

평균으로부터의 편차를 이용하는 추정량은 within estimator라고도 부른다. 이번에는 한 시점 전으로 가는 것 대신, 개인 i 마다 평균을 취해보자.

$$Y_{i,t} = \beta_0 + \beta_1 X_{i,t} + \gamma_1 Z^1_{i,t} + \gamma_2 Z^2_{i,t} + \cdots + \gamma_k Z^k_{i,t} + \xi_i + \epsilon_{i,t}$$
$$\bar{Y}_i = \beta_0 + \beta_1 \bar{X}_i + \gamma_1 \bar{Z}^1_i + \gamma_2 \bar{Z}^2_i + \cdots + \gamma_k \bar{Z}^k_i + \xi_i + \bar{\epsilon}_i \qquad (4\text{-}5)$$

식(4-5)의 평균을 취한 모형에서는 ξ_i와 상수 β_0가 그대로 남아 있다. 원래 식에서 평균을 취한 식을 빼자. 그러면 아래와 같이 쓸 수 있다.

$$\left(Y_{i,t} - \bar{Y}\right) = \beta_1\left(X_{i,t} - \bar{X}_i\right)$$
$$\gamma_1\left(Z^1_{i,t} - \bar{Z}^1_i\right) + \gamma_2\left(Z^2_{i,t} - \bar{Z}^2_i\right) + \cdots + \gamma_k\left(Z^k_{i,t} - \bar{Z}^k\right) + \left(\epsilon_{i,t} - \bar{\epsilon}\right) \qquad (4\text{-}6)$$

1계 차분의 경우와 마찬가지로 미관측 이질성인 ξ_i이 식(4-6)에서는 더 이상 존재하지 않음을 알 수 있다. 또한 외생성의 조건도 만족시키기 때문에 OLS로 추정이 가능하다.

시점이 2개일 때는 앞의 1계차분 방법과 평균으로부터의 떨어짐 방법과 수치적으로 동일하다.[10] 하지만 시점이 3개 이상일 때는 within estimator가 1계차분 방법보다는 효율적이다. 즉 분산이 같거나 작은 것으로 알려져 있다. 따라서 여러 시점의 패널자료가 있는 경우 특별한 이유가 있는 것이 아니라면 보통의 연구에서는 within estimator를 사용하는 것이

10 비교 자체는 어렵지 않으나 복잡한 계산을 수반하므로 여기에서는 설명하지 않는다. 증명을 위해서는 대학원 수준의 계량교과서를 참조하길 바란다.

일반적이다.

사실 고정효과모형에서 ξ_i를 고려하는 가장 쉬운 방법은 각 개인에 대해서 더미변수를 만들어 회귀식에 포함하는 것이다. 이론상 이러한 방법이 가능하다고 하더라도 과거에는 컴퓨터 계산능력이 남았기 때문에 더미변수를 이용하여 추정하는 것이 어려웠다. 하지만 현재에는 컴퓨터 계산 능력도 상당히 향상되었고 행렬 계산도 안정적으로 할 수 있기 때문에 고정효과를 고려할 때 더미변수를 넣어서 추정하는 방법이 많이 사용되고 있다. 이렇게 더미변수를 이용하는 방법은 수치상으로 위의 within estimator와 동일한 것도 알려져 있다. 개인의 수가 아주 크지만 않다면 복잡한 계산을 한 번 하는 대신 더미변수를 바로 포함시키는 방법도 자주 사용되고 있다. 특별히 횡단면 국가 패널(cross-country panel) 자료의 경우 국가의 수가 기껏해야 몇 십 개에서 백여 개에 지나지 않기 때문에 이러한 방법들이 자주 사용되고 있다. 또한 식끼리 빼는 것이 가능하지 않은 비선형 모형의 경우, 더미변수를 이용하여 고정효과모형을 추정하는 경우가 많다.

정책평가를 하다 보면 지역별 평균 자료를 이용해서 회귀분석을 하는 경우가 많이 생긴다. 개인별 자료를 추적하여 구축된 패널자료는 아니지만, 매년 지역별로 횡단면 조사가 진행되어 지역별 평균이 기록된 자료가 주어진 경우이다. 지역별 평균 소득, 지역별 평균 출산율, 지역별 평균 임금 등이 좋은 예가 될 수 있다. 즉, 주어진 지역에서 특정 변수의 평균이 시간에 따라 반복적으로 관측된 경우이다.

이런 경우 미관측 이질성이 이슈로 등장할 수 있다. 예컨대 지역별 소득과 지역별 출산율 간의 관계를 살펴보는 경우를 생각해보자. 다음과 같은 모형을 상정해 볼 수 있다.

$$Y_{r,t} = \beta_0 + \beta_1 X_{1rt} + \beta_2 X_{2rt} + \cdots + \beta_k X_{krt} + \epsilon_{rit} \quad \textbf{(4-7)}$$

여기에서 종속변수는 합계출산율을 의미한다. 독립변수는 지역별 소득을 포함한 지역의 특성변수가 될 것이다.

지역의 출산율을 결정하는 미관측 이질성이 존재한다면 개인수준의 회귀분석 모형과 동일하게 누락변수의 편의에 대한 걱정이 있을 수밖에 없다. 예컨대 특정 지역의 가부장적인 태도 혹은 종교적인 성향 같은 것이 좋은 예가 될 수 있다. 이러한 미관측 이질성이 X들과 상관관계가 있으면 다른 경우와 마찬가지로 누락변수에 따른 편의가 발생할 가능성이 높기 때문이다.

다음과 같은 모형을 생각해보자.

$$Y_{rt} = \beta_0 + \beta_1 X_{1rt} + \beta_2 X_{2rt} + \cdots + \beta_k X_{krt} + c_r + \epsilon_{rt} \tag{4-8}$$

여기에서 c_r은 지역 r의 고정효과를 나타낸다. c_r은 지역별로 존재할 수 있는 출산율의 근본적인 차이를 대표한다.

앞에서 설명했던 추정방법을 그대로 사용할 수 있다. 다만, 추가적으로 고려해야 할 사항은 출산정책이 대부분 중앙정부가 시행하는 정책이기 때문에 지역별로 공히 중앙정부의 출산장려 정책에 영향을 받을 가능성이 있다는 점이다. 물론, 이런 중앙정부의 정책의 영향은 지역별로 동일하다는 가정이 필요하다. 그리고 연도별로 다를 수 있다. 이러한 점을 고려하기 위해 다음과 같이 모형을 바꿀 필요가 있다.

$$Y_{rt} = \beta_0 + \beta_1 X_{1rt} + \beta_2 X_{2rt} + \cdots + \beta_k X_{krt} + c_r + \lambda_t + \epsilon_{rt} \tag{4-9}$$

여기에서 λ_t는 연도별로 다를 수 있는 출산율의 순환을 나타낸다.

위와 같은 모형을 추정하는 가장 쉬운 방법은 지역별 더미, 연도별 더미를 포함시키면 된다. 혹은 연도 더미만 포함시키고 지역별 고정효과는 앞에서 소개한 추정방법을 사용할 수 있다.

뒤에서 좀 더 자세히 소개하겠지만 패널자료를 이용해서 이중차분추정량을 추정할 수 있다. 예컨대 출산 시 일정 금액을 지불하는 출산장려정책의 효과성을 평가하는 경우를 생각해보자. 특정 지역이 출산장려정책을 시행하고, 인접한 다른 지역이 출산장려정책을 시행하지 않았다고 해보자. 다음과 같은 합계출산율 결정모형을 가정해보자.

$$Y_{rt} = \beta_0 + \lambda_r + \lambda_t + \delta P_{rt} + e_{rt} \tag{4-10}$$

여기에서 P_{rt}는 정책대상 지역이면서 동시에 정책시행 이후이면 1, 그 이외에는 0의 값을 갖는 더미변수이다.

위와 같이 회귀식을 설정하면 아래 설명한 바와 같이 δ는 이중차분추정량(difference-in-difference estimator)이 된다. 식(4-10)에 따르면 출산정책을 시행한 지역의 평균 출산율은 시행 전 $\beta_0 + \lambda_r$, 시행 후 $\beta_0 + \lambda_r + \lambda_t + \delta$가 된다. 따라서 두 시점을 차분하면 출산정책을 시행한 전후 평균출산율은 $\Delta Y^T = \lambda_t + \delta$만큼 증가하였다. 출산정책을 미시행한 지역의 경우 시행 전의 평균출산율은 β_0, 시행 후의 평균출산율은 $\beta_0+\lambda_t$이다. 출산정책 미시행 지역의 출산율이 변한 부분은 $\Delta Y^C = \lambda_t$로 이는 출산정책과는 무관한 자연 변화분일 것이다.

출산정책 시행 지역과 미시행 지역의 자연 변화분이 동일하다면 이중차분추정치는 $\Delta Y^T - \Delta Y^C = \delta$가 될 것이다. 즉, 식(4-10)의 P_{rt}의 계수 δ는 일정한 가정하에서 저출산 정책의 효과가 된다.

표 4-1 패널모형을 통한 이중차분추정치 추정

처치	시점	평균 출산율	차분	이중차분
출산정책 시행	전	$\beta_0+\lambda_r$	$\Delta Y^T=\lambda_t+\delta$	
	후	$\beta_0+\lambda_r+\lambda_t+\delta$		
출산정책 미시행	전	β_0	$\Delta Y^C=\lambda_t$	
	후	$\beta_0+\lambda_t$		$\Delta Y^T-\Delta Y^C=\delta$

실제로 추정할 때에는 지역의 특성들을 통제변수로서 포함시켜 추정하는 것이 보통이다. 예컨대 여성의 경제활동참가율, 지역내 소득, 지역의 가임기 여성의 비중과 같은 인구학적 특성 등을 통제하여 추정하는 것이 보통이다.

라 모형의 선택

패널자료를 이용하여 정책평가를 할 때 연구자가 하는 고민이 있다. 고정효과 모형과 임의효과 모형 중 어떤 모형을 선택해야 할까? 먼저 고정효과는 미관측 이질성과 설명변수간의 상관관계를 허용한 모형이다. 상관관계를 허용하지 않은 임의효과에 비해 좀 더 일반적인 모형이라고 볼 수 있다. 하지만 고정효과의 경우 개인이 관측되는 동안에 변한 within-group variation을 이용해서 추정해야 하기 때문에 정책효과가 부정확하게 추정될 수 있는 가능성이 높다. 즉, 통계적으로 유의하지 않은 정책효과가 추정될 수 있다. 왜냐하면 정책이 개인에게 크게 변하지 않을 수 있기 때문이다.

한편 임의효과 모형은 고정효과와 설명변수간에 상관관계가 존재하지 않는다는 강한 가정을 더한 모형이다. 따라서 추정된 정책효과는 누락된 변수에 따른 편의가 존재할 가능성이 있다. 추정된 정책효과가 실제 정책효과가 아닌 가정에 의해서 만들어진 것일 수 있다는 위험이 있다.

고정효과와 임의효과, 두 모형 중 어떤 모형이 주어진 자료에 좀 더 잘 부합하는지는 통계적으로 검정할 수 있다. 보통 하우스만 검정(Hausman test)을 사용한다. 하우스만 검정은 식(4-11)의 통계량에 기초하고 있다.

$$H = \left(\hat{\beta}_{fe} - \hat{\beta}_{re}\right)'\left(\hat{V}_{fe} + \hat{V}_{re}\right)^{-1}\left(\hat{\beta}_{fe} - \hat{\beta}_{re}\right) \qquad (4\text{-}11)$$

여기에서 $\hat{\beta}_{fe}$는 고정효과 추정치이고, $\hat{\beta}_{re}$는 임의효과 추정치이다. $\hat{V}_{fe}$는 고정효과 추정치의 분산-공분산 행렬이고, $\hat{V}_{re}$는 임의효과 추정치의 분산-공분산 행렬이다. 식(4-11)의 통계량은 x^2분포를 따른다.

만약 임의효과모형이 참 모형이라면 위의 고정효과 추정치와 임의효과 추정치는 별 차이가 없게 된다. 즉, H≈0이 될 것이다. 반면 고정효과모형이 참이라면 H는 큰 양의 값을 가지게 될 것이다. 따라서 임의효과가 맞는지 아니면 고정효과가 맞는지에 대한 통계학적 검정은 H≈0인지를 검정하는 것이다. 이러한 검정을 하우스만 검정이라고 한다.

명령어는 hausman이다.

```
hausman name-FE name-RE [, options]
```

고정효과 모형을 추정하고 산 이후 추정결과를 적절한 이름으로 저장한다. 임의효과 모형의 추정결과 역시 저장한다. 두 저장 결과 중 고정효과를 먼저 쓰고 임의효과를 나중에 써서 하우스만 검정을 하면 된다.

하지만 대다수의 연구자들은 이러한 검정 대신 경제모형이나 이론이 함의하는 직관을 사용하여 논증하고 있다. 예컨대 앞에서 예를 든 지역별 출산율의 경우 지역별로 근본적인 차이가 존재한다고 보는 것이 좀 더 설득력이 있다. 그리고 그러한 근본적인 차이가 다른 변수들과도 서로 상호작용을 통해 상관관계가 존재한다고 보는 것이 설득력이 있다. 이런 경우 고정효과 모형이 임의효과 모형설보다 좀 더 적절한 모형으로 판단된다.

마 패널자료 구축[11]

패널자료의 구조를 살펴보자. 기본적으로 동일한 응답자가 여러 해에 걸쳐서 반복적으로 유사한 질문에 응답을 한 것을 기록한 구조이다. 그러므로 아래와 같은 자료의 모습을 갖는 것이 자연스러울 것이다. 동일 개인 식별자(ID)를 중심으로 해서 연간 자료가 붙어 있는 모습을 갖게 된다.

```
. list idcode year age race grade ln_wage hours, sepby(idcode )
```

	idcode	year	age	race	grade	ln_wage	hours
1.	1	68	.	.	.	.	.
2.	1	69	.	.	.	.	.
3.	1	70	18	2	12	1.451214	20
4.	1	71	19	2	12	1.02862	44
5.	1	72	20	2	12	1.589977	40
6.	1	73	21	2	12	1.780273	40
7.	1	75	23	2	12	1.777012	10
8.	1	77	25	2	12	1.778681	32
9.	1	78	26	2	12	2.493976	52
10.	1	80	28	2	12	2.551715	45
11.	1	82	.	.	.	.	.
12.	1	83	31	2	12	2.420261	49
13.	1	85	33	2	12	2.614172	42
14.	1	87	35	2	12	2.536374	45
15.	1	88	37	2	12	2.462927	48
16.	2	68	.	.	.	.	.
17.	2	69	.	.	.	.	.
18.	2	70	.	.	.	.	.
19.	2	71	19	2	12	1.360348	40
20.	2	72	20	2	12	1.206198	40
21.	2	73	21	2	12	1.549883	40
22.	2	75	23	2	12	1.832581	40
23.	2	77	25	2	12	1.726721	40
24.	2	78	26	2	12	1.68991	40
25.	2	80	28	2	12	1.726964	40
26.	2	82	30	2	12	1.808289	38
27.	2	83	31	2	12	1.863417	38
28.	2	85	33	2	12	1.789367	38
29.	2	87	35	2	12	1.84653	40
30.	2	88	37	2	12	1.856449	40
31.	3	68	22	2	12	1.493561	40
32.	3	69	23	2	12	1.702528	40
33.	3	70	24	2	12	1.451214	40
34.	3	71	25	2	12	1.54742	40
35.	3	72	26	2	12	1.607294	40
36.	3	73	27	2	12	1.597267	40
37.	3	75	29	2	12	1.53585	40
38.	3	77	31	2	12	1.622841	40
39.	3	78	32	2	12	1.566635	40
40.	3	80	34	2	12	1.559723	40
41.	3	82	36	2	12	1.603419	40
42.	3	83	37	2	12	1.614229	40
43.	3	85	39	2	12	1.730799	40
44.	3	87	41	2	12	1.525765	40
45.	3	88	42	2	12	1.612777	40

11 본 장의 논의는 "경제분석을 위한 STATA"의 10장을 수정, 보완한 것이다.

문제는 패널자료가 처음부터 이런 식으로 주어지는 것이 아니라는 점이다. 패널자료 조사 기간은, 각 연도별 자료(wave라고 보통 부르고 있음)를 횡단면 형태로 제공하고 있다.

따라서 위와 같은 자료형태로 만들고 패널분석을 하기 위해서는 패널자료의 각 wave를 잘 이어 붙여서 패널분석이 가능한 형태로 바꾸어주는 작업이 필요하다. 이 작업을 하려면 STATA에서 자료를 이어 붙이도록 도와주는 merge라는 명령어를 사용해야 한다.

A. merge

merge는 STATA가 제공하는 명령어 중에서 reshape와 더불어 가장 유용한 명령어이다. 패널자료 외에도 merge를 잘 활용하면 매우 편리하게 작업을 할 수 있다.

보통 패널자료의 각 wave 파일은 다음과 같이 ID 변수가 포함되어 있다. 개인과 가구를 구분하는 경우에는 개인 아이디(PID)와 가구 아이디(HHID)가 자주 쓰이고 있다. 변수 뒤에 웨이브 번호나 연도를 붙여 놓으면 나중에 패널형태로 바꿀 때 매우 편리하다.

```
. insheet using wave68.out, clear
```

```
. des

Contains data
  obs:         4,711
 vars:            11
 size:       117,775 (99.8% of memory free)
-------------------------------------------------------------------------------
              storage  display     value
variable name   type   format      label      variable label
-------------------------------------------------------------------------------
idcode          int    %8.0g
birth_yr68      byte   %8.0g
age68           byte   %8.0g
race68          byte   %8.0g
grade68         byte   %8.0g
not_smsa68      byte   %8.0g
south68         byte   %8.0g
ttl_exp68       float  %9.0g
tenure68        float  %9.0g
hours68         byte   %8.0g
ln_wage68       float  %9.0g
-------------------------------------------------------------------------------
Sorted by:
     Note:  dataset has changed since last saved
```

위의 wave68을 temp2에 임시로 저장해보자. 그전에 idcode를 sort하는 작업이 꼭 필요하다.

```
. sort idcode
. save temp2, replace
```

그 다음으로는 wave69를 읽어 들여서 idcode를 키로 해서 merge m:m를 하면 2개의 자료를 합칠 수 있다.

merge 명령어를 두 자료를 합친다고 이해하면 merge 명령어를 제대로 이해하는데 제약이 있을 수 있다. 그 보다는 using 자료에 가서 키변수로 지정한 값에 맞는 관측치를 찾아서 master 자료로 가져온다고 이해하면 좀 더 이해하기 쉽다.

```
. insheet using wave69.out, clear
(11 vars, 4711 obs)

. sort idcode

. merge m:m idcode using temp2

    Result                           # of obs.
    -----------------------------------------
    not matched                             0
    matched                             4,711  (_merge==3)
    -----------------------------------------
```

두 자료를 merge 한 후에는 꼭 tab _m을 통해서 머지 형태를 확인할 필요가 있다. 1의 값은 관측치가 master 자료에만 있는 경우, 2는 using 자료에만 있는 경우, 3은 양쪽 모두에 있는 경우이다. 위의 merge된 상태를 살펴보면 모든 관측치가 두 자료 모두에 있는 것을 확인할 수 있다.

merge된 master 자료를 list를 통해서 확인해 보자. 아래와 같이 idcode를 중심으로 각 변수가 머지 되어 있고, 변수 이름 뒤에는 연도 혹은 wave를 나타내는 숫자가 포함되어 있다.

```
. des

Contains data
  obs:          4,711
 vars:             22
 size:        211,995 (99.6% of memory free)
-------------------------------------------------------------------------------
              storage  display     value
variable name   type   format      label      variable label
-------------------------------------------------------------------------------
idcode          int    %8.0g
birth_yr69      byte   %8.0g
age69           byte   %8.0g
race69          byte   %8.0g
grade69         byte   %8.0g
not_smsa69      byte   %8.0g
south69         byte   %8.0g
ttl_exp69       float  %9.0g
tenure69        float  %9.0g
hours69         byte   %8.0g
ln_wage69       float  %9.0g
birth_yr68      byte   %8.0g
age68           byte   %8.0g
race68          byte   %8.0g
grade68         byte   %8.0g
not_smsa68      byte   %8.0g
south68         byte   %8.0g
ttl_exp68       float  %9.0g
tenure68        float  %9.0g
hours68         byte   %8.0g
ln_wage68       float  %9.0g
_merge          byte   %23.0g      _merge
-------------------------------------------------------------------------------
Sorted by:
```

merge가 완료된 변수가 어떻게 생겼는지 확인해보자.

```
. list idcode age* ln_wage*

     +-----------------------------------------------+
     | idcode   age69   age68   ln_wa~69   ln_wa~68 |
     |-----------------------------------------------|
  1. |      1       .       .          .          . |
  2. |      2       .       .          .          . |
  3. |      3      23      22   1.702528   1.493561 |
  4. |      4       .       .          .          . |
  5. |      5      23      22   1.787686   1.627093 |
     |-----------------------------------------------|
  6. |      6      22      21   1.479384   1.521732 |
  7. |      7      19      19   1.490434   1.482067 |
  8. |      9       .       .          .          . |
  9. |     10      17       .   1.361601          . |
 10. |     12       .       .          .          . |
     |-----------------------------------------------|
 11. |     13       .       .          .          . |
 12. |     14       .       .          .          . |
 13. |     15       .       .          .          . |
 14. |     16       .       .          .          . |
 15. |     17       .       .          .          . |
     |-----------------------------------------------|
 16. |     18       .       .          .          . |
 17. |     19       .       .          .          . |
 18. |     20       .       .          .          . |
 19. |     21       .       .          .          . |
 20. |     22      21       .   1.949388          . |
     |-----------------------------------------------|
 21. |     23       .       .          .          . |
 22. |     24      22      21   1.949388     1.3722 |
```

id 하나에 wave 별 변수가 가로로 길게 붙어 있는 형태의 자료는 처음 본 패널자료의 모습과는 차이가 있다. 이런 형태의 자료를 wide-form 자료라고 한다. 처음 본 패널자료의 형태는 길게 되어 있다는 의미에서 long-form이라고 한다. 따라서 패널 분석을 하려면 wide-form 자료를 long-form 자료로 전환하는 것이 필요하다.

B. reshape long and wide

wide-form 자료를 long-form 자료로 혹은 반대로 바꾸어주는 명령어가 reshape이다. wide-form 자료를 전환하기 위해서는 어떤 변수가 개인 식별변수(i)이고 어떤 변수가 시간변수(j)인지를 지정해주어야 한다. 물론 어떤 변수를 long-form으로 전환할 것인지를 정해주는 것도 잊어서는 안 된다.

```
· reshape long birth_yr age race grade not_smsa south ttl_exp tenure hours
  ln_wage, i(idcode) j(year)
```

위 명령을 내리면 처음 보았던 자료의 형태로 전환된다.

물론 reshape wide는 long 타입의 자료를 wide 타입으로 전환시켜준다.

바 선형모형 추정

패널자료를 구축한 이후에는 패널모형을 추정할 수 있다. 먼저, 패널자료를 불러들여보자.

```
. use nlswork, clear
(National Longitudinal Survey.  Young Women 14-26 years of age in 1968)
```

STATA의 패널명령어는 보통의 명령어 앞에 xt 라는 접두어가 붙어 있다. 패널 명령어들을 편하게 사용하기 위해서는 지금 사용하고 있는 자료가 패널자료라는 것을 선언해주어야 한다. 명령어는 xtset을 사용한다. 어떤 변수가 개인을 나타내는 i 변수이고, 어떤 변수가 시점을 나타내는 j 변수인지를 지정해주면 된다. 예컨대 아래와 같이 선언할 수 있다.

```
. xtset idcode year, yearly
       panel variable:  idcode (unbalanced)
        time variable:  year, 68 to 88, but with gaps
                delta:  1 year
```

위의 xtset의 옵션으로서 yearly를 지정해주었다. 시점변수의 시간 단위가 연임을 알려주기 위해서이다. 연간 자료 외에도 분기별, 월별, 일별 등의 다양한 시간의 단위를 사용할 수 있다.

읽어 들인 자료를 xtset을 이용하여 패널자료임을 선언한 후에는 몇 가지 요약통계량을 살펴봄으로써 자료의 특성을 살펴보자. 먼저 xtdes를 이용해보자.

```
. xtdes

  idcode:  1, 2, ..., 5159                                 n =       4711
    year:  68, 69, ..., 88                                 T =         15
           Delta(year) = 1 year
           Span(year)  = 21 periods
           (idcode*year uniquely identifies each observation)

Distribution of T_i:   min      5%     25%       50%       75%     95%     max
                         1       1       3         5         9      13      15

     Freq.  Percent    Cum. |  Pattern
 ---------------------------+----------------------
      136     2.89    2.89 |  1....................
      114     2.42    5.31 |  ....................1
       89     1.89    7.20 |  .................1.11
       87     1.85    9.04 |  ...................11
       86     1.83   10.87 |  111111.1.11.1.11.1.11
       61     1.29   12.16 |  ..............11.1.11
       56     1.19   13.35 |  11...................
       54     1.15   14.50 |  ...............1.1.11
       54     1.15   15.64 |  .......1.11.1.11.1.11
     3974    84.36  100.00 | (other patterns)
 ---------------------------+----------------------
     4711   100.00         |  XXXXXX.X.XX.X.XX.X.XX
```

보고된 바에 따르면, 총 n=4711명의 개인이 어떤 식으로든지 관측되었다. idcode는 1번부터 5159번까지 존재하였다. 기간은 68년부터 88년까지 총 21년에 걸쳐 있었다. 중간에 조사를 하지 않은 해도 있기 때문에 가장 많이 조사된 기간은 T=15번임을 알 수 있다.

아래 부분은 응답자들이 평균적으로 어떤 패턴을 가지고 조사가 되었는지를 보여주고 있다. 예컨대, 136명은 첫 해에는 관측되고 그 이후로는 한 번도 관측이 되지 않은 경우이다. 114명은 마지막 연도 이전에는 한 번도 조사되지 않았다가 마지막 해에만 관측된 경우이다. 그 외 다양한 조사패턴을 가진 경우들도 보고되어 있다.

다음은 summarize에 해당되는 xtsum을 이용해서 변수들의 요약통계량을 살펴보자. 주당 일하는 시간을 나타내는 hours 에 대해서 살펴보자.

먼저 xtsum은 전체(overall), 개인간(between), 개인내(within)의 노동시간을 구분하여 보고하고 있다. 아래 그림을 참조하여 살펴보자.

```
. xtsum hours
```

Variable		Mean	Std. Dev.	Min	Max	Observations
hours	overall	36.55956	9.869623	1	168	N = 28467
	between		7.846585	1	83.5	n = 4710
	within		7.520712	-2.154726	130.0596	T-bar = 6.04395

overall은 사람×시점의 전체 평균을 의미한다. 여기에서는 평균 36.6시간 사람들이 노동을 하고 있음을 알 수 있다. 표준편차는 9.9시간, 최저시간은 1시간, 최대 시간은 168시간으로 보고되어 있다. 아마 168시간을 답한 사람은 "일주일에 몇 시간 일했는가?"를 물어보는 질문을 "일주일이 몇 시간입니까?"로 잘 못 이해한 듯하다. 왜냐하면 일주일은 168시간(24시간×7일)이기 때문이다.

between은 개인간의 변이를 계산한 것을 보고한 것이다. 먼저 개인별 평균 노동시간을 계산하고 개인별 평균 노동시간의 표준편차를 보고한 것이다. 예컨대 1번의 경우 평균 15.8시간, 2번의 경우 평균 43.6시간, 3번의 경우 46.2시간을 보고하였다. between은 이들간의 표준편차, 최소값, 최대값을 보고하고 있다. 다만 평균의 평균은 전체 평균과 동일하기 때문에 따로 보고하고 있지는 않다. 표준편차는 전체의 표준편차 보다는 작아졌다. 이는 개인별 평균을 취하면서 개인에게 존재하는 변이가 사라졌기 때문이다.

within은 개인내의 변이를 이용하여 계산한 것을 보고한 것이다. 구체적으로는 개인의 평균으로부터의 편차를 이용한 것이다. 예컨대 1번 노동자의 경우 평균 노동시간은 15.8시간이다. 따라서 within의 관점에서 평균으로부터 얼마나 떨어져 있는지를 다시 계산하면 시점 1에 −5.8, 시점 2에 −0.8, 시점 3에 7.2, 시점 4에 −4.8, 시점 5에 4.2시간으로 다시 쓸 수 있다. 이것들의 평균, 표준편차, 최소값, 최대값이 보고된 것이다. 평균으로부터의 편차이기 때문에 음의 값도 가능하게 된 것이다.

시점	1번		2번	3번
1	10	−5.8	48	55
2	15	−0.8	50	40
3	23	7.2	45	41
4	11	−4.8	33	42
5	20	4.2	42	53
평균	15.8		43.60	46.2

<-- within -->

<---------- between ------------>

overall

위 자료를 이용해서 임금방정식을 추정해보자. 회귀식을 다음과 같이 설정하자.

$$
\begin{aligned}
\ln\left(w_{i,t}\right) = {} & \beta_0 + \beta_{t1} tenure_{i,t} + \beta_{t2} \text{tenure}^2_{i,t} + \beta_{a1} age_{i,t} + \beta_{a2} age^2_{i,t} \\
& + \beta_{e1} \exp_{i,t} + \beta_{e2} \exp^2_{i,t} + \beta_b I\left\{race_{i,t} = black\right\} \\
& + \beta_{ns} I\left\{SMSA_{i,t} = 1\right\} + \beta_s I\left\{south_{i,t} = 1\right\} \\
& + \xi_i + \epsilon_{i,t}
\end{aligned}
\qquad (4\text{-}12)
$$

우리의 관심은 근속의 수익률 β_{t1}에 있다고 해보자. 즉, 근속기간이 1년 증가할 때 임금이 평균 몇 %정도 증가하는지 알고 싶다고 해보자. 가령 정부가 개입하여 정년 연장을 했을 때 정년 1년 증가가 임금을 얼마나 상승시킬 수 있는지를 알고 싶다고 해보자.

먼저 OLS를 이용하여 식(4-12)의 모형을 추정해보자.

```
. reg ln_wage tenure c.tenure#c.tenure age c.age#c.age ttl_exp c.ttl_exp#c.ttl_e
> xp grade  2.race not_smsa south

      Source |       SS           df       MS      Number of obs   =    28,091
-------------+----------------------------------   F(10, 28080)    =   1681.47
       Model |  2402.22796        10  240.222796   Prob > F        =    0.0000
    Residual |  4011.63592    28,080  .142864527   R-squared       =    0.3745
-------------+----------------------------------   Adj R-squared   =    0.3743
       Total |  6413.86388    28,090  .228332641   Root MSE        =    .37797

------------------------------------------------------------------------------
     ln_wage |      Coef.   Std. Err.      t    P>|t|     [95% Conf. Interval]
-------------+----------------------------------------------------------------
      tenure |   .0473687   .0019626    24.14   0.000     .0435219    .0512156
             |
    c.tenure#|
    c.tenure |   -.002027   .0001338   -15.15   0.000    -.0022893   -.0017648
             |
         age |    .038598    .003467    11.13   0.000     .0318025    .0453935
             |
 c.age#c.age |  -.0007082   .0000563   -12.57   0.000    -.0008186   -.0005978
             |
     ttl_exp |   .0211279    .002335     9.05   0.000     .0165511    .0257046
             |
   c.ttl_exp#|
   c.ttl_exp |   .0004473   .0001246     3.59   0.000     .0002031    .0006916
             |
       grade |   .0629238   .0010313    61.01   0.000     .0609024    .0649452
             |
        race |
       black |  -.0699386   .0053207   -13.14   0.000    -.0803673   -.0595098
    not_smsa |  -.1720455   .0051675   -33.29   0.000     -.182174    -.161917
       south |  -.1003387   .0048938   -20.50   0.000    -.1099308   -.0907467
       _cons |   .2472833   .0493319     5.01   0.000     .1505903    .3439762
------------------------------------------------------------------------------
```

OLS 추정결과에 따르면 우리가 관심을 가지고 있는 tenure의 수익률은 약 4.7%정도인 것으로 보인다. 근속의 수익률은 근속기간이 늘어나면서 점점 작아지는 경향이 있는 것으로 보인다. 근속기간 변수들은 모두 0.1% 유의수준에서도 통계적으로 유의하였다.

연령에 따른 임금증가율은 약 3.9%, 경력에 대한 수익률은 2.1% 정도로 추정되었다. 흑인은 다른 인종에 비해서 7.9% 정도 임금이 낮았다. 남쪽에 살고 있는 노동자는 10% 정도 임금이 낮았다.

임의효과 모형은 xtreg 명령어를 이용하면 된다. xtreg에 옵션으로 re를 추가하면 임의효과 모형을 추정할 수 있다.

우리의 관심인 근속기간의 수익률은 3.8%로 OLS 모형에서 추정되었던 수익률 보다 다소 작게 추정되었다. 아마도 미관측 이질성이 역할을 했다고 판단된다. ξ의 표준편차

(sigma_u)는 0.25, 오차항의 표준편차(sigma_e)는 0.29로 추정되었다. 전체 오차항의 분산 중 미관측 이질성이 차지하는 비중은 약 절반 정도로 추정되었다.

```
. xtreg ln_wage tenure c.tenure#c.tenure age c.age#c.age ttl_exp c.ttl_exp#c.ttl
> _exp grade 2.race not_smsa south , re

Random-effects GLS regression                   Number of obs     =     28,091
Group variable: idcode                          Number of groups  =      4,697

R-sq:                                           Obs per group:
     within  = 0.1715                                         min =          1
     between = 0.4784                                         avg =        6.0
     overall = 0.3708                                         max =         15

                                                Wald chi2(10)     =    9244.74
corr(u_i, X)   = 0 (assumed)                    Prob > chi2       =     0.0000

------------------------------------------------------------------------------
     ln_wage |      Coef.   Std. Err.      z    P>|z|     [95% Conf. Interval]
-------------+----------------------------------------------------------------
      tenure |   .0392519   .0017554    22.36   0.000     .0358113    .0426925
             |
   c.tenure#|
    c.tenure |  -.0020035   .0001193   -16.80   0.000    -.0022373   -.0017697
             |
         age |   .0368059   .0031195    11.80   0.000     .0306918    .0429201
             |
 c.age#c.age |  -.0007133     .00005   -14.27   0.000    -.0008113   -.0006153
             |
     ttl_exp |   .0290208    .002422    11.98   0.000     .0242739    .0337678
             |
  c.ttl_exp#|
   c.ttl_exp |   .0003049   .0001162     2.62   0.009      .000077    .0005327
             |
       grade |   .0646499   .0017812    36.30   0.000     .0611589    .0681409
             |
        race |
       black |   -.053053   .0099926    -5.31   0.000    -.0726381   -.0334679
    not_smsa |  -.1308252   .0071751   -18.23   0.000    -.1448881   -.1167622
       south |  -.0868922   .0073032   -11.90   0.000    -.1012062   -.0725781
       _cons |   .2387207    .049469     4.83   0.000     .1417633    .3356781
-------------+----------------------------------------------------------------
     sigma_u |  .25790526
     sigma_e |  .29068923
         rho |  .44045273   (fraction of variance due to u_i)
------------------------------------------------------------------------------
```

이쯤에서 OLS 모형이 옳은지 아니면 미관측 이질성을 추가적으로 고려해야 하는지 검정할 필요가 있다. 아이디어는 간단하다. 만약 미관측 이질성이 없다면 OLS 추정량은 효율적인 추정량일 것이다. 그렇게 구해진 오차항들의 경우 서로 계열상관관계가 존재해서는 안 된다. 계열상관관계가 있다는 것은 동일한 개인에게 시점을 관통하는 뭔가가 있다는 얘기가 되기 때문이다. 잔차가 AR(1)을 따르는지를 검정하면 된다. 하지만 좀 더 직접적인 검정은 $\sigma^2_c=0$인지를 검정하는 것이다. 이는 좀 제약적이긴 하지만 Breusch & Pagan (1980), Baltagi & Li (1995)에 의해 개발되어 있다. 다음과 같이 실습해보자.

```
. webuse nlswork, clear
(National Longitudinal Survey.  Young Women 14-26 years of age in 1968)
```

다음과 같은 임의효과 모형을 추정해보자

```
. xtreg ln_w grade age c.age#c.age ttl_exp c.ttl_exp#c.ttl_exp tenure c.tenure#c
> .tenure 2.race not_smsa south, re
```

그리고 나서 Breusch & Pagan LM 검정은 다음과 같이 할 수 있다.

```
. xttest0

Breusch and Pagan Lagrangian multiplier test for random effects

        ln_wage[idcode,t] = Xb + u[idcode] + e[idcode,t]

        Estimated results:
                        |       Var     sd = sqrt(Var)
                ---------+-----------------------------
                 ln_wage |   .2283326       .4778416
                       e |   .0845002       .2906892
                       u |   .0665151       .2579053

        Test:   Var(u) = 0
                             chibar2(01) =  14779.98
                          Prob > chibar2 =    0.0000
```

검정결과에 따르면 LM 통계량이 충분히 크기 때문에 임의효과의 분산이 0이라는 귀무가설을 기각할 수 있다. 따라서 모형에서 미관측 이질성을 고려하는 것이 적절한 것으로 판단된다.

이번에는 가장 일반적인 모형인 고정효과 모형을 추정해보자. xtreg의 옵션으로 re 대신 fe를 넣어주면 된다.

고정효과 추정결과에 따르면 우리가 관심을 가지고 있는 tenure 에 대한 수익률은 3.6%

로 임의효과 모형의 3.8%보다는 다소 작아졌다. 다른 변수의 수익률도 조금씩 작아졌음을 발견할 수 있다.

```
. xtreg ln_wage tenure c.tenure#c.tenure age c.age#c.age ttl_exp c.ttl_exp#c.ttl
> _exp grade 2.race not_smsa south , fe
note: grade omitted because of collinearity
note: 2.race omitted because of collinearity

Fixed-effects (within) regression               Number of obs     =     28,091
Group variable: idcode                          Number of groups  =      4,697

R-sq:                                           Obs per group:
     within  = 0.1727                                         min =          1
     between = 0.3505                                         avg =        6.0
     overall = 0.2625                                         max =         15

                                                F(8,23386)        =     610.12
corr(u_i, Xb)  = 0.1936                         Prob > F          =     0.0000

------------------------------------------------------------------------------
     ln_wage |      Coef.   Std. Err.      t    P>|t|     [95% Conf. Interval]
-------------+----------------------------------------------------------------
      tenure |   .0357539   .0018487    19.34   0.000     .0321303    .0393775
             |
    c.tenure#|
    c.tenure |  -.0019701    .000125   -15.76   0.000    -.0022151   -.0017251
             |
         age |   .0359987   .0033864    10.63   0.000     .0293611    .0426362
             |
 c.age#c.age |   -.000723   .0000533   -13.58   0.000    -.0008274   -.0006186
             |
     ttl_exp |   .0334668   .0029653    11.29   0.000     .0276545     .039279
             |
   c.ttl_exp#|
   c.ttl_exp |   .0002163   .0001277     1.69   0.090    -.0000341    .0004666
             |
       grade |          0  (omitted)
             |
        race |
      black  |          0  (omitted)
    not_smsa |  -.0890108   .0095316    -9.34   0.000    -.1076933   -.0703282
       south |  -.0606309   .0109319    -5.55   0.000    -.0820582   -.0392036
       _cons |    1.03732   .0485546    21.36   0.000     .9421496     1.13249
-------------+----------------------------------------------------------------
     sigma_u |  .35562203
     sigma_e |  .29068923
         rho |  .59946283   (fraction of variance due to u_i)
------------------------------------------------------------------------------
F test that all u_i=0: F(4696, 23386) = 6.65                 Prob > F = 0.0000
```

한 가지 특이한 점은 학력(grade)과 인종(race) 변수가 추정이 되지 않았다는 점이다. 학력(grade)과 인종(race)의 계수가 추정결과에서 생략되었다. 이는 고정효과 모형은 개인 내에서의 변이를 이용하여 측정되는데, 시점에 따라 개인의 특성이 변하지 않았다면 평균으로부터의 편차를 계산하는 과정에서 변수 자체가 탈락되기 때문에 고정효과 모형의 추정을 더 이상 추정할 수 없게 된다. 사람의 인종 같은 경우가 대표적이다. 여기에서는 학력변수도 그러한 특성을 띠고 있다. 예컨대 xtsum을 이용하여 시점간에 변이가 있는지 확인해 볼 수 있다. within은 표준편차가 없다. 즉 개인을 특정했을 때, 학력변화가 전혀 없는 변수라는 말이다.

```
. xtsum grade

Variable         |      Mean   Std. Dev.       Min        Max |    Observations
-----------------+--------------------------------------------+----------------
grade    overall |  12.53259   2.323905          0         18 |     N =   28532
         between |             2.566536          0         18 |     n =    4709
         within  |                    0   12.53259   12.53259 | T-bar = 6.05904
```

이상의 결과를 비교하여 살펴보자. 근속에 대한 수익률은 OLS 추정일 때 4.7%로 미관측 이질성을 고려한 임의효과 모형의 3.9%, 고정효과 모형의 3.6%와 비교해보았을 때 OLS모형을 일정 정도 과대추정하고 있음을 확인할 수 있다.

```
. estout ols re fe, cells(b(star fmt(3)) se(par fmt(4)) ) keep(tenure) stats(N ,
> fmt( %9.0g )) legend

--------------------------------------------------------------
                      ols              re              fe
                     b/se            b/se            b/se
--------------------------------------------------------------
tenure           0.047***        0.039***        0.036***
                 (0.0020)        (0.0018)        (0.0018)
--------------------------------------------------------------
N                   28091           28091           28091
--------------------------------------------------------------
* p<0.05, ** p<0.01, *** p<0.001
```

차분 추정(FD) 對 고정효과 추정(FE)

패널 모형을 추정하는 프로그램을 짠다면 평균으로부터의 편차를 계산해야 하는 FE 보다는 당기에서 전기를 빼내는 FD 가 훨씬 수월할 것이다. T=2 인 경우에는 수리적으로 FD 추정치와 FE 추정치가 동일하다. T>3 인 경우에는 무엇이 좋다고 일률적으로 말하기는 어렵다. 다만, 오차항 $\varepsilon_{i,t}$가 이분산성과 계열상관이 있는 경우에는 FE 가 FD 보다는 효율적이다. 실증분석에서는 FE가 FD 보다 자주 사용되고 있다.

```
webuse abdata, clear
drop if year < 1981 | year > 1982
xtreg n w k, fe
```

```
Fixed-effects (within) regression               Number of obs      =       280
Group variable: id                              Number of groups   =       140

R-sq:                                           Obs per group:
     within  = 0.5324                                        min =          2
     between = 0.8228                                        avg =        2.0
     overall = 0.8201                                        max =          2

                                                F(2,138)           =     78.55
corr(u_i, Xb)  = 0.6901                         Prob > F           =    0.0000

------------------------------------------------------------------------------
           n |      Coef.   Std. Err.      t    P>|t|     [95% Conf. Interval]
-------------+----------------------------------------------------------------
           w |  -.7887733   .1055578    -7.47   0.000    -.9974932   -.5800534
           k |   .4335047   .0524917     8.26   0.000     .3297126    .5372968
       _cons |   3.690322   .3299445    11.18   0.000     3.037922    4.342723
-------------+----------------------------------------------------------------
     sigma_u |  .78660142
     sigma_e |  .08469421
         rho |   .9885398   (fraction of variance due to u_i)
------------------------------------------------------------------------------
F test that all u_i=0: F(139, 138) = 72.89                Prob > F = 0.0000
```

```
reg D.(n w k), noconstant
```

```
      Source |       SS           df       MS      Number of obs   =       140
-------------+----------------------------------   F(2, 138)       =     78.55
       Model |  2.25387742         2  1.12693871   Prob > F        =    0.0000
    Residual |  1.97977791       138  .014346217   R-squared       =    0.5324
-------------+----------------------------------   Adj R-squared   =    0.5256
       Total |  4.23365532       140  .030240395   Root MSE        =    .11978

------------------------------------------------------------------------------
         D.n |      Coef.   Std. Err.      t    P>|t|     [95% Conf. Interval]
-------------+----------------------------------------------------------------
           w |
         D1. |  -.7887733   .1055578    -7.47   0.000    -.9974931   -.5800534
             |
           k |
         D1. |   .4335047   .0524917     8.26   0.000     .3297126    .5372968
------------------------------------------------------------------------------
```

위의 예에서 보면 2기간의 경우 FE와 FD의 추정치가 동일함을 알 수 있다.

임의효과 모형과 고정효과 모형에서 얻은 추정치 사이에 큰 차이가 존재하는지 여부는 Hausman 검정을 통해서 알 수 있다. 만약 임의효과가 진짜 모형이었다면 임의효과모형 추정치가 좀 더 효율적인 추정치가 된다. 반대로 고정효과 모형이 옳은 모형이었다면 고정효과 모형에서 얻은 추정치가 일치 추정치가 되고 임의효과 모형에서 구한 추정치는 일치추정치가 되지 못할 것이다.

```
. hausman fe re

                 ---- Coefficients ----
             |      (b)          (B)            (b-B)     sqrt(diag(V_b-V_B))
             |       fe           re         Difference          S.E.
-------------+----------------------------------------------------------------
      tenure |    .0357539     .0392519        -.003498        .0005797
    c.tenure#|
    c.tenure |   -.0019701    -.0020035        .0000334        .0000373
         age |    .0359987     .0368059       -.0008073        .0013177
   c.age#c.age |   -.000723    -.0007133       -9.68e-06        .0000184
     ttl_exp |    .0334668     .0290208        .0044459         .001711
   c.ttl_exp#|
   c.ttl_exp |    .0002163     .0003049       -.0000886         .000053
   not_smsa |   -.0890108    -.1308252        .0418144        .0062745
       south |   -.0606309    -.0868922        .0262613        .0081345
------------------------------------------------------------------------------
                          b = consistent under Ho and Ha; obtained from xtreg
           B = inconsistent under Ha, efficient under Ho; obtained from xtreg

    Test:  Ho:  difference in coefficients not systematic

                  chi2(8) = (b-B)'[(V_b-V_B)^(-1)](b-B)
                          =      149.43
                Prob>chi2 =      0.0000
```

Hausman 추정결과에 따르면 임의효과가 적절한 모형이라는 귀무가설이 통계적으로 유의한 수준에서 기각될 수 있음을 알 수 있다.

하우스만 검정(Hausman test)

하우스만 검정은 임의효과 모형이 옳다는 귀무가설 하에서 일치추정량(FE)과 효율적인 추정량이 서로 일치하는지를 검정하는 통계적 장치이다.
다음과 같은 검정량을 계산한다.

$$H = \left(\hat{\beta}_{FE} - \hat{\beta}_{RE} \right)' \left[Avar\left(\hat{\beta}_{FE}\right) - Avar\left(\hat{\beta}_{RE}\right) \right]^{-1} \left(\hat{\beta}_{FE} - \hat{\beta}_{RE} \right)$$

위 검정량은 $\hat{\beta}_{FE}$와 $\hat{\beta}_{RE}$의 거리(정확하게는 거리의 제곱)를 계산하되 추정치가 통계량이기 때문에 정보량을 고려하여 분산의 역수로 가중하여 거리를 계산한 것이다. H는 카이제곱 분포를 따른다고 알려져 있다. 0에서 충분히 큰 값을 가질 때, 귀무가설을 기각하게 된다. 즉, 임의효과 모형의 가정이 옳지 않다고 보게 된다.

만약 하나의 계수에만 관심이 있다면 굳이 H처럼 거리의 제곱 형태로 나타내지 않고 t-통계량으로 표현할 수도 있다.

$$\frac{(\hat{\beta}_{FE} - \hat{\beta}_{RE})}{\sqrt{se\left(\hat{\beta}_{FE}\right)^2 - se\left(\hat{\beta}_{RE}\right)^2}}$$

패널자료를 이용한 다른 모형을 살펴보자. 저체중 아동의 비중과 복지정책의 프로그램과의 관계를 살펴보자. 기초생활보장제도와 같은 저소득층을 위한 소득보전 정책이 신생아의 체중에 어떤 영향을 주는지를 간단히 실증분석 해보자. 복지프로그램에 참여하게 되면 산전 보호 및 영양 프로그램에 참여하게 되어 복지프로그램은 태아에게 긍정적인 영향을 줄 수 있다.

다음과 같은 모형을 설정해보자.

$$\begin{aligned} \text{lowbrth}_{i,t} &= \beta_0 + \beta_1 afdcpre_{i,t} + \beta_2 \log(phypc)_{i,t} + \beta_3 \log(bedspc)_{i,t} \\ &\quad + \beta_4 \log(pcinc)_{i,t} + \beta_5 \log(popul)_{i,t} + \xi_i + \lambda_t + e_{i,t} \end{aligned} \qquad (4\text{-}13)$$

- lowbrth : 저체중 아동의 비중

- afdcpre : 복지정책(AFDC) 수급자 비중
- phypc : 1인당 의사 비율
- bedspc : 1인당 병원 침상 비율
- pcinc : 1인당 소득
- popul : 인구

먼저 자료를 불러들이자.

```
. use lowbirth, clear
```

패널자료임을 선언하자. 그전에 지역단위인 주를 나타낼 식별 변수가 없기 때문에 group() 함수를 이용하여 id 변수를 생성하자.

```
. egen id = group(state)
```

그리고 패널자료임을 선언하자.

```
. xtset id year
       panel variable:  id (strongly balanced)
        time variable:  year, 1987 to 1990, but with gaps
                delta:  1 unit
```

먼저 AFDC 수급자 비중과 저체중 아동의 비중을 간단한 산포도를 이용하여 살펴보자.

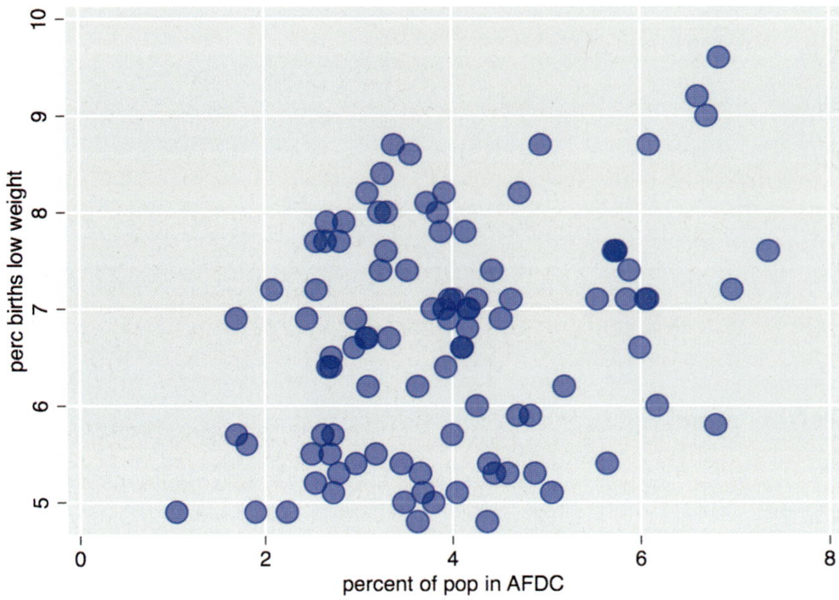

그림 4-1 AFDC 수급자 비중과 저체중 아동의 비중

위 산포도를 살펴보면 가로축인 AFDC 수급자 비중과 세로축인 저체중 아동 출산 비중과는 양의 상관관계가 있어 보인다.

이와 같은 양의 상관관계를 확인하기 위해서 아래와 같이 단순 OLS 모형을 추정해보자.

```
. reg lowbrth afdcprc lphypc lbedspc lpcinc lpopul d90 , r

Linear regression                               Number of obs     =        100
                                                F(6, 93)          =       5.06
                                                Prob > F          =     0.0002
                                                R-squared         =     0.2509
                                                Root MSE          =     1.0413
```

lowbrth	Coef.	Robust Std. Err.	t	P>|t|	[95% Conf.	Interval]
afdcprc	.0955932	.087742	1.09	0.279	-.078645	.2698314
lphypc	.3080648	.6460398	0.48	0.635	-.9748422	1.590972
lbedspc	.2790041	.5639608	0.49	0.622	-.8409102	1.398918
lpcinc	-2.494685	.8673108	-2.88	0.005	-4.216993	-.7723779
lpopul	.739284	.646206	1.14	0.256	-.543953	2.022521
d90	.5797136	.2586903	2.24	0.027	.0660059	1.093421
_cons	26.57786	6.696711	3.97	0.000	13.27952	39.8762

OLS 추정결과에 따르면 AFDC 수급자 비중이 증가하면 저체중 출생아 비중이 증가하는 경향이 있다. 다만, 그 정도는 통계적으로 유의하지는 않았다.

이번에는 주 단위에서 고정효과가 있고, 이 고정효과가 AFDC 수급자 비중과 상관관계가 있을 수 있다고 기존의 가정을 완화해보자. 고정효과 모형을 이용해서 추정해보자. 고정효과 추정결과에 따르면 OLS 추정결과와 반대로 AFDC 수급자 비중이 높을수록 저체중 출생아 비중이 감소함을 알 수 있다. 이는 복지정책의 긍정적인 효과라고 볼 수 있다.

```
. xtreg lowbrth afdcprc lphypc lbedspc lpcinc lpopul d90 , fe r

Fixed-effects (within) regression               Number of obs      =       100
Group variable: id                              Number of groups   =        50

R-sq:                                           Obs per group:
     within  = 0.3839                                         min =          2
     between = 0.1741                                         avg =        2.0
     overall = 0.1679                                         max =          2

                                                F(6,49)            =      5.62
corr(u_i, Xb)  = -0.9394                        Prob > F           =    0.0002

                                     (Std. Err. adjusted for 50 clusters in id)
------------------------------------------------------------------------------
             |               Robust
     lowbrth |      Coef.   Std. Err.      t    P>|t|     [95% Conf. Interval]
-------------+----------------------------------------------------------------
     afdcprc |  -.1760763    .075045    -2.35   0.023    -.3268848   -.0252678
      lphypc |   5.894509   3.029538     1.95   0.057    -.1935754    11.98259
     lbedspc |  -1.576195   1.208617    -1.30   0.198    -4.005002    .8526125
      lpcinc |  -.8455268   1.450936    -0.58   0.563    -3.761291    2.070238
      lpopul |   3.441116   2.627762     1.31   0.196    -1.839568    8.721801
         d90 |   .1060158   .3593691     0.30   0.769    -.6161634     .828195
       _cons |    -4.0138   26.08214    -0.15   0.878    -56.42782    48.40022
-------------+----------------------------------------------------------------
     sigma_u |  3.0975315
     sigma_e |  .18464547
         rho |  .99645917   (fraction of variance due to u_i)
------------------------------------------------------------------------------
```

지금까지는 오차항의 계열 상관을 고정효과인 ξ_i을 이용해 설명해왔다. 그러니까 시간이 지남에도 불구하고 불변하는 고정효과가 존재하기 때문에 성과변수의 지속성이 유지된다는 모형이다. 하지만 고정효과를 명시적으로 고려했음에도 불구하고 오차항 속에 AR(1) 같은 계열상관이 여전히 존재할 수 있다. 오차항에 강한 계열상관이 존재한다면 이를 무시하고 구한 표준오차는 틀릴 수 있다. 특별히 시간 T가 길어지면 문제는 심각해진다.

STATA에서는 xtregar을 이용해서 이러한 문제를 고려할 수 있다. 식(4-14)와 같은 모형을 생각해보자.

$$y_{i,t} = \beta_0 + \beta_1 x_{i,t} + \xi_i + \epsilon_{i,t}$$
$$\epsilon_{i,t} = \rho\epsilon_{i,t-1} + \eta_{i,t} \tag{4-14}$$

추정 방법을 간단히 스케치 해보자. 아이디어는 간단하다. 먼저 고정효과 추정을 위해서 within-transformation을 통해 평균으로부터의 편차를 계산한다. 그런 다음 잔차를 계산한다. 주어진 잔차를 이용하여 ρ를 추정하게 된다. ρ가 추정되면 Cochrane-Orcutt 방법을 이용하여 β를 추정하면 된다.

아래와 같이 grunfeld.dta 파일을 열고, 패널자료임을 선언하자.

```
. webuse grunfeld, clear

. xtset company time
       panel variable:  company (strongly balanced)
        time variable:  time, 1 to 20
                delta:  1 unit
```

오차항의 AR(1)을 고려하여 고정효과를 다시 추정하자.

```
. xtregar invest mvalue kstock, fe

FE (within) regression with AR(1) disturbances  Number of obs      =       190
Group variable: company                         Number of groups   =        10

R-sq:                                           Obs per group:
     within  = 0.5927                                        min =        19
     between = 0.7989                                        avg =      19.0
     overall = 0.7904                                        max =        19

                                                F(2,178)           =    129.49
corr(u_i, Xb)  = -0.0454                        Prob > F           =    0.0000

------------------------------------------------------------------------------
      invest |      Coef.   Std. Err.      t    P>|t|     [95% Conf. Interval]
-------------+----------------------------------------------------------------
      mvalue |   .0949999   .0091377    10.40   0.000     .0769677     .113032
      kstock |    .350161   .0293747    11.92   0.000     .2921935    .4081286
       _cons |  -63.22022   5.648271   -11.19   0.000    -74.36641   -52.07402
-------------+----------------------------------------------------------------
      rho_ar |  .67210608
     sigma_u |  91.507609
     sigma_e |  40.992469
     rho_fov |   .8328647   (fraction of variance because of u_i)
------------------------------------------------------------------------------
F test that all u_i=0: F(9,178) = 11.53                     Prob > F = 0.0000
```

오차항의 AR(1)가능성을 고려하지 않은 모형을 xtreg으로 추정한 결과와 xtregar을 이용해 추정결과와 비교한 결과는 아래와 같다. 추정계수 자체는 큰 차이가 없지만 표준오차는 눈에 띌만한 차이가 있음을 알 수 있다.

	xtreg b/se	xtregar b/se
mvalue	0.110***	0.095***
	(0.0119)	(0.0091)
kstock	0.310***	0.350***
	(0.0174)	(0.0294)
_cons	-58.744***	-63.220***
	(12.4537)	(5.6483)
rho_ar		0.672
N	200.000	190.000

* p<0.05, ** p<0.01, *** p<0.001

사 동적패널자료(dynamic panel data) 모형

패널모형을 구축하다 보면 종속변수의 결정요인으로 종속변수의 과거 값이 중요한 경우가 있다. 즉, 종속변수가 계열상관을 가질 수 있다. 예컨대 종속변수가 흡연량인 경우를 생각해보자. 흡연은 중독성이 있기 때문에 현재의 흡연량은 담배의 가격, 본인의 소득, 개인의 특성 외에도 과거의 흡연량이 얼마인지도 중요하다. 동적함의(dynamic implication)가 있는 변수들은 대부분 이러한 특성을 가지고 있다. 출산결정의 경우도 과거의 출산결정이 지금의 출산결정에 영향을 주게 된다.

이러한 종속변수의 계열상관을 고려하기 위해 다음과 같은 회귀모형을 생각해보자.

$$\mathrm{y}_{\mathrm{i,t}} = \alpha \mathrm{y}_{\mathrm{i,t-1}} + x_{i,t}\beta_1 + \xi_i + \epsilon_{i,t} \qquad \textbf{(4-15)}$$

식(4-15)와 같이 종속변수의 시차변수가 설명변수로 포함되어 있으면 앞에서 설명한 대로 차분을 이용해 고정효과를 제거해도 외생성의 조건이 만족되지 않아 OLS를 사용할 수 없게 된다. 먼저 1계 차분을 해보자.

$$\Delta y_{i,t} = \alpha \Delta y_{i,t-1} + \Delta x_{i,t} \beta + \Delta \epsilon_{i,t} \tag{4-16}$$

위의 차분된 회귀식에서 오른쪽 변수 중 $\Delta Y_{i,t-1}$과 오차항 중 $\Delta \varepsilon_{i,t-1}$간에는 내생성이 존재하게 된다. 이를 평균으로부터의 편차를 이용하여 차분한 경우에도 동일한 현상이 발생한다. 이를 Nickell 편의라고 부르기도 한다(Nickell, 1981). 통상적으로 α를 과소추정하는 것으로 알려져 있다.

하지만 회귀식에서 고정효과인 ξ_i를 일단 제거했기 때문에 적절한 도구변수를 이용하여 도구변수 추정을 할 수 있다. 예컨대 $Y_{i,t-2}$는 $\Delta Y_{i,t-1}$의 적절한 도구변수가 될 수 있다. ϵ이 AR(1) 과정을 따르는 경우에도 $Y_{i,t-3}$ 혹은 $Y_{i,t-4}$를 도구변수로 사용할 수 있다. 이러한 도구변수를 사용하여 추정하는 방법은 Anderson-Hsiao(AH)에 의해서 제안되었다. 명령어는 xtivreg, fd을 사용할 수 있다.

예컨대 성과변수 y와 설명변수 x1, x2가 있고, 여기에 추가적으로 y의 자기상관을 고려하기 위해 시차변수 yt-1를 포함시켰다고 하자. 위 모형은 아래와 같이 추정이 가능하다.

```
xtivreg y x1 x2 (L.y = L3.y), fd
```

예를 들어보자. abdata.dta를 아래와 같이 불러들이자.

```
. webuse abdata , clear
```

여기에서

- $n_{i,t}$: 로그-고용 (i: 기업, t: 연도)
- $w_{i,t}$: 로그-실질임금
- $k_{i,t}$: 로그-자본량
- $ts_{s,t}$: 로그-산출량(s : 산업, t : 연도)
- yr1976-yr1984: 연도 더미

노동수요함수를 추정하기 위해서 다음과 같은 OLS 회귀분석을 하였다고 해보자. 추정결과 임금탄력성은 −0.29로 추정되었으나 통계적으로 유의하지는 않다.

```
. reg n l(0/1).w l(0/2).k l(0/2).ys yr1981-yr1984

      Source |       SS           df       MS      Number of obs   =       751
-------------+----------------------------------   F(12, 738)      =    345.42
       Model |  1146.72477        12  95.5603971   Prob > F        =    0.0000
    Residual |  204.166987       738  .276649034   R-squared       =    0.8489
-------------+----------------------------------   Adj R-squared   =    0.8464
       Total |  1350.89175       750    1.801189   Root MSE        =    .52597

------------------------------------------------------------------------------
           n |      Coef.   Std. Err.      t    P>|t|     [95% Conf. Interval]
-------------+----------------------------------------------------------------
           w |
         --. |   -.293296   .2482171    -1.18   0.238    -.7805917    .1939997
         L1. |  -.2146928   .2445536    -0.88   0.380    -.6947965    .2654108
             |
           k |
         --. |   .4137616   .1306564     3.17   0.002      .157259    .6702641
         L1. |   .0075989   .2007913     0.04   0.970    -.3865913    .4017891
         L2. |   .3969988   .1322512     3.00   0.003     .1373655    .6566322
             |
          ys |
         --. |  -.7429391   .5177746    -1.43   0.152    -1.759426    .2735475
         L1. |  -1.148181   .8033265    -1.43   0.153    -2.725259     .428896
         L2. |   2.111307   .5682238     3.72   0.000      .995779    3.226834
             |
      yr1981 |  -.2859179   .0742835    -3.85   0.000    -.4317501   -.1400858
      yr1982 |  -.2688817   .0850304    -3.16   0.002     -.435812   -.1019513
      yr1983 |  -.1576029   .0890216    -1.77   0.077    -.3323687     .017163
      yr1984 |  -.1889219   .1062388    -1.78   0.076    -.3974882    .0196444
       _cons |   1.984352   1.724866     1.15   0.250    -1.401876     5.37058
------------------------------------------------------------------------------
```

다음으로는 고정효과를 고려하여 1계차분 추정법을 이용하여 추정하되 로그-고용량의 1계 시차변수를 설명변수로 포함시켜보자. 1계차분 추정을 이용하면 다음과 같이 추정할 수 있다. 임금탄력성은 −0.56으로 커졌고 통계적으로 유의하였다. 새롭게 포함된 로그-노동의 시차변수도 0.12로 양수였고 통계적으로 유의하였다. 전년도에 고용을 많이 한 경우 당해 연도에도 고용을 많이 하고 있다는 얘기이다.

```
. reg D.n  D.l.n D.l(0/1).w D.l(0/2).k D.l(0/2).ys D.(yr1981-yr1984), nocons

      Source |       SS           df       MS      Number of obs   =       611
-------------+----------------------------------   F(13, 598)      =     53.73
       Model |  8.32606888        13  .640466837   Prob > F        =    0.0000
    Residual |  7.12807836       598  .011919863   R-squared       =    0.5388
-------------+----------------------------------   Adj R-squared   =    0.5287
       Total |  15.4541472       611  .025293203   Root MSE        =    .10918

------------------------------------------------------------------------------
         D.n |      Coef.   Std. Err.      t    P>|t|     [95% Conf. Interval]
-------------+----------------------------------------------------------------
           n |
         LD. |   .1158014   .0430162     2.69   0.007     .0313202    .2002826
             |
           w |
         D1. |  -.5562653   .0545561   -10.20   0.000    -.6634102   -.4491204
         LD. |   .1077703   .0622829     1.73   0.084    -.0145495    .2300901
             |
           k |
         D1. |   .3903867   .0306642    12.73   0.000     .3301641    .4506093
         LD. |   .1239039   .0322461     3.84   0.000     .0605744    .1872333
        L2D. |   .0235319   .0299248     0.79   0.432    -.0352385    .0823024
             |
          ys |
         D1. |   .5222554   .0904042     5.78   0.000      .344707    .6998038
         LD. |  -.3543046   .1270923    -2.79   0.005    -.6039062    -.104703
        L2D. |   .0172696   .1269267     0.14   0.892    -.2320066    .2665458
             |
      yr1981 |
         D1. |  -.0323789   .0136871    -2.37   0.018    -.0592595   -.0054982
             |
      yr1982 |
         D1. |  -.0580586   .0233352    -2.49   0.013    -.1038875   -.0122297
             |
      yr1983 |
         D1. |  -.0633952   .0326297    -1.94   0.053     -.127478    .0006876
             |
      yr1984 |
         D1. |  -.0557168   .0388146    -1.44   0.152    -.1319462    .0205126
------------------------------------------------------------------------------
```

위의 회귀분석의 경우 차분을 했기 때문에 상수항이 0이 되도록 nocons 옵션을 이용하여 제약을 두었다. 그리고 차분을 할 수 있도록 각 변수 앞에 D.를 추가하였다.

동일한 모형을 1계 차분 변수가 가지고 있는 내생성의 가능성을 고려하여 3기 차분 변수를 도구변수로 사용하여 추정해보자.

```
. xtivreg n (l.n = l3.n) l(0/1).w l(0/2).(k ys) yr1981-yr1984 , fd

First-differenced IV regression
Group variable:    id                      Number of obs      =       471
Time variable:     year                    Number of groups   =       140

R-sq:                                      Obs per group:
     within  = 0.0055                                    min =          3
     between = 0.8393                                    avg =        3.4
     overall = 0.9482                                    max =          5

                                           Wald chi2(13)      =     61.76
corr(u_i, Xb)   = -0.4105                  Prob > chi2        =    0.0000

------------------------------------------------------------------------------
         D.n |      Coef.   Std. Err.      z    P>|z|     [95% Conf. Interval]
-------------+----------------------------------------------------------------
           n |
         LD. |   2.227579   3.255095     0.68   0.494     -4.15229    8.607447
             |
           w |
         D1. |  -.8516608   .3573423    -2.38   0.017    -1.552039   -.1512827
         LD. |    1.44833   2.149348     0.67   0.500    -2.764315    5.660975
             |
           k |
         D1. |   .2362731   .3083097     0.77   0.443    -.3680027     .840549
         LD. |  -.6322631   1.206634    -0.52   0.600    -2.997223    1.732697
        L2D. |  -.2615146   .4774703    -0.55   0.584    -1.197339    .6743099
             |
          ys |
         D1. |   .9095095   .6746994     1.35   0.178    -.4128769    2.231896
         LD. |  -1.897069   2.303997    -0.82   0.410     -6.41282    2.618682
        L2D. |    .461167   .9331661     0.49   0.621    -1.367805    2.290139
             |
      yr1981 |
         D1. |  -.0750157   .0781622    -0.96   0.337    -.2282108    .0781794
             |
      yr1982 |
         D1. |  -.1090649   .1141542    -0.96   0.339    -.3328031    .1146733
             |
      yr1983 |
         D1. |  -.1267967   .1651467    -0.77   0.443    -.4504782    .1968849
             |
      yr1984 |
         D1. |  -.1557869   .2412652    -0.65   0.518     -.628658    .3170841
             |
       _cons |    .028657   .0567545     0.50   0.614    -.0825797    .1398937
-------------+----------------------------------------------------------------
     sigma_u |  .29521865
     sigma_e |  .26550164
         rho |  .55284947   (fraction of variance due to u_i)
------------------------------------------------------------------------------
Instrumented:   L.n
Instruments:    w L.w k L.k L2.k ys L.ys L2.ys yr1981 yr1982 yr1983 yr1984
                L3.n
------------------------------------------------------------------------------
```

차분 변수의 내생성을 고려했을 경우 임금탄력성은 −0.85로 좀 더 크게 추정되었다. 그런데 고용 시차변수의 계수는 2.23로 커지긴 했지만 통계적으로는 더 이상 유의하지는 않았다.

AH 대신 주로 사용되는 모형은 Arellano & Bond(AB, Review of Economic Studies, 1991) 모형이다. 사실 AH모형은 도구변수를 충분히 사용한 것은 아니다. AB 모형은 좀 더 많은 직교조건을 만족시키는 도구변수를 이용해 좀 더 많은 적률조건(moment conditions)을 구축해서 GMM(generalized method of moments)추정을 한 것이다. 다음과 같은 모형을 생각해보자.

$$y_{i,t} = y_{i,t-1}\beta_1 + X_{i,t}\beta_2 + \xi_i + \epsilon_{i,t} \quad (4\text{-}17)$$

$X_{i,t}$: 외생변수

위의 식에서 1계 차분을 하면 경우 고정효과인 ξ_i를 제거할 수 있다. 결과적으로 누락변수에 의한 편의 또한 없앨 수 있게 된다. 위의 모형은 다음과 같은 환경에서 잘 추정될 수 있다.

- 많은 개체(N)와 짧은 시점(T)
- 선형관계
- 종속변수가 계열상관을 갖는 경우
- 오른쪽 변수 중 일부가 강한 외생성을 갖지 않는 경우(과거 혹은 현재의 오차항과 상관관계가 있는 경우)
- 고정효과로 대표되는 미관측 이질성이 있는 경우

AB 모형은 xtabond로 추정이 가능하며, GMM을 이용하여 추정하게 된다. GMM에 이용될 적률 조건은 앞에서 언급했던 도구변수 외에 도구변수의 시차변수도 적률조건을 생성하는데 사용된다.

AB 모형의 경우 도구변수는 벡터 형태로 아래와 같이 써볼 수 있다.

$$Z_i = \left(., y_{i,1}, \cdots, y_{i,T-2}\right)' \quad \textbf{(4-18)}$$

위의 도구변수 벡터 중 첫 번째 행의 경우 비어 있는 이유는 차분을 하고, 그 차분된 것보다 한 시점 이전의 변수가 도구변수가 되어야 하기 때문이다. Holtz-Eakin 외의 경우 위의 누락된 곳에 0을 대신 넣었고, 한 시점 이전의 시차변수만을 도구변수로 사용하였다.

$$Z_i = \begin{bmatrix} 0 & 0 & \cdots & 0 \\ y_{i,1} & 0 & \cdots & 0 \\ 0 & y_{i,2} & \cdots & 0 \\ \vdots & \vdots & \ddots & \vdots \\ 0 & 0 & & y_{i,T-2} \end{bmatrix} \quad \textbf{(4-19)}$$

이론상 한 기 이전의 시차변수만을 도구변수로 넣을 필요는 없다. 2기 혹은 3기 이상의 시차변수 등도 도구변수로 사용할 수 있다. 이러한 도구변수를 이용하여 적률조건을 많이 생성할 수 있고, 결과적으로 AB 추정량의 효율성을 개선할 수 있는 여지가 있다. 물론, 이렇게 도구변수를 생성하는 것의 단점은 시점이 길어지면 도구변수 벡터 혹은 행렬을 다루기가 어려워진다는 것이다.

이러한 단점은 Arellano & Bover (1995)와 Blundell & Bond (1998)에 의해서 지적이 되었다. 특히 시차변수는 수준변수로서 차분값에 대한 도구변수로서 적절하지 않은 경우가 많았다. 시계열 변수가 임의보행(random walk)을 따르는 경우에는 문제가 좀 더 심해졌다. 해결책으로 시차변수 외에 시차 차분(lagged differences) 변수를 도구변수로 포함시킬 것을 제안하였다. 문헌에서는 이전의 AB 모형을 차분 GMM(difference GMM)으로 부르고 있고, 후자를 시스템 GMM(system GMM)으로 부르고 있다. 시스템 GMM의 경우 xtdpdsys로 추정가능하다.

모형 설정 검정의 경우 두 가지 검정을 하는 것이 보통이다. 먼저, GMM의 경우 사간-한센 검정(Sargan-Hansen test)을 통해 모형설정이 제대로 되었는지를 검정하는 것이 보통이다. 둘째, 차분식에서 만들어진 오차항이 AR(2) 과정을 따르는지 검정하는 것이다. 만약 원래식에서 계열상관이 없었다면 차분에서도 AR(2)에서도 나타나서는 안된다. 만약 AR(2)가 나타난다면 2계 시차변수를 도구변수로 사용하는 것은 적절하지 않을 수 있기 때문이다.

다시 abdata.dta를 사용해보자. 이 자료는 Arellano & Bond의 원래 연구에서 사용되었던 자료이다. 1976년에서 1984년의 영국 기업에 대한 패널자료이다. 원래 논문에서는 기업의 고용함수를 추정하였다. 고용함수 추정에 2기까지의 시차변수를 고려함으로써 고용과 해고에 따른 조정비용을 반영하려고 하였다. 다른 통제변수로서 시차가 포함된 임금변수와 자본량이 포함되었다. 그리고 해당 기업이 속한 산업의 총 산출량과 시차변수가 포함되었다. 경기변동을 고려하기 위해 연도더미가 포함되었다.

```
. regress n nL1 nL2 w wL1 k kL1 kL2 ys ysL1 ysL2 yr1979-yr1984

      Source |       SS           df       MS      Number of obs   =       751
-------------+----------------------------------   F(16, 734)      =   8136.58
       Model |  1343.31797        16  83.9573732   Prob > F        =    0.0000
    Residual |  7.57378164       734  .010318504   R-squared       =    0.9944
-------------+----------------------------------   Adj R-squared   =    0.9943
       Total |  1350.89175       750    1.801189   Root MSE        =    .10158

------------------------------------------------------------------------------
           n |      Coef.   Std. Err.      t    P>|t|     [95% Conf. Interval]
-------------+----------------------------------------------------------------
         nL1 |   1.044643   .0336647    31.03   0.000     .9785523    1.110734
         nL2 |  -.0765426   .0328437    -2.33   0.020    -.1410214   -.0120639
           w |  -.5236727   .0487799   -10.74   0.000    -.6194374    -.427908
         wL1 |   .4767538   .0486954     9.79   0.000      .381155    .5723527
           k |   .3433951   .0255185    13.46   0.000     .2932972    .3934931
         kL1 |  -.2018991   .0400683    -5.04   0.000    -.2805613    -.123237
         kL2 |  -.1156467   .0284922    -4.06   0.000    -.1715826   -.0597107
          ys |   .4328752   .1226806     3.53   0.000     .1920285     .673722
        ysL1 |  -.7679125   .1658165    -4.63   0.000    -1.093444   -.4423813
        ysL2 |   .3124721    .111457     2.80   0.005     .0936596    .5312846
      yr1979 |   .0158888   .0143976     1.10   0.270    -.0123765    .0441541
      yr1980 |   .0219933   .0166632     1.32   0.187      -.01072    .0547065
      yr1981 |  -.0221532   .0204143    -1.09   0.278    -.0622306    .0179243
      yr1982 |  -.0150344   .0206845    -0.73   0.468    -.0556422    .0255735
      yr1983 |   .0073931   .0204243     0.36   0.717    -.0327038    .0474901
      yr1984 |   .0153956   .0230101     0.67   0.504    -.0297779     .060569
       _cons |   .2747256   .3505305     0.78   0.433    -.4134363    .9628875
------------------------------------------------------------------------------
```

위의 OLS 추정에서 문제가 될 수 있는 점은 기업의 미관측 이질성의 존재이다. 기업의 오차항간의 시점간 계열상관이 문제가 된다면 cluster(id)를 옵션에 포함시킴으로써 해결할 수 있다. 하지만 설명변수와 오차항 간의 내생성 문제는 여전히 남게 된다. 이를 해결하기 위해서는 고정효과 모형을 추정하면 된다.

```
. xtreg n nL1 nL2 w wL1 k kL1 kL2 ys ysL1 ysL2 yr1979-yr1984, fe

Fixed-effects (within) regression               Number of obs      =       751
Group variable: id                              Number of groups   =       140

R-sq:                                           Obs per group:
     within  = 0.7973                                         min =          5
     between = 0.9809                                         avg =        5.4
     overall = 0.9758                                         max =          7

                                                F(16,595)          =    146.27
corr(u_i, Xb)  = 0.5459                         Prob > F           =    0.0000

------------------------------------------------------------------------------
           n |      Coef.   Std. Err.      t    P>|t|     [95% Conf. Interval]
-------------+----------------------------------------------------------------
         nL1 |   .7329476    .039304    18.65   0.000     .6557563     .810139
         nL2 |  -.1394773    .040026    -3.48   0.001    -.2180867   -.0608678
           w |  -.5597445    .057033    -9.81   0.000    -.6717551   -.4477339
         wL1 |   .3149987   .0609756     5.17   0.000     .1952451    .4347522
           k |   .3884188   .0309544    12.55   0.000     .3276256    .4492119
         kL1 |  -.0805185   .0384648    -2.09   0.037    -.1560618   -.0049751
         kL2 |  -.0278013   .0328257    -0.85   0.397    -.0922695     .036667
          ys |    .468666   .1231278     3.81   0.000     .2268481    .7104839
        ysL1 |  -.6285587     .15796    -3.98   0.000    -.9387856   -.3183318
        ysL2 |   .0579764   .1345353     0.43   0.667    -.2062454    .3221982
      yr1979 |   .0046562   .0137521     0.34   0.735    -.0223523    .0316647
      yr1980 |   .0112327   .0164917     0.68   0.496    -.0211564    .0436218
      yr1981 |  -.0253693   .0217036    -1.17   0.243    -.0679942    .0172557
      yr1982 |  -.0343973   .0223548    -1.54   0.124    -.0783012    .0095066
      yr1983 |  -.0280344   .0240741    -1.16   0.245    -.0753149    .0192461
      yr1984 |  -.0119152   .0261724    -0.46   0.649    -.0633167    .0394862
       _cons |    1.79212   .5077865     3.53   0.000     .7948483    2.789392
-------------+----------------------------------------------------------------
     sigma_u |  .22568151
     sigma_e |  .09395847
         rho |  .85227336   (fraction of variance due to u_i)
------------------------------------------------------------------------------
F test that all u_i=0: F(139, 595) = 1.89                    Prob > F = 0.0000
```

위의 고정효과 모형을 살펴보면, OLS 모형에서 고용의 시차변수의 계수값 1.04보다는 작은 값인 0.73으로 추정되었음을 알 수 있다. 이를 통해 OLS 의 고용 시차변수와 기업의 미관측 이질성 사이에 상관관계가 있었음을 의심해 볼 수 있다. 즉, 올해 고용을 높게 결정하는 기업의 미관측 이질성은 작년에도 고용을 높게 결정하는 역할을 했음을 알 수 있다.

하지만 고정효과 모형에서도 역시 유사한 문제가 발생할 수 있다. 1계 차분한 오차항 $\Delta\epsilon_{i,t}$이 큰 값을 갖는 경우, 즉 오차항의 1계 시차항 $\varepsilon_{i,t-1}$이 작게 실현된 경우 고용의 1계 시차 차분변수 $\Delta y_{i,t}$가 작아지는 경향이 있을 수 있다. 이러한 경우 고정효과의 추정치는 과소추정될 가능성이 있다. 진짜 조정계수는 이 두 추정치의 사이 어딘가에 위치해 있을 가능성이 있다.

AH 모형을 이용해서 도구변수 추정을 해보자. 차분한 이후에, 1계 시차 차분변수에 2계 시차 고용변수를 도구변수를 이용하여 추정해보자.

```
. ivregress 2sls D.n (D.nL1 = nL2) D.(nL2 w wL1 k kL1 kL2 ys ysL1 ysL2 yr1979 yr
> 1979-yr1984 )
```

아래 추정결과를 보면 우리가 관심을 가지고 있는 시차 고용변수의 계수는 2.31로 추정되었다. 하지만 통계적 유의성은 발견할 수 없었다. 더 나아가 추정된 계수가 1보다 크기 때문에 시계열의 안정성에도 문제가 발생한다.

```
. ivregress 2sls D.n (D.nL1 = nL2) D.(nL2 w wL1 k kL1 kL2 ys ysL1 ysL2 yr1979 yr19
> 79-yr1984 )
note: D.yr1979 omitted because of collinearity
note: D.yr1984 omitted because of collinearity

Instrumental variables (2SLS) regression          Number of obs   =        611
                                                  Wald chi2(15)   =      89.93
                                                  Prob > chi2     =     0.0000
                                                  R-squared       =          .
                                                  Root MSE        =       .247

------------------------------------------------------------------------------
         D.n |      Coef.   Std. Err.      z    P>|z|     [95% Conf. Interval]
-------------+----------------------------------------------------------------
         nL1 |
         D1. |   2.307626   1.973193     1.17   0.242    -1.559762    6.175013
             |
         nL2 |
         D1. |  -.2240271    .179043    -1.25   0.211    -.5749448    .1268907
             |
           w |
         D1. |  -.8103626    .261805    -3.10   0.002    -1.323491   -.2972342
             |
         wL1 |
         D1. |   1.422246   1.179492     1.21   0.228    -.8895156    3.734007
             |
           k |
         D1. |   .2530975   .1447404     1.75   0.080    -.0305884    .5367835
             |
         kL1 |
         D1. |  -.5524613   .6154929    -0.90   0.369    -1.758805    .6538825
             |
         kL2 |
         D1. |  -.2126364   .2397909    -0.89   0.375    -.6826179    .2573451
             |
          ys |
         D1. |   .9905803   .4630105     2.14   0.032     .0830965    1.898064
             |
        ysL1 |
         D1. |  -1.937912   1.438225    -1.35   0.178     -4.75678    .8809566
             |
        ysL2 |
         D1. |   .4870838   .5099415     0.96   0.339    -.5123832    1.486551
             |
      yr1979 |
         D1. |   .0467148   .0448599     1.04   0.298    -.0412089    .1346385
         D1. |          0  (omitted)
             |
      yr1980 |
         D1. |   .0761344   .0624919     1.22   0.223    -.0463474    .1986163
             |
      yr1981 |
         D1. |    .022623   .0557394     0.41   0.685    -.0866242    .1318701
             |
      yr1982 |
         D1. |   .0127801   .0548402     0.23   0.816    -.0947048     .120265
             |
      yr1983 |
         D1. |   .0099072   .0456113     0.22   0.828    -.0794894    .0993037
             |
      yr1984 |
         D1. |          0  (omitted)
             |
       _cons |   .0159337   .0273445     0.58   0.560    -.0376605    .0695279
------------------------------------------------------------------------------
Instrumented:  D.nL1
Instruments:   D.nL2 D.w D.wL1 D.k D.kL1 D.kL2 D.ys D.ysL1 D.ysL2 D.yr1979
               D.yr1980 D.yr1981 D.yr1982 D.yr1983 nL2
```

AB 모형은 xtabond 명령어를 이용해서 추정할 수 있다.

```
. xtabond n w wL1 k kL1 kL2 ys ysL1 ysL2 yr1979-yr1984, lags(2)

Arellano-Bond dynamic panel-data estimation     Number of obs      =       611
Group variable: id                              Number of groups   =       140
Time variable: year
                                                Obs per group:
                                                              min =         4
                                                              avg =  4.364286
                                                              max =         6

Number of instruments =     42                  Wald chi2(16)      =   1754.12
                                                Prob > chi2        =    0.0000
One-step results
------------------------------------------------------------------------------
           n |      Coef.   Std. Err.      z    P>|z|     [95% Conf. Interval]
-------------+----------------------------------------------------------------
           n |
         L1. |   .6862261   .1487414     4.61   0.000     .3946984    .9777539
         L2. |  -.0853582   .0444739    -1.92   0.055    -.1725255    .0018091
             |
           w |  -.6078208   .0658248    -9.23   0.000     -.736835   -.4788067
         wL1 |   .3926237   .1093293     3.59   0.000     .1783421    .6069052
           k |   .3568456   .0370626     9.63   0.000     .2842043     .429487
         kL1 |  -.0580012   .0583541    -0.99   0.320    -.1723731    .0563708
         kL2 |  -.0199475   .0416625    -0.48   0.632    -.1016044    .0617094
          ys |   .6085073   .1346544     4.52   0.000     .3445896     .872425
        ysL1 |  -.7111651   .1846151    -3.85   0.000    -1.073004   -.3493262
        ysL2 |   .1057969    .142977     0.74   0.459     -.174433    .3860268
      yr1979 |   .0095545   .0142192     0.67   0.502    -.0183147    .0374236
      yr1980 |   .0220152   .0185677     1.19   0.236    -.0143767    .0584071
      yr1981 |  -.0117743   .0246367    -0.48   0.633    -.0600613    .0365127
      yr1982 |  -.0270588   .0259728    -1.04   0.297    -.0779646     .023847
      yr1983 |  -.0213204   .0283516    -0.75   0.452    -.0768885    .0342476
      yr1984 |  -.0077033   .0308326    -0.25   0.803    -.0681341    .0527274
       _cons |     1.1956    .612534     1.95   0.051    -.0049442    2.396145
------------------------------------------------------------------------------
Instruments for differenced equation
        GMM-type: L(2/.).n
        Standard: D.w D.wL1 D.k D.kL1 D.kL2 D.ys D.ysL1 D.ysL2 D.yr1979
                  D.yr1980 D.yr1981 D.yr1982 D.yr1983 D.yr1984
Instruments for level equation
        Standard: _cons
```

위 모형에서는 42개의 도구변수가 생성되고 추정에 이용되었다. 시차 고용변수는 0.69이고 AH 모형과는 다르게 통계적으로 유의하게 추정되었다.

5

CHAPTER

준자연적 실험 하에서의 정책효과 추정

STATA

가 개 요

정책평가에서 가장 신뢰를 받을 수 있는 평가방법은 실험이다. 모든 정책은 아니지만 일부 정책의 경우 시범사업이 진행된다. 교육 정책의 경우 우리의 소중한 자녀들을 대상으로 하는 정책이기 때문에, 보통 시범사업을 거쳐 본사업이 시행된다. 시범사업의 디자인을 잘 하면 임의화(randomization)를 통해서 임의통제실험(randomized control trial)이 가능할 수 있다. 그런 경우 비교적 단순한 평균 비교를 통해서도 우리가 관심을 가지고 있는 정책의 효과를 추정할 수 있다.

잘 설계된 실험의 경우 여러 측면에서 정책적으로 유용한 시사점을 제공해 준다. 첫째, 정책적으로 유용한 기준점을 제공해준다. 실험 그 자체가 현실은 아니지만 정책의 효과가 어떻게 실현될지에 대해 정책당국자가 가늠을 할 수 있도록 해준다. 정책평가 결과에 기초하여 정책을 계속 시행할 것인지 폐지할 것인지, 아니면 확대할 것인지 축소할 것인지 등에 대한 유용한 정보를 얻을 수 있다. 둘째, 실험 그 자체가 현실은 아니기 때문에 실험의 제약을 이해하는 것도 역시 중요하다. 실험은 현실에 존재할 수 있는 다양한 상황만을 통제하여 진행하기 때문에 현실에서 정책을 시행할 경우 실험 상황과 다른 결과가 나타날 수 있다는 점에 유의해야 한다. 셋째, 실제 실험은 아니지만 정책환경의 변화가 실험과 같은 준실험의 환경을 제공해줄 수도 있다. 물론, 많은 경우 환경의 변화 자체가 임의적인 것은 아닐 수 있어 X를 적절히 통제해야 하는 경우가 대다수이다.

하지만 정책실험은 여러 가지 이유로 불가능한 경우가 많다. 첫째, 비용문제이다. 정책실험에는 많은 비용이 수반된다. 일정 수준 이상의 검정력을 확보하기 위해서는 적정 표본수를 확보해야 하는데 예산이 적지 않게 소요되는 경우가 많다. 정책 시행에서 따로 예산지원이 따로 있는 경우가 아니면 정책실험을 수행하기 어렵다. 둘째, 정책실험의 경우 사람이 개입되는 경우가 많아 필연적으로 윤리문제가 개입된다. 긍정적인 정책의 경우 통제군에 있는 대상이, 부정적인 효과를 가진 정책의 경우 실험군에 속한 사람들이 문제가 된다. 또한 사람이 대상이 경우에 지속적인 협조를 기대하기 어렵다. 사람들은 자신에게 유리한 방향으로 선택을 바꾸기 때문에 실험으로부터의 개인이익이 낮으면 참가자가 지속적으로 실험에 참여하는 것이 어려울 수 있다. 셋째, 정책실험 자체가 불가능할 수 있다. 예컨대 누리과정의 장기적 효과를 파악하기 위해서는 누리과정을 경험한 유아가 성인이 될 때까지 기다려야 한다. 하지만 누리과정의 효과를 알기 이전에 정책을 시행해야 한다면 정책의 효과성을 확정짓기 위한 시범사업의 시행 자체가 불가능할 수 있다.

4 모 형

정책환경의 변화로 인해 이른바 준실험적(quasi-experimental) 혹은 자연실험(natural experimental)적 환경이 발생할 수 있다. 정책평가의 경우에는 준실험적 상황을 자주 사용하게 된다. 학술적 연구에서도 정책효과를 식별하기 위해 준자연적 상황을 자주 사용하게 된다. 우리나라의 경우에는 정치적인 이유로 정책이 느닷없이 시행되는 경우가 많기 때문에 의도치 않은 준실험적 환경이 주어지는 경우가 많다.

몇 가지 예를 들어보자. 미국의 트럼프 대통령 취임 이후로 이민자들에 대한 적대적인 정책들이 시행되고 있다. 예컨대 이슬람계 국가 출신자들에 대한 입국을 제한하는 행정명령이 대표적이다. 이러한 정책들은 테러에 대한 예방 외에도 이민자들이 미국 백인 노동자들의 일자리를 빼앗을 수 있다는 경험적인 믿음에 근거하고 있다. 과연 그러할까? Card(1990)의 연구는 1980년 쿠바 이민을 한시적으로 허용했던 사건을 준자연실험으로 사용하였다. 이민이 허용되자 대규모의 이민이 쿠바에서 플로리다주의 마이애미로 발생하였다. 마이애미에는 이미 쿠바 이민자들이 살고 있었기 때문에 다른 지역에 대해 새로 이민 온 쿠바 이민자들이 정착하기 상대적으로 수월했기 때문이다. Card(1990)는 마이애미의 저숙련 노동자들의 임금변화에 초점을 맞추어 분석하였다. 또한 마이애미의 임금변화와 비교를 하기 위해서 미국 내 마이애미와 유사한 특성을 가진 도시의 저숙련 노동자의 임금 변화를 분석하였다. 결과적으로 Card(1990)는 이민자들의 유입은 저숙련 노동자의 임금에 무시할 만한 효과를 준 것으로 보고하고 있다.

그림 5-1 쿠바 보트피플

출처: https://interactives.ap.org/2015/cuba/

또 다른 준실험의 예는 Angrist(1990)의 연구이다. Angrist(1990)는 군복무 경험이 노동시장 성과에 미치는 영향을 추정하고자 하였다. Angrist(1990)은 베트남 전쟁 동안 군복무를 했던 미군에 초점을 맞추었다. 당시에는 미국도 징집제를 하고 있었다. 징집은 복권을 뽑아 낮은 번호에 당첨된 사람들을 대상으로 시행되었다. 실제 징집 여부는 신체검사, 면제조항 등을 고려하여 결정되기는 하였다. 또한 높은 복권번호를 뽑았지만 자원하여 입대하는 경우도 있었다. 그럼에도 불구하고 징집대상자의 복권번호와 군입대 여부는 상당한 상관관계가 있다. 하지만 징집 복권의 경우 임의로 뽑히는 것이기 때문에 노동시장 성과에 영향을 줄 수 있는 개인의 미관측 이질성과는 확률적으로 독립이다. Angrist(1990)는 이러한 당첨번호가 준실험적인 상황을 만들어냄에 주목하였고, 이를 도구변수로 사용하여 군복무 경험이 노동시장에 미친 효과를 측정하였다. 해당 논문에서는 군복무 경험이 백인의 경우에는 장기적으로 임금에 부정적인 영향을 주는 것으로 보고하고 있다.

하지만 정책평가를 해야 하지만 이러한 자연적 실험조차 이용할 수 없는 경우가 많다. 이럴 때 평가자는 어쩔 수 없이 관측자료(observational data)를 사용할 수 밖에 없다. 예컨대, EBS 교육 프로그램의 정책효과를 측정한다고 해보자. 가장 먼저 사용할 수 있는 평가방법은 EBS 프로그램 전후의 효과를 비교하는 것이다. 정책 전을 0, 정책 시행 후를 1 이라고 해보자. 그리고 학생들의 학업성취도를 Y라고 하자.

그러면 정책 전후의 효과는 식(5-1)과 같이 추정할 수 있다.

$$\overline{Y_1} - \overline{Y_0} \quad (5\text{-}1)$$

위의 추정치는 두 기간의 패널 자료가 있으면 식(5-2)와 같은 고정효과 모형을 통해서 쉽게 추정할 수 있다.

$$Y_{it} = \beta_0 + \beta_1 T_{\text{it}} + \alpha_i + e_{\text{it}} \quad (5\text{-}2)$$

여기에서 T_{it}는 아래와 같이 정의된다.

$$T_{it} = \begin{cases} 0 & 0\text{기} \\ 1 & 1\text{ 기} \end{cases} \quad (5\text{-}3)$$

0기에는 0, 1기에는 1을 갖는 더미변수인 T_{it}에 고정효과 모형을 추정하면 β_1은 식(5-1)의 전후 차이를 추정하게 된다. 이 때 α_i인 고정효과에 대해서는 추가적인 가정이 필요하지 않다.

이러한 관계는 차분을 통해서 쉽게 보일 수 있다. 식(5-2)의 1기에서 0기의 식을 빼면 아래와 같은 관계를 얻을 수 있다.

$$\begin{aligned} Y_{i1} &= \beta_0 + \beta_1 + \alpha_i + e_{i1} \\ Y_{i0} &= \beta_0 + \alpha_i + e_{i0} \\ Y_{i1} - Y_{i0} &= \beta_1 + e_{i1} - e_{i0} \end{aligned} \quad (5\text{-}4)$$

상수항 하나만 포함된 회귀분석은 종속변수의 평균이 된다는 점을 이용하면 아래와 같은 관계를 얻게 된다.

$$\hat{\beta}_1 = \overline{Y_1 - Y_0} = \overline{Y_1} - \overline{Y_0} \quad (5\text{-}5)$$

위와 같은 전후 비교를 통한 추정의 문제점은 분명하다. 0기와 1기 사이에 발생한 모든 변화를 정책효과라고 치부할 가능성이 있다. 예컨대 학업성취도가 시간이 지남에 따라 EBS 프로그램 시청과 무관하게 변할 수도 있다. 학생들의 학업성취에 추세가 있을 수 있기 때문이다. 전후 비교의 경우에는 이러한 추세 마저도 정책의 효과로 해석할 위험이 있다. 이러한 문제는 어떻게 해결할 수 있을 것인가?

정책으로 영향을 받은 그룹을 T, 정책의 영향을 받지 않은 그룹을 C 라고 해보자. 그리고 앞의 경우와 마찬가지로 두 기간(t = 0, 1) 동안 관측되었다고 하자. 정책 시행 전후의 통제군의 성과변수의 변화하는 정책 때문에 발생한 것이 아니다. 이는 시간이 지남에 따라 자연적으로 변화는 시간 추세 때문일 것이다. 이러한 시간 추세는 식(5-6)와 같이 쓸 수 있다.

$$\bar{Y}_{C1} - \bar{Y}_{C0} \tag{5-6}$$

그러면 앞에서 계산한 전후 추정치에서 시간추세를 빼내면 정책의 순효과를 추정할 수 있다. 즉, 식(5-7)과 같이 원래의 전후효과에서 식(5-6)의 시간추세를 빼내면 정책의 순효과를 얻을 수 있게 된다.

$$\hat{\beta}_{did} = \left(\bar{Y}_{T1} - \bar{Y}_{T0}\right) - \left(\bar{Y}_{C1} - \bar{Y}_{C0}\right) \tag{5-7}$$

Ashenfelter & Card(1984)의 연구 이후로 식(5-7)과 같은 이중차분추정법(difference-in-differences method)이 정책효과를 추정하는 연구에서 광범위하게 사용되고 있다. 이중차분법을 적용하기 가장 쉬운 상황은 준자연실험의 상황이다. 특별히 두 개의 그룹에 속한 개체가 최소 두 시점 이상 관측되는 경우이다. 하나의 그룹은 정책 수혜 그룹이다. 두 번째 그룹은 두 기간 모두에서 정책을 받지 않은 그룹이다.

동일한 개체가 두 기간에 걸쳐 관측되는 패널자료의 경우에는 수혜 그룹의 성과변수의 변화의 평균에서 비수혜 그룹의 성과변수의 변화의 평균을 빼주면 된다. 이렇게 패널자료를 이용하여 빼게 되면 두 번째 기간에서 정책수혜 그룹과 비수혜 그룹을 비교할 때 발생할 수 있는 편의(bias)를 없앨 수 있다. 동시에 자연적으로 발생할 수 있는 추세(trends) 역시 통제할 수 있다.

반복적 횡단면 자료(repeated cross section)만 있는 경우에는 식(5-8)과 같은 기본 회귀모형을 추정하면 된다.

$$y = \beta_0 + \beta_1 d_B + \delta_0 d_2 + \delta_1 d_2 \cdot d_B + u \tag{5-8}$$

여기에서 y는 성과변수이고, d_2는 두 번째 시점이면 1을 갖고 아니면 0을 갖는 더미변수이다. d_B는 수혜 그룹이면 1, 아니면 0을 갖는 더미변수이다.

dB의 계수인 β_1는 정책 시행 전에 그룹간의 차이를 해당된다. δ_0는 정책이 없었어도 y가 변했을 부분인 공통추세를 나타낸다. 위 모형에서 우리가 관심을 가지고 있는 부분은 위 두 더미변수의 상호작용 항의 계수인 δ_1이다.

식(5-8)에 대한 회귀모형의 OLS 추정치는 이중차분추정치가 된다. 먼저 B는 정책그룹, A는 비교그룹이라고 하자. 비교군의 기간 1의 평균 성과는 β_0이다. 비교군의 기간 2의 평균 성과는 자연증가분을 포함하고 있어 $\beta_0+\delta_0$가 된다. 정책수혜 그룹의 경우 기간 1의 성과는 $\beta_0+\beta_1$이다. 여기서 β_1은 기간 1에서 정책 수혜그룹과 비수혜 그룹간의 격차이다. 정책수혜 그룹의 기간 2의 성과는 여기에 공통추세 δ_0와 정책효과 δ_1이 포함된 $\beta_0+\beta_1+\delta_0+\delta_1$이다. 각 그룹 내에서 기간 2의 성과에서 기간 1의 성과를 빼면, 비교군은 δ_0가 되고 정책수혜 그룹은 $\delta_0+\delta_1$이 된다. 여기에서 한 번 더 차분을 하면, 정책효과인 δ_1을 식별할 수 있게 된다.

$$\hat{\delta}_1 = \left(\overline{y}_{B,2} - \overline{y}_{B,1}\right) - \left(\overline{y}_{A,2} - \overline{y}_{A,1}\right) \tag{5-9}$$

표 5-1 반복횡단면 자료의 경우 이중차분추정치

	A(비교군)	B(정책 수혜)
기간 1	$\overline{y}_{A,1} = \beta_0$	$\overline{y}_{B,1} = \beta_0 + \beta_1$
기간 2	$\overline{y}_{A,2} = \beta_0 + \delta_0$	$\overline{y}_{B,2} = \beta_0 + \beta_1 + \delta_0 + \delta_1$
차분	$\left(\overline{y}_{A,2} - \overline{y}_{A,1}\right) = \delta_0$	$\left(\overline{y}_{B,2} - \overline{y}_{B,1}\right) = \delta_0 + \delta_1$

패널자료가 있다면 좀 더 정치한 이중차분추정치를 추정할 수 있다. 먼저 식(5-10)과 같은 고정효과 모형을 상정해보자.

$$Y_{it} = \beta_0 + \beta_1 T_{S(i)t} + \beta_2 \tau + \alpha_i + e_{it} \tag{5-10}$$

위에서 더미변수 $T_{s(i)t}$는 식(5-11)과 같이 정의하자.

$$T_{S(i)t} = \begin{cases} 0 & S(i) = C \\ 0 & S(i) = T, \tau = 0 \\ 1 & S(i) = T, \tau = 1 \end{cases} \tag{5-11}$$

τ는 시점 고정효과이고, α_i는 i에 대한 고정효과이다.

정책수혜 여부와 시행 이후 여부를 중심으로 분석대상을 구분해보면 다음과 같이 4개의 그룹으로 구분할 수 있다.

(1) 정책그룹 & 정책시행 이전,

(2) 정책그룹 & 정책시행 이후,

(3) 비교그룹 & 정책시행 이전,

(4) 비교그룹 & 정책시행 이후.

위 그룹을 아래와 같이 구분하고 회귀식의 변수가 어떤 값을 갖는지 살펴볼 수 있다.

			T_{it}	τ	고정효과
(1)	정책그룹	시행전	0	0	α_i
(2)		시행후	1	1	α_i
(3)	비교그룹	시행전	0	0	α_j
(4)		시행후	0	1	α_j

위의 고정효과 모형에서 $\hat{\beta}_1$이 DID 추정치로 식별되는 것은 아래와 같은 이유에서이다.

$$\begin{aligned} &\{E(Y_{i1}|T) - E(Y_{i0}|T)\} - \{E(Y_{i1}|C) - E(Y_{i0}|C)\} \\ &= \{(\beta_0 + \beta_1 + \beta_2 + E(\alpha_i|T)) - (\beta_0 + E(\alpha_i|T))\} \\ &\quad - \{(\beta_0 + \beta_2 + E(\alpha_i|C)) - (\beta_0 + E(\alpha_i|C))\} \\ &= (\beta_1 + \beta_2) - \beta_2 \\ &= \beta_1 \end{aligned} \tag{5-12}$$

따라서 한 개의 정책 더미변수와 두 개의 고정효과(개체와 시점)가 있으면 고정효과

모형을 이용해 이중차분추정치를 얻을 수 있다. 동시에 성과변수의 미관측 이질성도 명시적으로 고려할 수 있다.

위 모형을 이용하면 반복 횡단면 자료(repeated cross-section)의 경우도 유사한 형태로 쓸 수 있다. 이런 경우 위의 고정효과 모형을 아래와 같이 바꾸면 된다.

$$Y_i = \beta_0 + \beta_1 T_{s(i)t(i)} + \beta_2 t(i) + \beta_3 s(i) + e_i \tag{5-13}$$

앞에서 나누었던 4개의 그룹은 다시 한 번 아래와 같이 써볼 수 있다.

			$T_{s(i)t(i)}$	$t(i)$	$s(i)$
(1)	정책그룹	시행전	0	0	1
(2)		시행후	1	1	1
(3)	비교그룹	시행전	0	0	0
(4)		시행후	0	1	0

그러면 $\hat{\beta}_1$은 DID 추정치가 됨은 약간의 계산을 통해 확인할 수 있다.

DID 추정방법을 이용한 대표적인 연구로는 Eissa & Liebman(QJE, 1996)을 들 수 있다. Eissa & Liebman(1996)의 연구는 근로장려세제(Earned Income Tax credit)가 여성의 노동공급에 미치는 효과를 추정하고자 하였다. 근로장려세제는 저소득층 노동자가 12개월 일을 하면 약 1달치 월급을 정부가 매칭해서 주는 것으로 이해할 수 있다. Eissa & Liebman(1996)은 미국의 레이건 대통령 하에서 단행되었던 1986년의 조세개혁에 초점을 맞추었다.

당시 미국의 근로장려세제의 혜택은 양육자녀가 있는 노동자에 한정되어 지급되었다. 따라서 Eissa & Liebman(1996)은 정책수혜 그룹으로 자녀가 있는 한부모 여성을 선정하였다. 이에 대한 통제그룹으로는 자녀가 없는 독신 여성을 선정하였다. Eissa & Liebman(1996)은 근로장려세제 시행 전후의 변화를 분석하였다. 예컨대 아래와 같은 표를 보고하였다.

표 5-2 EITC가 여성의 경제활동참가에 미치는 효과

경제활동참가율	86년 이전 (1984-1986)	86년 이후 (1988-1990)	차이	DID
자녀가 있는 한부모 여성	0.729	0.753	0.024	
	(0.004)	(0.004)	(0.006)	
자녀가 없는 독신여성	0.952	0.952	0.000	0.024
	(0.001)	(0.001)	(0.002)	(0.006)

출처: Eissa & Liebman(QJE, 1996). ()안에는 표준편차가 제시되어 있다.

처리그룹에 속하는 유자녀 한부모 여성의 경제활동참가율은 86년 이전 72.9%에서 75.3%로 약 2.4%p 증가하였다. 통제군에 속한 자녀가 없는 독신여성의 경우 전후 모두 95.2%의 경제활동참가율이었다. 따라서 이중차분추정치는 2.4%로 EITC를 통해 한부모 가정의 엄마의 노동공급이 늘었다고 볼 수 있다.

Eissa & Liebman(1996)의 경우 단순한 표에 대한 비교를 넘어서 식(5-14)와 같은 프로빗(probit) 모형을 추정하였다.

$$\text{Prob}\left(LFP_i = 1\right) = \Phi\left(\beta_0 + \beta_1 T_{s(i)t(i)} + \beta_2 t\left(i\right) + \beta_3 s\left(i\right) + X_i^{'}\gamma\right) \qquad \text{(5-14)}$$

LEP_i는 경제활동참가 여부를 나타내는 더미변수이다. 정책효과 추정을 위해 자녀더미, 1986년 이전 이후 더미, 앞의 두 항의 교차항이 포함되었다. $\hat{\beta}_1$은 근로장려세제가 여성의 노동공급에 미친 효과가 된다. Eissa & Liebman(1996)의 연구에는 성과지표로서 경제활동참가율 외에 근로시간 등도 포함되어 있다. 함수 형태는 위의 모형과 유사하다.

이중차분추정을 이용한 또 하나의 대표적인 연구는 Card & Krueger(1994)의 연구이다. Card & Krueger(1994)는 최저임금이 실업에 미치는 효과를 추정하였다. Card & Krueger(1994)는 뉴저지주의 최저임금이 4.25달러에서 5.05달러로 1992년 4월 1일을 전후하여 인상된 점에 초점을 맞추었다. Card & Krueger(1994)는 1992년 2월과 10월에 뉴저지주 패스트푸드 식당의 고용자료를 수집하였다. 또한 인접주인 펜실베니아주의 동부지역에 대한 고용정보도 수집하였다. 뉴져지주와는 다르게 펜실베니아주의 최저임금은 같은 기간 동안 4.25달러로 유지되었다. 펜실베니아주는 뉴져지주의 좋은 비교군이 될 수 있다.

Card & Krueger(1994)를 따라 다음과 같이 용어를 정의하자.

- y_1: 높은 최저임금 하의 패스트푸드 음식점의 고용사정
- y_0: 낮은 최저임금 하의 패스트푸드 음식점의 고용사정

최저임금 상승 여부를 나타내는 더미변수를 D라고 정의하자. 그리고 식(5-15)와 같은 가정을 하자.

$$\mathbb{E}\left(\mathrm{y}_0 | D, X\right) = \mathbb{E}(y_0 \mid X) \tag{5-15}$$

위 가정은 최저임금 인상 전 두 지역의 평균 임금은 동일하다는 가정이다.

s 지역의 t 시점의 평균 임금을 식(5-16)과 같이 가정해보자.

$$\mathbb{E}\left[\mathrm{y}_0 | s, t\right] = \alpha_s + \lambda_t \tag{5-16}$$

- s: 지역(주), t: 시점(2월 혹은 11월)

식(5-16)에 따르면 최저임금 인상이 없는 경우 평균 임금은 지역의 효과와 시점효과의 합으로 구성된다. α_s는 주의 고정효과이다. 따라서 같은 지역에 거주하는 노동자는 같은 효과를 누리게 된다. λ_t는 연도 고정효과이다. 동일한 시점에 있는 노동자들은 동일한 영향을 받게 된다.

최저임금 인상이 있었으면 다음과 같이 y_1은 식(5-17)과 같이 결정된다고 가정하자.

$$\mathbb{E}\left[\mathrm{y}_1 | s, t\right] = \mathbb{E}\left[\mathrm{y}_0 | s, t\right] + \beta = \alpha_s + \lambda_t + \beta \tag{5-17}$$

β는 최저임금이 고용에 준 영향이다.

따라서 관측된 고용결과는 식(5-18)과 같은 회귀모형으로 나타낼 수 있다.

$$\mathrm{y}_{\mathrm{st}} = \alpha_s + \lambda_t + \beta D_{st} + \varepsilon_{st} \tag{5-18}$$

D_{st}는 s지역에 t=1인 경우에만 1, 다른 경우에는 0을 갖는 더미변수이다.

위의 식으로부터 뉴저지주의 2월과 11월의 고용을 다음과 같이 표현할 수 있다. 먼저, 2월 뉴저지주의 고용은 식(5-19)와 같다.

$$\mathbb{E}\left[Y_{ist} | s = NJ, t = Feb\right] = \alpha_{NJ} + \lambda_{Feb} \tag{5-19}$$

한편, 뉴저지의 11월 고용을 유사하게 표현할 수 있다.

$$\mathbb{E}[Y_{ist}|s = NJ, t = Nov] = \alpha_{NJ} + \lambda_{Nov} \tag{5-20}$$

뉴저지주의 2월과 11월, 두 시점에서의 고용의 차이는 아래와 같다.

$$\mathbb{E}[Y_{ist}|s = NJ, t = Nov] - \mathbb{E}[Y_{ist}|s = NJ, t = Feb] = \lambda_{Nov} - \lambda_{Feb} + \beta \tag{5-21}$$

이웃해 있는 펜실베니아주에서도 위와 유사하게 고용의 변화를 표현해볼 수 있다. 예컨대, 펜실베니아주의 2월의 고용은 식(5-22)와 같다.

$$\mathbb{E}[Y_{ist}|s = PA, t = Feb] = \alpha_{PA} + \lambda_{Feb} \tag{5-22}$$

펜실베니아주의 11월의 고용은 식(5-23)과 같다. 단, 최저임금제가 도입되지 않았었기 때문에 최저임금이 고용에 미치는 효과인 β는 없다.

$$\mathbb{E}[Y_{ist}|s = PA, t = Nov] = \alpha_{PA} + \lambda_{Nov} \tag{5-23}$$

펜실베이나주의 2시점 간 고용의 차이는 다음과 같다.

$$\mathbb{E}[Y_{ist}|s = PA, t = Nov] - \mathbb{E}[Y_{ist}|s = PA, t = Feb] = \lambda_{Nov} - \lambda_{Feb} \tag{5-24}$$

최저임금제 인상으로 인한 고용의 변화에 대한 이중차분추정치는 아래와 같이 구할 수 있다.

$$\begin{aligned}&\left(\mathbb{E}[Y_{ist}|s = NJ, y = Nov] - \mathbb{E}[Y_{ist}|s = NJ, y = Feb]\right)\\&-\left(\mathbb{E}[Y_{ist}|s = PA, y = Nov] - \mathbb{E}[Y_{ist}|s = PA, y = Feb]\right)\\&= \beta\end{aligned} \tag{5-25}$$

여기에서 중요한 가정은 뉴저지와 펜실베니아주의 고용이 공통추세(common trend)를 갖는다는 가정이다. 이러한 가정은 아래 그림을 이용해 표현할 수 있다. 정책군의 고용률이 시행 전후로 해서 감소한 것으로 보인다. 하지만 통제군 역시 고용률이 감소하였고, 그 정도는 정책군보다 좀 더 큰 것으로 보인다. 만약 두 지역의 고용률의 추세가 동일하였다면 정책군의 정책 시행 이후의 고용률은 훨씬 낮았을 것이다. 정책 시행으로 그보다는 약간 상승한 것으로 보인다. 이러한 차이가 정책의 효과로 추정되는 것이다. 공통추세는 이중차분추정법을 이용한 최저임금의 효과를 식별할 수 있게 해주는 식별전략이 된다.

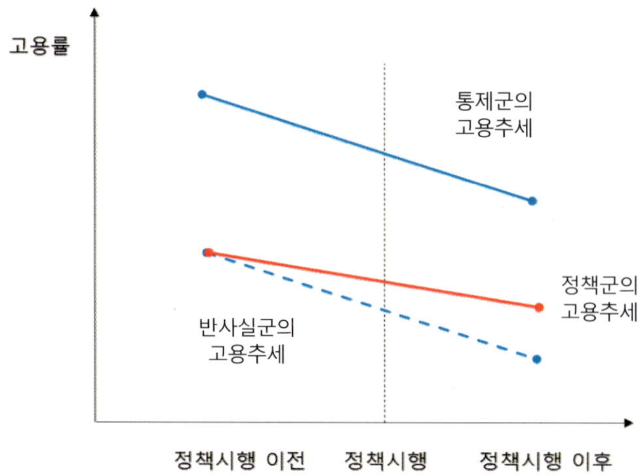

그림 5-2 이중차분추정치의 아이디어

최저임금이 고용상황에 미친 효과는 회귀모형을 이용하여 추정할 수 있다. 회귀모형 대신 간단한 2×2 테이블을 이용할 수도 있다. 하지만 굳이 회귀모형을 이용하는 이유는 회귀모형이 추정하기 쉽기 때문이다. 특히, 회귀분석을 이용하면 정책효과의 표준오차를 쉽게 계산할 수 있다. 둘째, 다른 통제변수들을 포함할 수도 있다. 정책의 변화뿐만 아니라 다른 특성들의 변화 때문에 성과변수가 변했을 수도 있어, 이러한 변화를 통제할 필요가 있다. 회귀분석에서는 공변량(covariates)을 포함시킴으로써 다른 변화로 인한 성과변수의 변화를 통제함과 동시에, 좀 더 작은 표준오차를 얻을 수 있다. 셋째, 기간이 2기간 이상이 되는 경우에도 비교적 쉽게 모형에 반영할 수 있다. 또한 정책이 하나가 아니라 다양한 경우도 회귀식을 약간 변형하면 쉽게 반영할 수 있다.

Card & Krueger(1994)가 고려했던 회귀모형은 아래와 같다.

$$Outcome_{it} = \beta_0 + \beta_1 Treat_i + \beta_2 Post_t + \delta\left(Treat^*Post\right)_{it} + \varepsilon_{it} \quad \text{(5-26)}$$

여기에서 Treat 은 최저임금을 올린, 즉 뉴저지에 속에 있으면 1, 아니면 0을 갖는 더미변수이다. Post는 정책시행인 1992년 2월 이후이면 1, 아니면 0을 갖는 더미변수이다. 위의 회귀분석을 이용하여 Card & Krueger(1994)의 모형은 다음과 같이 추정할 수 있다.

2기간 동안 뉴저지와 펜실베니아의 노동상황이 관측되었다고 해보자. 회귀방정식은 아래와 같이 설정할 수 있다.

$$
\begin{aligned}
\mathrm{Y_i} &= \alpha_s + \lambda_t + \beta D_{st} + \varepsilon_i \\
&= \beta_0 + \alpha 1\{\mathrm{s} = \mathrm{NJ}\} + \lambda 1\{t = Nov\} + \beta 1\{\mathrm{s} = \mathrm{NJ}\} \cdot 1\{t = Nov\} + \varepsilon_i
\end{aligned} \tag{5-27}
$$

위의 각 계수는 다음과 같은 의미를 갖는다.

$$\beta_0 = \mathbb{E}[y_i | s = PA, t = Feb] \tag{5-28}$$

먼저, β_0는 펜실베니아주의 2월달의 평균 고용상황을 나타낸다.

$$\alpha = \mathbb{E}[y_i | s = NJ, t = Feb] - \mathbb{E}[y_i | s = PA, t = Feb] \tag{5-29}$$

α는 정책더미의 계수이다. 이는 최저임금 시행전인 2월의 뉴저지주와 펜실베니아주의 고용상황의 차이를 나타낸다.

$$\lambda = \mathbb{E}[y_i | s = PA, t = Nov] - \mathbb{E}[y_i | s = PA, t = Feb] \tag{5-30}$$

λ는 시차더미의 계수이다. 이는 통제군인 펜실베니아주의 두 시점간 고용상황의 변화로서 추세를 대표한다.

$$
\begin{aligned}
\beta = &\left(\mathbb{E}[y_i | s = NJ, y = Nov] - \mathbb{E}[y_i | s = NJ, y = Nov]\right) \\
&- \left(\mathbb{E}[y_i | s = PA, y = Nov] - \mathbb{E}[y_i | s = PA, y = Nov]\right)
\end{aligned} \tag{5-31}
$$

위 β는 우리가 추정하고자 하는 DID 추정치이다.

패널자료가 있는 경우 식(5-32)와 같은 고정효과 모형을 이용하여 추정할 수도 있다.

$$\mathrm{y_{st}} = \alpha_s + \lambda_t + \beta D_{st} + \varepsilon_{st} \tag{5-32}$$

s와 t의 경우 두 개의 값보다 많은 값을 가질 수 있다. $\mathrm{y_{st}}$는 s 주의 t 시점의 고용률이다. $\mathrm{D_{st}}$는 s주가 t 시점에 최저임금을 올렸는지 여부이다.

위 DID 추정에 있어서 가장 중요한 가정 중 하나는 공통추세(common trends)에 대한 가정이다. 정책이 시행되지 않았으면, 정책수혜 그룹과 비수혜 그룹이 동일한 정도로 변화했을 것이라는 가정이다. 사실, 이중차분 추정 자체는 그렇게 어려운 작업은 아니다. 실제 더 어려운 점은 처리군과 통제군이 공통추세를 갖고 있다는 것을 보이는 것이다. 보통 정책시행 전에 두 그룹 간 추세가 유사함을 보이는 것이다.

하나의 좋은 방법은 시차변수(선행 혹은 후행 변수)들을 포함시키는 것이다.

$$y_{ist} = \gamma_s + \lambda_t + \sum_{\tau=-q}^{-1} \beta_\tau D_{s\tau} + \sum_{\tau=0}^{m} \beta_\tau D_{s\tau} + X_{ist}\delta + \varepsilon_{ist} \quad (5\text{-}33)$$

후행(lags) 변수의 경우 시행 이후에 정책효과가 시점에 따라 어떻게 변하는지를 보여주고 있다. 예컨대 Autor(2003)의 경우 이중차분 모형에 선행 및 후행 변수를 포함시키고 있다.

다 추 정

A. 최저임금 정책이 고용에 미치는 효과

Card & Krueger(1994)의 논문과 유사한 결과를 얻을 수 있는 실습을 해보자. 다음의 자료를 불러들이자.

```
. use fastfood, clear
```

fastfood.dta 자료의 조사 단위는 레스토랑이다. 뉴저지주의 주된 패스토랑은 버거킹(Burger King), 켄터키후라이드치킨(KFC), 로이로저스(Roy Rogers), 웬디스(Wendys) 등이었다. 레스토랑 이름을 나타내는 변수는 chain이다. tabulate를 통해서 어떤 레스토랑이 있는지 살펴보자. 레스토랑의 분포는 다음과 같다.

```
. tab chain
```

CHAIN	Freq.	Percent	Cum.
Burger King	171	41.71	41.71
KFC	80	19.51	61.22
Roy Rogers	99	24.15	85.37
Wendys	60	14.63	100.00
Total	410	100.00	

가장 많은 비중을 차지하고 있는 레스토랑은 버거킹으로서 171개이었고 총 410개 중 41.7%를 차지하고 있었다. 그 다음으로 많은 레스토랑은 로이 로져스로서 99개 24.2%를 차지하고 있었다. KFC와 웬디스가 각 19.5%, 14.6%를 차지하고 있었다.

최저임금이 상승된 주를 나타내는 변수는 state이다. state는 뉴저지인 경우 1, 펜실베니아 주인 경우 0을 갖는 더미변수이다.

```
. tab state
```

STATE	Freq.	Percent	Cum.
PA	79	19.27	19.27
NJ	331	80.73	100.00
Total	410	100.00	

뉴저지주에 위치해 있는 레스토랑이 전체 중 331개로 80.7%를 차지하고 있었다. 통제군인 펜실베니아주에 위치해 있는 레스토랑은 79개로 19.3%였다.

일단 데이터에 있는 많은 변수들 중에서 우리의 관심 대상인 전일제 종사자수와 신입직원 임금에 대한 정보만 남기자.

```
. keep sheet state empft* wage_st*
```

위에서 sheet는 레스토랑의 식별변수이고 state는 처리여부를 나타내는 더미변수의 역할을 하게 된다.

고정효과 모형을 추정하기 위해 자료를 long-form으로 전환해보자. 먼저 변수이름을 바꿔보자.

```
. rename empft empft1

. rename wage_st wage_st1
```

변수 이름을 바꾸고 나면 현재의 wide-form을 long-form으로 전환할 수 있다.

```
. reshape long empft wage_st, i(sheet) j(time)
(note: j = 1 2)

Data                               wide   ->   long
-----------------------------------------------------------
Number of obs.                      410   ->     820
Number of variables                   6   ->       5
j variable (2 values)                     ->   time
xij variables:
                        empft1 empft2     ->   empft
                      wage_st1 wage_st2   ->   wage_st
-----------------------------------------------------------
```

그러면 아래와 같던 wide-form 자료가 long-form으로 바뀌게 된다. 자료가 wide-form의 형태를 갖고 있더라도 회귀분석을 할 수 있다. 하지만, 고정효과 모형 등을 쉽게 사용하기 위해서는 long-form으로 전환하여 분석하는 것이 편리하다.

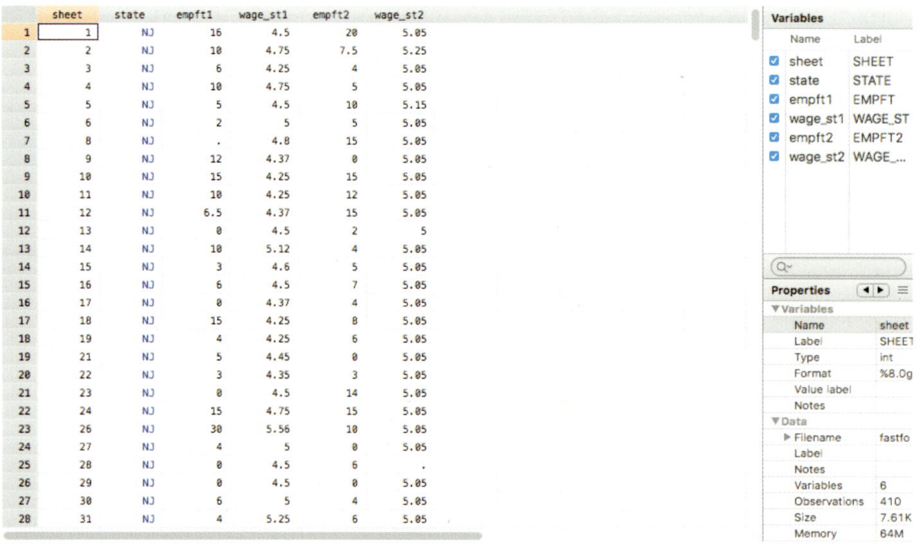

(가) wide-form

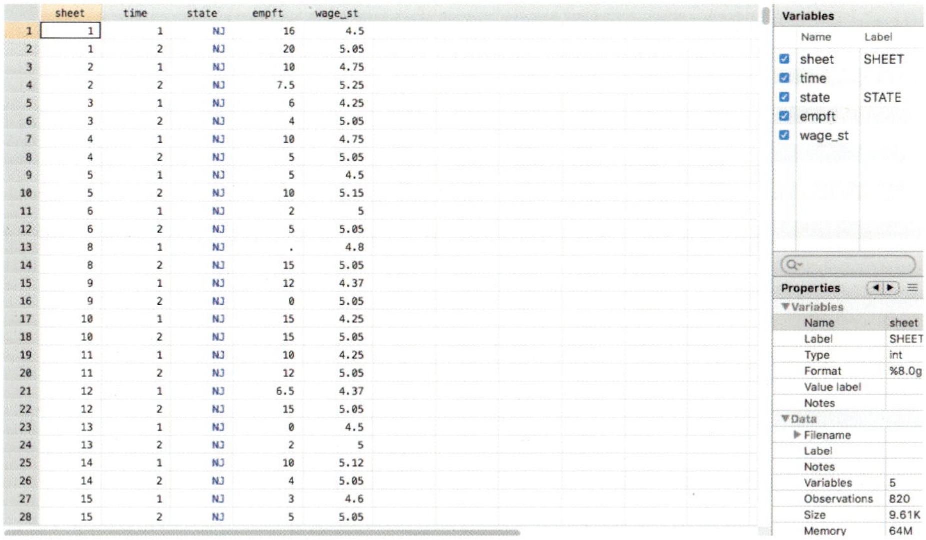

(나) long-form

이제 전일제 고용이 최저임금 전후로 하여 얼마나 변했는지를 살펴보자. tabulate 명령어를 사용하자. 우리의 관심 변수가 전일제 고용이기 때문에 옵션으로 summarize()를 사용하자. 또한 전일제 고용의 평균과 표준편차를 살펴 보아야 하기 때문에 이 또한 옵션으로 지정해주자.

```
. tab time state, summarize(empft) means standard

                    Means and Standard Deviations of empft

            |        STATE
       time |        PA         NJ |     Total
------------+----------------------+----------
     Before |     10.21       7.72 |      8.20
            |     10.78       7.96 |      8.62
------------+----------------------+----------
      After |      7.56       8.45 |      8.28
            |      8.49       7.84 |      7.97
------------+----------------------+----------
      Total |      8.89       8.08 |      8.24
            |      9.77       7.91 |      8.30
```

위의 표를 그림으로 나타낸 것이 아래 [그림 5-3]이다.

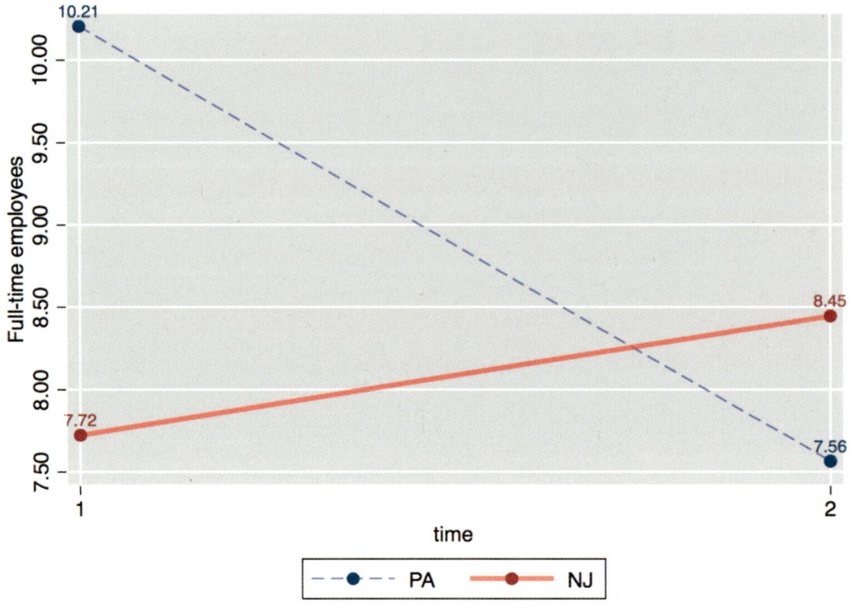

그림 5-3 지역별 시점별 고용수준의 변화

위 결과에 따르면 뉴저지의 경우 최저임금 인상 전에는 7.72명이던 전일제 노동자 고용자가 최저임금 인상 이후에는 8.45명으로 약 0.73명 정도 증가하였다. 최저임금에 변화가 없었던 펜실베니아주의 경우 10.21명에서 7.56으로 2.65명 줄었다. 위의 두 숫자를 이용하면 이중차분 추정치를 얻을 수 있다. 이중차분 추정치는 약 3.38명으로, 최저임금 인상에도 불구하고 뉴저지에 위치한 패스트푸드 레스토랑의 전일제 고용자는 오히려 늘었음을 알 수 있다. 남은 것은 이 이중차분 추정치의 표준오차를 구하는 것이다. 이중차분 측정치의 표준오차를 구하는 것은 어렵지 않다. 기초통계학 수준의 지식만 있으면 쉽게 구할 수 있다. 하지만 표준오차를 구하는 좀 더 쉬운 방식은 회귀분석을 이용하는 것이다.

주어진 자료가 레스토랑 수준의 패널자료이기 때문에 이를 이용해 고정효과모형을 추정해보자. 먼저 xtset을 이용해 고정효과임을 선언해주자.

```
. xtset sheet time
       panel variable:  sheet (strongly balanced)
        time variable:  time, 1 to 2
                delta:  1 unit
```

고정효과모형에 포함시키기 위해 정책더미 d를 생성하자. 변수더미 d는 뉴저지이면서 동시에 최저임금 인상 이후이면 1의 값을 갖고, 나머지 경우에는 0을 갖는 변수이다. gen을 이용하여 다음과 같이 더미정책더미 d를 생성하자.

```
. gen d = (time == 2 & state == 1)

. label var d "treatment dummy"
```

고정효과 모형은 xtreg, fe를 이용하여 추정할 수 있다. 고정효과는 고정효과 모형에서 자동으로 포함시킬 수 있다. 하지만 시점 고정효과는 회귀분석에서 따로 포함시켜야 한다. factor variable을 이용하면 쉽게 연도 더미를 회귀식에 포함시킬 수 있다.

```
. xtreg empft d i.time, fe robust

Fixed-effects (within) regression               Number of obs     =        802
Group variable: sheet                           Number of groups  =        410

R-sq:                                           Obs per group:
     within  = 0.0173                                         min =          1
     between = 0.0020                                         avg =        2.0
     overall = 0.0009                                         max =          2

                                                F(2,409)          =       2.55
corr(u_i, Xb)  = -0.1081                        Prob > F          =     0.0796

                               (Std. Err. adjusted for 410 clusters in sheet)
------------------------------------------------------------------------------
             |               Robust
       empft |      Coef.   Std. Err.      t    P>|t|     [95% Conf. Interval]
-------------+----------------------------------------------------------------
           d |   3.442788   1.582815     2.18   0.030     .3313206    6.554256
             |
        time |
       After |  -2.743421   1.489104    -1.84   0.066    -5.670674    .1838322
       _cons |   8.222253   .2579863    31.87   0.000     7.715108    8.729397
-------------+----------------------------------------------------------------
     sigma_u |  6.5909385
     sigma_e |  7.2808747
         rho |  .45038617   (fraction of variance due to u_i)
------------------------------------------------------------------------------
```

위 회귀분석 결과에 따르면 공통추세는 우리가 분석하고 있는 동안 약 -2.74명 감소하는 것으로 보인다. 최저임금 인상으로 발생한 전일제 노동자수의 변화는 3.44명으로 앞에서 구한 3.38명과 비교해보면 다소 작게 추정되었다. 이러한 차이는 레스토랑의 고정효과를 포함했기 때문인 것으로 보여진다.

위와 동일한 추정치는 고정효과모형 대신 더미변수를 이용하는 경우 areg을 이용해도 된다.

```
. areg empft d i.time, absorb(sheet) robust

Linear regression, absorbing indicators          Number of obs     =        802
                                                 F(   2,     390)  =       2.49
                                                 Prob > F          =     0.0843
                                                 R-squared         =     0.6252
                                                 Adj R-squared     =     0.2303
                                                 Root MSE          =     7.2809

------------------------------------------------------------------------------
             |               Robust
       empft |      Coef.   Std. Err.      t    P>|t|     [95% Conf. Interval]
-------------+----------------------------------------------------------------
           d |   3.442788    1.60102     2.15   0.032      .2950774    6.590499
             |
        time |
       After |  -2.743421   1.506232    -1.82   0.069     -5.704772    .2179296
       _cons |   8.222253    .366327    22.45   0.000       7.50203    8.942475
-------------+----------------------------------------------------------------
       sheet |   absorbed                                     (410 categories)
```

위의 추정결과는 앞의 고정효과모형과 동일한 결과를 주고 있다.

한편, 레스토랑에 대한 패널자료가 아니라 반복된 횡단면 자료가 주어졌다고 생각해보자. 그러면 정책 그룹 더미변수, 시점 더미변수, 그리고 두 더미변수의 교차항을 포함하여 OLS 추정하면 최저임금 인상으로 인해 전일제 고용이 어떻게 변했는지를 추정할 수 있다.

아래의 OLS 분석결과는 단순 이중차분 추정결과와 유사한 결과를 보여주고 있다. 먼저, 상수는 10.21로 펜실베니아주의 정책 시행 전 고용 수준을 보여주고 있다. state 더미는 정책 시행 전 뉴저지의 고용수준이 펜실베니아주에 비해 2.48명 적었다는 걸 보여주고 있다. 시점더미는 정책시행 전후로 두 주 공히 2.64명 감소하였음을 보여주고 있다. 이중차분 추정치는 3.36명이고, 5% 유의수준에서 통계적으로 유의하였다.

```
. xi: reg empft i.time*state, robust
i.time            _Itime_1-2          (naturally coded; _Itime_1 omitted)
i.time*state      _ItimXstate_#       (coded as above)

Linear regression                                Number of obs     =        802
                                                 F(3, 798)         =       1.54
                                                 Prob > F          =     0.2033
                                                 R-squared         =     0.0079
                                                 Root MSE          =     8.2814
```

empft	Coef.	Robust Std. Err.	t	P>|t|	[95% Conf.	Interval]
_Itime_2	-2.640193	1.551133	-1.70	0.089	-5.684975	.4045892
state	-2.481202	1.293028	-1.92	0.055	-5.019339	.0569357
_ItimXstate_2	3.36175	1.671234	2.01	0.045	.0812158	6.642283
_cons	10.20513	1.215317	8.40	0.000	7.819533	12.59072

앞의 3개의 회귀분석 결과를 종합하면 아래와 같다.

Variable	emp_FE	emp_DUM	emp_RC
d	3.443**	3.443**	
time			
2	-2.743*	-2.743*	
_Itime_2			-2.640*
state			-2.481*
_ItimXstat~2			3.362**
_cons	8.222***	8.222***	10.205***

legend: * p<.1; ** p<.05; *** p<.01

이번에는 최저임금 인상이 초봉(starting salary)에는 어떤 영향을 주었는지에 대해서 살펴보자.

tabulate를 이용해서 정책 시행 전후로 하여 초봉이 어떻게 변했는지 살펴보자. 뉴저지의 경우 최저임금 인상 전 시간당 임금이 4.61달러이었다. 최저임금 인상 이후에는 5.08달러로 47센트 증가하였다. 이에 반해 정책변화가 없었던 펜실베니아주의 임금은 같은 기간 동안 4.63달러에서 4.62달러로 1센트 감소하였다. 따라서 간단한 DID 추정치는 약 0.48달러로 볼 수 있다.

```
. tab time state, summarize(wage_st) means standard

              Means and Standard Deviations of wage_st

           |        STATE
      time |        PA         NJ |     Total
-----------+----------------------+----------
    Before |      4.63       4.61 |      4.62
           |      0.35       0.35 |      0.35
-----------+----------------------+----------
     After |      4.62       5.08 |      5.00
           |      0.36       0.10 |      0.25
-----------+----------------------+----------
     Total |      4.62       4.85 |      4.81
           |      0.35       0.35 |      0.36
```

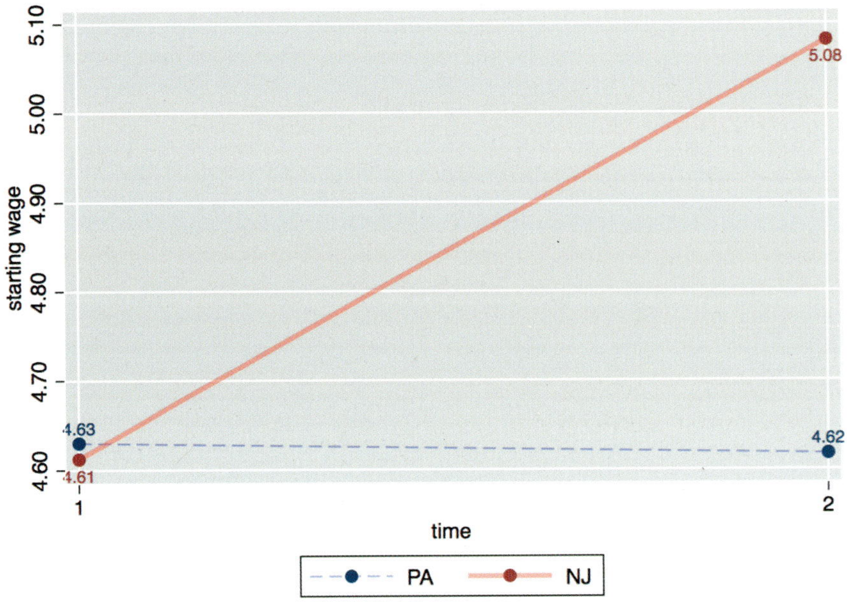

그림 5-4 최저임금의 인상과 초봉의 변화

위의 변화는 수준의 변화이다. 이를 퍼센티지 변화로 바꾸기 위해서 임금 수준 대신 로그-임금을 이용하여 다시 계산해보자.

```
. gen lwage = ln(wage_st)
(41 missing values generated)

. label var lwage "logarithm of starting wage"
```

아래 표에 따르면 뉴저지는 임금이 약 10% 증가한데 비해 펜실베니아는 거의 변하지 않았다. 따라서 최저임금 인상 이후 뉴저지의 시간당 임금 변화의 이중차분 추정치는 대략 10%로 볼 수 있다.

```
. tab time state, summarize(lwage) means standard

        Means and Standard Deviations of logarithm of starting wage

                  |        STATE
        time      |       PA          NJ  |     Total
------------------+-----------------------+----------
      Before      |     1.53        1.53  |      1.53
                  |     0.08        0.07  |      0.07
------------------+-----------------------+----------
       After      |     1.53        1.63  |      1.61
                  |     0.07        0.02  |      0.05
------------------+-----------------------+----------
       Total      |     1.53        1.58  |      1.57
                  |     0.07        0.07  |      0.08
```

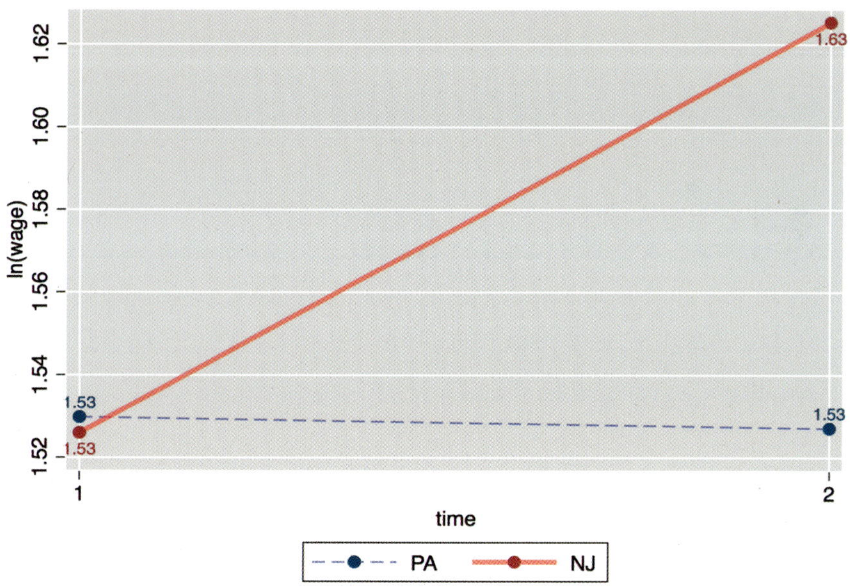

그림 5-5 최저임금 인상과 로그-초봉의 변화

이를 고정효과 모형으로 추정하면 다음과 같은 추정결과를 얻을 수 있다. 뉴저지주는 최저임금 인상으로 시간당 임금이 약 10.5% 상승한 것으로 보인다.

```
. xtreg lwage d i.time, fe robust

Fixed-effects (within) regression               Number of obs      =       779
Group variable: sheet                           Number of groups   =       409

R-sq:                                           Obs per group:
     within  = 0.6009                                         min =          1
     between = 0.2111                                         avg =        1.9
     overall = 0.4097                                         max =          2

                                                F(2,408)           =    288.17
corr(u_i, Xb)  = -0.0147                        Prob > F           =    0.0000

                                 (Std. Err. adjusted for 409 clusters in sheet)
------------------------------------------------------------------------------
             |               Robust
       lwage |      Coef.   Std. Err.      t    P>|t|     [95% Conf. Interval]
-------------+----------------------------------------------------------------
           d |   .1052344   .0104145    10.10   0.000     .0847617    .1257071
             |
        time |
      After  |   -.006477   .0095669    -0.68   0.499    -.0252836    .0123295
       _cons |   1.527252   .0018928   806.89   0.000     1.523531    1.530973
-------------+----------------------------------------------------------------
     sigma_u |  .04663303
     sigma_e |  .05157823
         rho |  .44977463   (fraction of variance due to u_i)
------------------------------------------------------------------------------
```

횡단면 자료로 간주하고 추정을 하면 최저임금 인상의 효과는 약 10.2% 정도로 추정이 된다.

```
. xi: reg lwage i.time*state, robust
i.time            _Itime_1-2          (naturally coded; _Itime_1 omitted)
i.time*state      _ItimXstate_#       (coded as above)

Linear regression                                Number of obs     =        779
                                                 F(3, 775)         =     247.91
                                                 Prob > F          =     0.0000
                                                 R-squared         =     0.4105
                                                 Root MSE          =     .05819

------------------------------------------------------------------------------
             |               Robust
       lwage |      Coef.   Std. Err.      t    P>|t|     [95% Conf. Interval]
-------------+----------------------------------------------------------------
    _Itime_2 |  -.0027321   .0122783    -0.22   0.824    -.0268349    .0213706
       state |  -.0038214   .0095293    -0.40   0.689    -.0225277    .0148849
_ItimXstate_2|   .1020487   .0130086     7.84   0.000     .0765125    .1275849
       _cons |   1.529783   .0085778   178.34   0.000     1.512944    1.546621
------------------------------------------------------------------------------
```

이상의 결과를 정리하면 다음과 같다.

```
----------------------------------------
    Variable |  lwage_FE      lwage_RC
-------------+--------------------------
           d |   0.105***
             |
        time |
           2 |  -0.006
             |
    _Itime_2 |               -0.003
       state |               -0.004
_ItimXstat~2 |                0.102***
       _cons |   1.527***     1.530***
----------------------------------------
        legend: * p<.1; ** p<.05; *** p<.01
```

B. 소득공제가 연금저축에 미치는 효과

이번에는 김병권 외(2013)의 논문에서 사용된 예제를 살펴보자. 세제 당국에서는 개인의 노후자산 축적을 위해 몇 가지 세제 혜택을 주고 있다. 근로소득자가 하는 연말정산에서 연금저축에 대한 소득공제가 그러한 혜택 중 하나이다. 연금저축에 대한 소득공제 제도는 노후 소득 보장을 위해 개인연금을 더 쌓을 수 있도록 소득세를 감면해주는 제도이다.

김병권 외(2014)에서 초점을 맞춘 제도는 연금저축에 대한 소득공제제도이다. 특별히, 2005년에서 2006년으로 넘어가면서 소득공제액을 200만원에서 300만원으로 확대된 측면에 초점을 맞추었다. 2005년도에 300만원 미만으로 연금저축을 하고 있던 근로자들은 소득공제 상한액이 늘어남에 따라서 연금저축을 추가적으로 늘릴 유인이 있다. 반면 2005년에 300만원 이상 연금저축을 하고 있던 근로자들은 상한액 변화에 영향을 거의 받지 않게 된다. 따라서 김병권 외(2014)의 연구에서는 2005년도에 300만원 미만을 납입하던 그룹을 정책의 처리군으로, 300만원 이상 납입하던 그룹을 통제군으로 보았다.

```
. use did,clear
```

```
. tabulate year treat, sum(ln_pension) means standard

         Means and Standard Deviations of 로그개인연금납입

           |      1=처리군
      연도 |         0          1 |     Total
-----------+----------------------+----------
      2005 |      6.18       5.13 |      5.37
           |      0.25       0.47 |      0.61
-----------+----------------------+----------
      2006 |      5.99       5.30 |      5.49
           |      0.68       0.60 |      0.69
-----------+----------------------+----------
     Total |      6.10       5.19 |      5.41
           |      0.48       0.52 |      0.64
```

tabulate, summarize 명령어를 이용해서 로그-연금액이 2005년과 2006년 사이에 얼마나 변했는지 살펴보았다. 로그-차분은 성장률의 근사치이기 때문에, 정책 처리군은 2005년과 2006년 사이에 17%p(=5.3-5.13) 정도 증가하였다. 동기간에 통제군의 연금저축액은 19%p 오히려 감소하였다. 따라서 처리군의 연금저축액은 통제군에 비해 36%p 증가했다고

볼 수 있다.

이러한 현상은 아래 그림에서도 확인할 수 있다.

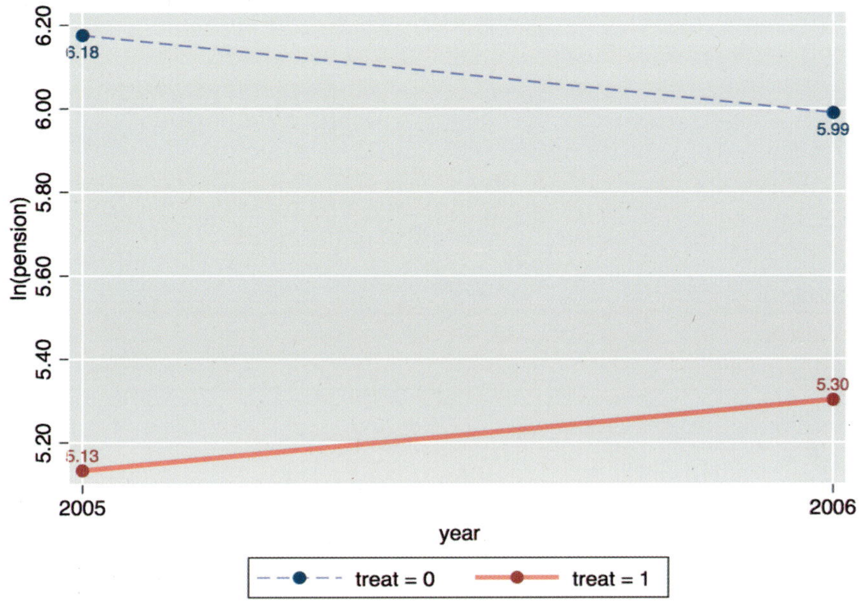

그림 5-6 세제 유인의 변화와 연금저축

세제변화의 정책효과는 아래와 같은 회귀분석을 통해서 추정할 수 있다.

```
. xi : reg ln_pension i.treat*year ///
> ln_inc ln_exp family_size net_asset  ///
> i.schooling i.gender age age_sq i.public ///
> i.home i.region  ///
> ,r
```

다음의 모형(1)은 다른 변수에 대한 통제 없이, 모형(2)는 개인의 특성을 통제한 이후의 추정결과이다. 이중차분 추정치인 _ItreXyear_1 의 계수는 양쪽 모두 0.355로 앞의 계산결과와 유사하다. 두 모형 모두에서 통계적 유의성은 있었다.

표 5-3 이중차분 추정결과

VARIABLES	Model (1)	Model (2)
_Itreat_1	−713.1***	−712.1***
	(237.1)	(259.6)
year	−0.186*	−0.298**
	(0.102)	(0.121)
_ItreXyear_1	0.355***	0.355***
	(0.118)	(0.129)
Constant	379.4*	602.3**
	(204.3)	(241.6)
Controls	X	O
Observations	423	423
R-squared	0.387	0.459

Standard errors in parentheses

*** p<0.01, ** p<0.05, * p<0.1

이번에는 고정효과 모형을 이용하여 추정해보자. 먼저 처리 더미변수 dummy를 생성하자.

```
. gen dummy = (year == 2006 & treat == 1)
```

아래와 같은 고정효과모형을 추정하자.

```
. xi : xtreg ln_pension i.dummy i.year ///
> ln_inc ln_exp family_size net_asset  ///
> i.schooling i.gender age age_sq i.public ///
> i.home i.region  ///
> ,fe vce(r)
```

고정효과를 고려한 모형의 경우 정책효과는 39.8%로 횡단면 모형을 추정했을 경우의 효과와 비교해보면 좀 더 큰 것을 알 수 있다.

VARIABLES	(1) cross section	(2) cross section	(3) fixed effect
_Itreat_1	−713.1***	−712.1***	
	(237.1)	(259.6)	
year	−0.186*	−0.298**	
	(0.102)	(0.121)	
_ItreXyear_1	0.355***	0.355***	
	(0.118)	(0.129)	
_Idummy_1			0.398***
			(0.115)
_Iyear_2006			−0.653*
			(0.345)
Constant	379.4*	602.3**	−1.026
	(204.3)	(241.6)	(5.722)
Observations	423	423	423
R-squared	0.387	0.459	0.199
Number of hhid			275

Standard errors in parentheses
*** $p<0.01$, ** $p<0.05$, * $p<0.1$

라 삼중차분추정법(triple differences estimation)

위와 같이 이중차분법으로 추정한 추정치가 진정한 정책효과가 아닐 수도 있다. 정책이 없었어도 두 그룹간의 차이가 발생할 수 있는 경우가 있을 수도 있다. 예컨대 다른 요인들이 처리군과 통제군에 서로 다른 영향을 미친 경우, 이중차분추정법을 이용하면 마치 정책이 효과가 있는 것처럼 추정되었을 경우가 있다. 이런 경우 이중차분을 통해 구한 추정치가 가정에 대해 강건한지 확인해볼 필요가 있다.

강건성 확인을 위해서 정책과 상관없는 그룹에 대해서 이중차분 추정을 해보는 수가 있다. 이 경우에 추정된 정책효과는 정책과 무관하게 처리군과 통제군 사이의 차이로 볼 수 있다. 만약, 이렇게 구해진 이중차분 추정치가 0이라면 큰 문제가 없겠지만, 그렇지 않다면 좀 더 살펴볼 필요가 있다.

삼중차분추정법은 두 개의 이중차분 추정치를 다시 차분하는 것이다. Katz(1996)의 연구를 살펴보자. “Targeted Jobs Tax Credit(이하 TJTC)”은 1978년에 도입된 세액공제 제도이다. TJTC는 취약계층의 18세에서 24세 사이의 청년을 고용하는 고용주에게 세제혜택(세액공제)을 주는 정책이었다. TJTC는 1989년에 지원 대상 노동자의 연령이 18-22세로 축소되는 변화를 겪었다. 23-24세의 취약계층 청년을 고용해서는 더 이상 세제 혜택을 받을 수 없게 된 것이다.

Katz(1996)에 따르면 식별전략은 다음과 같다. 먼저, (i) 23-24세의 취약계층과 비취약계층을 비교하여 고용율의 이중차분 추정치를 계산하였다. (ii) 18-22세의 취약계층과 비취약계층의 고용율의 이중차분 추정치를 계산하였다. 그런 다음 (i)과 (ii)를 다시 차분하여 삼중차분 추정치를 계산하였다. 위의 삼중차분추정은 이중차분추정과 마찬가지로 간단한 회귀모형을 통해서 추정할 수 있다.

$$
\begin{aligned}
E_{it} &= \beta_{\mathrm{G}} G_i + \beta_{\mathrm{A}} A_i + \beta_{\tau} \tau_t + \\
&\quad \beta_{\mathrm{GA}} G_i A_i + \beta_{\mathrm{A\tau}} A_i \tau_t + \beta_{\mathrm{G\tau}} G_i \tau_t + \beta_{\mathrm{GA\tau}} G_i A_i \tau_t + \beta_{\mathrm{X}} X_{it} + u_i
\end{aligned} \tag{5-34}
$$

- G_i : 취약계층 여부 더미
- A_i : 23-24세 그룹에 속하는지 여부 더미
- τ_t: 이후 여부 더미

위 회귀모형을 추정한 후 $\beta_{\mathrm{GA\tau}}$는 보조금 혜택이 없어진 23-24세의 취약계층 청년들의 고용이 얼마나 영향 받았는지를 추정해준다.

김태우 외(2016)도 위와 유사한 모형을 사용하였다. 해당 논문은 근로장려제세제가 저소득층의 소비에 어떤 영향을 주고 있는지 추정하였다. 정책수혜그룹은 근로장려세제 수혜그룹으로 하고, 통제군은 근로장려세제를 받지 못하는 차상위 그룹으로 하여 다양한 소비항목에 대한 이중차분 추정을 하였다. 강건성 점검을 위해 동일한 그룹에 대해서 근로장려세제 도입 이전의 이중차분 추정을 하고, 다시 차분함으로써 삼중차분 추정치를 추정하였다.

간단한 실습을 통해서 삼중차분 추정치를 구해보자. 실습파일 ddd.dta를 열어보자.

```
. use ddd, clear
```

이 파일의 경우 실제 정책의 분석이 되는 그룹과 정책과는 무관한 그룹을 구분할 수 있는 이항변수인 λ가 포함되어 있다.

먼저 정책이 시행된 그룹을 대상으로 하여 이중차분 추정을 해보자.

```
. tab time treat if lambda == 1, sum(y) mean standard

                    Means and Standard Deviations of y

           |         treat
      time |         0          1 |     Total
-----------+----------------------+----------
         0 |      1.12       2.03 |      1.73
           |      0.94       0.96 |      1.05
-----------+----------------------+----------
         1 |      1.92       6.04 |      4.68
           |      1.05       1.03 |      2.20
-----------+----------------------+----------
     Total |      1.52       4.03 |      3.20
           |      1.07       2.24 |      2.27
```

위 교차분석에 따르면 단순 이중차분 추정치는 약 3.21=(6.04−2.03)−(1.92−1.12) 정도이다.

이번에는 정책과 상관없는 경우에 위약처리를 생각하고 DID 추정치를 다시 계산해보자.

```
. tab time treat if lambda == 0, sum(y) mean standard

                    Means and Standard Deviations of y

           |         treat
      time |         0          1 |     Total
-----------+----------------------+----------
         0 |      1.89       3.58 |      3.06
           |      1.05       0.95 |      1.25
-----------+----------------------+----------
         1 |      3.48       5.03 |      4.55
           |      1.06       0.95 |      1.22
-----------+----------------------+----------
     Total |      2.69       4.31 |      3.81
           |      1.32       1.19 |      1.44
```

위의 경우 위약처리 그룹의 DID 추정치는 −0.14(=(5.03−3.58)−(3.48−1.89))이다. 따라서 정책효과의 삼중차분추정치는 3.35(=3.21−(−0.14))가 된다.

위의 추정치를 회귀분석을 통해서 추정해보자. 먼저 정책수혜 그룹을 대상으로 한 이중차분 추정치를 계산해보자.

```
. reg y treat##time if lambda == 1, robust

Linear regression                               Number of obs     =      1,340
                                                F(3, 1336)        =    1828.23
                                                Prob > F          =     0.0000
                                                R-squared         =     0.8071
                                                Root MSE          =     .99629

------------------------------------------------------------------------------
             |               Robust
           y |      Coef.   Std. Err.      t    P>|t|     [95% Conf. Interval]
-------------+----------------------------------------------------------------
     1.treat |   .9061956   .0779205    11.63   0.000     .7533357    1.059056
      1.time |   .8028324    .094601     8.49   0.000     .6172496    .9884151
             |
  treat#time |
        1 1  |   3.208963   .1156672    27.74   0.000     2.982054    3.435872
             |
       _cons |   1.120597   .0632067    17.73   0.000     .9966017    1.244592
------------------------------------------------------------------------------
```

위의 회귀분석에 따르면 정책수혜 그룹에 대한 정책효과는 3.21이고 통계적으로 유의한 것으로 추정된다. 위 회귀분석을 통한 추정결과는 앞에서 계산한 이중차분 추정치와 동일하다.

이번에는 위약 처리그룹에 대한 이중차분 추정치를 계산해보자. 역시 앞의 단순 추정결과와 마찬가지로 DID 추정치는 −0.14 정도이다. 그리고 처리효과는 통계적으로 유의하지도 않았다. 즉, 위약 처리그룹의 경우 정책효과는 없는 것으로 보인다.

```
. reg y treat##time if lambda == 0, robust

Linear regression                               Number of obs     =        660
                                                F(3, 656)         =     246.28
                                                Prob > F          =     0.0000
                                                R-squared         =     0.5371
                                                Root MSE          =     .98434

------------------------------------------------------------------------------
             |               Robust
           y |      Coef.   Std. Err.      t    P>|t|     [95% Conf. Interval]
-------------+----------------------------------------------------------------
     1.treat |   1.689279   .1212972    13.93   0.000     1.451101    1.927456
      1.time |   1.591627   .1476805    10.78   0.000     1.301644    1.881611
             |
  treat#time |
        1 1  |  -.1427032   .1724714    -0.83   0.408    -.4813658    .1959595
             |
       _cons |   1.891743    .103613    18.26   0.000      1.68829    2.095196
------------------------------------------------------------------------------
```

삼중차분추정치는 아래와 같이 구할 수 있다.

```
. reg y treat##time##lambda, robust

Linear regression                               Number of obs     =      2,000
                                                F(7, 1992)        =     927.43
                                                Prob > F          =     0.0000
                                                R-squared         =     0.7667
                                                Root MSE          =     .99237
```

y	Coef.	Robust Std. Err.	t	P>|t|	[95% Conf.	Interval]
1.treat	1.689279	.1211716	13.94	0.000	1.451642	1.926915
1.time	1.591627	.1475276	10.79	0.000	1.302303	1.880952
treat#time						
1 1	-.1427032	.1722929	-0.83	0.408	-.4805964	.1951901
1.lambda	-.7711459	.1212955	-6.36	0.000	-1.009025	-.5332666
treat#lambda						
1 1	-.7830829	.1440845	-5.43	0.000	-1.065655	-.5005107
time#lambda						
1 1	-.788795	.1752794	-4.50	0.000	-1.132545	-.4450448
treat#time#lambda						
1 1 1	3.351666	.2075509	16.15	0.000	2.944627	3.758706
_cons	1.891743	.1035057	18.28	0.000	1.688752	2.094734

회귀분석 결과에 따르면 DDD 추정치는 3.35로서 다시 단순 삼분추정 추정치와 일치한다.

앞의 세 추정치를 비교해보면 DDD 회귀식의 계수들이 어떤 의미를 갖는지 알 수 있다. 실제 정책 그룹의 경우 먼저 DDD 회귀식의 첫 번째 3개의 항은 위약 그룹의 DID 추정결과와 정확히 일치한다. 이는 lambda = 0 인 경우의 계수들이기 때문이다. treat#lambda는 정책 시행 이전의 정책 그룹과 통제군간의 차이의 차이를 보여주고 있다. time#lambda는 policy 그룹과 placebo 그룹의 공통 추세의 차이를 보여주고 있다.

```
policy vs. placebo vs. DDD
```

Variable	policy	placebo	ddd
treat			
1	0.906	1.689	1.689
	0.078	0.121	0.121
time			
1	0.803	1.592	1.592
	0.095	0.148	0.148
treat#time			
1 1	3.209	-0.143	-0.143
	0.116	0.172	0.172
lambda			
1			-0.771
			0.121
treat#lambda			
1 1			-0.783
			0.144
time#lambda			
1 1			-0.789
			0.175
treat#time#lambda			
1 1 1			3.352
			0.208
_cons	1.121	1.892	1.892
	0.063	0.104	0.104

legend: b/se

6

CHAPTER

정책효과가 이질적인 경우의 추정

STATA

가 개 요

정책평가의 핵심은 정책의 인과적 효과를 추정하는 것이다. 최근에는 임의실험을 통해서 정책을 평가하는 방법이 인기이다. 실제로 정책효과를 확인하기 위한 다양한 필드실험이 진행되고 있기는 하다. 하지만 모든 정책에서 임의실험을 할 수 있는 것이 아니다. 비용 문제, 윤리 문제, 기간 문제 등 다양한 이유로 임의실험이 불가능한 경우가 많다.

따라서 임의실험이 불가능한 경우에 어떤 방법을 이용해서 평가를 할 수 있는지에 대해서 생각해볼 필요가 있다. 여기에서는 이러한 방법 중 하나인 성향점수매칭추정법(PSME, propensity score matching estimation)에 대해서 소개하고자 한다. 특별히 정책효과가 모든 대상에게 동일한 것이 아니라 대상에 따라 상이한 경우의 정책효과를 추정할 때 PSME가 자주 사용된다. 더 나아가서 정책 수혜 여부에 선택편의 문제가 있다고 생각될 때에도 자주 사용된다.

그림 6-1 영화 도플갱어

출처: http://www.imdb.com/title/tt0106753/

먼저 분명한 것은 정책 수혜자의 경우 정책의 혜택을 받았다는 사실이다. 그렇기 때문에 정책을 받은 사람들의 평균 성과는 자료에서 비교적 쉽게 추정할 수 있다. 문제는 정책 수혜자가 정책을 받지 않았을 경우의 성과변수는 자료에 의해 말할 수 없다는 것이다. 현실에서 일어난 일이 아니기 때문이다.

PSME는 이 질문에 대한 답을 정책 비수혜자에게서 찾는다. PSME의 핵심은 도플갱어를 찾는 과정이다([그림 6-1] 참조). 정책 수혜자와 최소한 겉보기에 유사한 사람을 정책 비수혜 그룹에서 찾아서 비교하는 것이다. 마치 도플갱어를 찾는 것과 유사하다. 이렇게 찾은 비수혜자를 정책 수혜자와 매칭하는 것이다. 매칭을 할 때 고려해야 할 특성이 다양해서 매칭이 어려운 상황에서 PSME는 매칭을 비교적 쉽게 할 수 있도록 해주는 추정방법이다.

Biometrika (1983), **70**, 1, *pp*. 41–55
Printed in Great Britain

41

The central role of the propensity score in observational studies for causal effects

BY PAUL R. ROSENBAUM

Departments of Statistics and Human Oncology, University of Wisconsin, Madison, Wisconsin, U.S.A.

AND DONALD B. RUBIN

University of Chicago, Chicago, Illinois, U.S.A.

SUMMARY

The propensity score is the conditional probability of assignment to a particular treatment given a vector of observed covariates. Both large and small sample theory show that adjustment for the scalar propensity score is sufficient to remove bias due to all observed covariates. Applications include: (i) matched sampling on the univariate propensity score, which is a generalization of discriminant matching, (ii) multivariate adjustment by subclassification on the propensity score where the same subclasses are used to estimate treatment effects for all outcome variables and in all subpopulations, and (iii) visual representation of multivariate covariance adjustment by a two-dimensional plot.

Some key words: Covariance adjustment; Direct adjustment; Discriminant matching; Matched sampling; Nonrandomized study; Standardization; Stratification; Subclassification.

그림 6-2 Rosenbaum과 Rubin의 1983년 Biometrika 논문

Rosenbaum & Rubin(1983)의 연구에서 시작된 방법론으로 PSME는 다양한 정책평가에서 사용되고 있다. 예컨대 직업훈련(JTPA)이 훈련자의 소득에 어떤 영향을 주는지에 대한 연구에서 사용되었다(Heckman, Ichimura, & Todd, 1997; Lechner, 1999; Dehejia & Wahba, 2002; Smith & Todd, 2005). Jalan & Ravallion (2003)은 빈곤에 대처하기 위한 프로그램 중 노동복지(workfare) 프로그램의 효과성에 대해서 평가하였다. Galiani, Gertler, & Schargrodsky(2005)는 물 공급이 아동의 사망에 미치는 효과에 대해서 분석하였다.

Trujilo, Portillo, & Vernon(2005)는 건강보험이 의료보장 프로그램 참여에 미치는 효과에 대해서 평가하였다. Lavy(2002)의 경우 교사에 대한 성과보상 체계가 학생들의 학업성취도에 미치는 효과를 추정하였다. Persson, Tabellini, & Trebbi(2003)은 선거개혁이 부패에 미치는 효과를 PSME를 이용하여 추정하였다.

나 모 형

여기에서는 PSME 모형에 대해서 살펴보자. 지금까지 정책평가의 기본모형은 식(6-1)과 같다.

$$Y_i = \delta \times \alpha T_i + \varepsilon_i \tag{6-1}$$

여기에서 T_i는 정책수혜 여부를 나타내는 이항변수이다. 식(6-1)은 성과변수 Y_i가 정책수혜 여부에 따라 α만큼 달라진다는 것을 의미하고 있다. 따라서 우리가 알고 싶어하는 정책효과는 α이다.

논의의 편의를 위해 다음과 같이 기호들을 정의하자.

- Y_{1i}: i가 정책을 받았을 때의 성과($T_i=1$)
- Y_{0i}: i가 정책을 받지 않았을 때의 성과($T_i=0$)

Y_{1i}는 i가 정책을 받았을 때($T_i=1$)의 성과를 의미한다. 한편, $Y_{0i}=1$는 동일한 사람 i가 정책을 받지 않았을 때($T_i=0$)의 성과를 의미한다.

i에 대한 정책효과는 위에서 정의한 잠재적 성과 Y_{1i}과 Y_{0i}의 차로 정의하는 것은 아주 자연스러운 일이다. 그러면 i에 대한 정책효과는 식(6-2)와 같이 정의할 수 있다.

$$\pi_i = Y_{1i} - Y_{0i} \tag{6-2}$$

식(6-2)의 정책효과 π_i는 i에 따라 달라질 수 있는 가능성을 열어 놓았다. 만약 정책효과에 이질성이 없는 식(6-3)과 같은 경우를 생각해보자.

$$Y_{0i} = \epsilon_i$$
$$Y_{1i} = Y_{0i} + \alpha \qquad (6\text{-}3)$$

정책을 받지 않았을 경우와 비교했을 때, 정책을 받으면 성과변수는 α만큼만 변하게 된다. 그리고 이 변화의 정도는 i에 따라 변하지 않는다. 식(6-3)의 경우라면, 정책효과는 식(6-4)와 같이 α로 모두에게 동일하다.

$$\pi_i = \alpha \qquad (6\text{-}4)$$

하지만 위와 같은 동일 정책효과를 가정하는 것은 비현실적으로 보인다. 좀 더 현실적인 가정은 i마다 정책의 효과가 다를 수 있음을 허용하는 것이다. 그리고 정책 평가자는 정책효과의 분포를 추정하는 것이다. 물론, 우리의 관심이 정책효과의 분포를 완전히 파악하는데 있는 것은 아니다. 평가자의 관심은 보통 분포의 특정 모수를 파악하는데 있다. 예컨대 정책의 평균 효과에 관심이 있을 수 있다.

정책평가에 있어 우리가 관심을 가지고 있는 모수에 대해서 좀 더 자세히 정의해보자. 아래와 같이 정책평가에서 유용한 모수들을 정의하자.

- 평균처리효과(ATE): $E[\pi_i]$
- 정책 수혜자에 대한 평균처리효과(TT): $E[\pi_i \mid T_i = 1]$
- 정책 비수혜자에 대한 평균처리효과(TUT): $E[\pi_i \mid T_i = 0]$

보통 정책 평가자가 관심을 가지고 있는 모수는 평균처리효과(ATE: Average Treatment Effect)와 정책 수혜자에 대한 평균처리효과(TT: Treatment on the Treated)이다. ATE는 임의의 사람에게 정책을 시행했을 때 평균적으로 기대할 수 있는 효과이다. 예컨대, 교육에 대한 평균수익률 같은 경우 일반 학생에게 교육을 받을 기회를 추가로 주었을 때, 정부가 기대할 수 있는 평균 편익이다. TT는 정책을 수혜한 그룹만을 대상으로 한정했을 경우의 평균처리효과이다. 예컨대, 빈곤 가정의 문화생활을 위해 제공하는 문화바우처 정책의 효과성에 대해서 평가하는 경우를 생각해보자. 우리의 관심은 문화바우처를 받은 가구의 문화소비가 얼마나 증가했는지에 있다. 정책평가 측면에서 보면 문화바우처가 부유층까지 포함된 일반 국민에 얼마나 영향을 줄 지에 대해서는 큰 관심이 없다. 이럴 때는 ATE보다는 TT가 좀 더 적절한 모수라고 볼 수 있다. TUT(Treatment on the Untreated)는 정책을 받지 않은 그룹이 정책을 받았을 때의 평균효과를 지칭한다.

자료로부터 우리가 식별할 수 있는 모수들은 다음과 같다.

$$\begin{aligned} &E[Y_{1i}|T_i = 1] \\ &E[Y_{0i}|T_i = 0] \\ &\Pr[T_i = 1] \end{aligned} \tag{6-5}$$

첫 번째 모수 $E[Y_{1i}|T_i = 1]$는 정책 수혜 그룹의 평균성과이다. 두 번째 모수 $E[Y_{0i}|T_i = 0]$는 정책 비수혜 그룹의 평균성과이다. 마지막 모수 $\Pr[T_i = 1]$는 정책을 받을 확률 혹은 전체 중 정책을 받은 그룹의 비중이다.

우리가 ATE 혹은 TT를 추정하기 위해서는 위의 식(6-5)에 제시된 모수들 외에도 다음의 2개의 모수가 추가적으로 필요하다. 예컨대 TT를 추정한다고 해보자. 그러면 TT는 식(6-6)과 같이 전개할 수 있다.

$$\mathrm{TT} = E[\pi_i|T_i = 1] = E[Y_{1i} - Y_{0i}|T_i = 1] = E[Y_{1i}|T_i = 1] - E[Y_{0i} \mid T_i = 1] \tag{6-6}$$

식(6-6)에서 $E[Y_{1i}|T_i = 1]$는 자료에서 구할 수 있지만 $E[Y_{0i}|T_i = 0]$는 자료로부터 바로 추정할 수 없다. $E[Y_{0i} \mid T_i = 1]$는 정책을 받은 그룹이 정책을 받지 않지 않았을 경우의 평균성과이다. 정책평가를 위해 TT를 구하고 싶다면, $E[Y_{0i} \mid T_i = 1]$를 알아내야만 한다.

이번에는 ATE의 경우를 생각해보자. ATE를 식(6-7)과 같이 전개해보자.

$$\begin{aligned} &\mathrm{ATE{=}E}[\pi_i] \\ &= \{E[Y_{1i} - Y_{0i}|T_i = 1]\}\Pr[T_i = 1] + \{E[Y_{1i} - Y_{0i}|T_i = 0]\}(1 - \Pr[T_i = 1]) \\ &= \{E[Y_{1i}|T_i = 1] - E[Y_{0i}|T_i = 1]\}\Pr[T_i = 1] \\ &+ \{E[Y_{1i}|T_i = 0] - E[Y_{0i} \mid T_i = 0]\}(1 - \Pr[T_i = 1]) \end{aligned} \tag{6-7}$$

식(6-7)의 첫 번째 등호는 ATE의 정의이다. 두 번째 등호는 조건부 기댓값의 성질을 이용한 것이다. 세 번째 등호는 차의 기댓값은 각 기댓값의 차라는 성질을 이용한 것이다.

식(6-7)의 ATE를 추정하기 위해서는 TT와 유사하게 $E[Y_{0i} \mid T_i = 1]$와 $E[Y_{1i}|T_i = 0]$가 필

요하다. $E[Y_{1i}|T_i=0]$는 정책을 받지 않은 그룹이 정책을 받았을 경우의 평균 성과지표를 나타낸다. TT 혹은 ATE를 추정하기 위해서는 $E[Y_{0i}|T_i=1]$와 $E[Y_{1i}|T_i=0]$ 를 추가적으로 추정할 필요가 있다. 즉, 반사실적 상황이 필요하다.

위의 두 모수 $E[Y_{0i}|T_i=1]$와 $E[Y_{1i}|T_i=0]$ 를 추정하기 위해서는 추가 가정이 필요하다. 왜냐하면 자료를 통해서는 직접 $E[Y_{0i}|T_i=1]$와 $E[Y_{1i}|T_i=0]$를 추정할 수는 없기 때문이다. 정책을 받은 사람이 정책이 없었을 때의 성과가 어떨지에 대한 자료는 존재하지 않는다. 동시에 정책을 경험하지 않는 그룹이 정책을 받았을 경우의 성과지표 역시 관측되지 않는다. 따라서 추가적인 가정 없이는 TT 혹은 ATE를 추정할 수 없다.

정책평가 문헌에서는 보통 두 개의 가정을 한다. 첫 번째 가정은 이른바 관측되는 변수에 의한 선택(selection on observables)이다.

가정 1(selection on observables)

X_i의 서포트(support)에 속하는 모든 x와 t∈{0, 1}에 대해서 다음이 성립한다.

$$E[Y_{1i}|X_i=x,T_i=t]=E[Y_{1i}|X_i=x]$$
$$E[Y_{0i}|X_i=x,T_i=t]=E[Y_{0i}|X_i=x]$$

위 가정에 따르면 정책선별 과정과 관련된 X_i를 통제하고 나면 정책 수혜 여부는 실험에서 진행한 임의배정과 유사해진다는 것이다. 가정1보다 좀 더 강한 가정은 조건부 독립(conditional independence)이다. 여기에서는 필요에 따라서 가정1 혹은 조건부 독립을 사용하도록 하겠다. 문헌에 따라서는 가정1을 비교락성(unconfoundedness)이라고 부르기도 한다.

정책효과를 추정하기 위해서는 또 하나의 가정이 필요하다. 아래의 가정2를 공통 서포트의 가정(common support)이라고 부르기도 한다.

가정 2 (common support)

X_i의 서포트(support)에 속하는 모든 x에 대해서 다음이 성립한다.

$$0<\Pr[T_i=1|X_i=x]<1$$

가정2는 X가 x로 값이 특정되었을 때, 반드시 일부 사람은 정책을 받고 일부는 정책을 받지 않아야 한다는 가정이다. 만약 가정2가 성립하지 않고 $\Pr[T_i = 1 | X_i = x] = 1$ 이라면 $X=x$ 모든 사람들은 정책을 받게 된다는 얘기이다. 그렇게 되면 분석대상에 정책을 받은 사람들만 포함되어 있기 때문에 적절한 대조군을 구성하는 것이 애초에 불가능해진다. 반대인 경우도 마찬가지이다. $\Pr[T_i = 1 | X_i = x] = 0$ 이면, $X=x$인 사람들은 모두 정책을 받지 않은 것이기 때문에 처리군을 구성하는 것이 불가능해진다. 따라서 처리군과 대조군을 적절하게 구성하기 위해서는 가정2가 반드시 성립해야 한다.

위의 두 모수 $E[Y_{0i} | T_i = 1]$와 $E[Y_{1i} | T_i = 0]$를 추정하기 위해서는 추가 가정이 필요하다. 왜냐하면 자료를 통해서는 직접 $E[Y_{0i} | T_i = 1]$와 $E[Y_{1i} | T_i = 0]$를 추정할 수는 없기 때문이다. 정책을 받은 사람이 정책이 없었을 때의 성과가 어떨지에 대한 자료는 존재하지 않는다.

위의 두 가정이 만족되면 TT와 ATE를 식별할 수 있다. TT의 경우를 생각해보자. 앞에서 설명했듯이 자료로부터 $\mathrm{E}[Y_{1i} | T_i = 1]$은 쉽게 추정할 수 있다. TT를 추정하기 위해서는 $E[Y_{0i} | T_i = 1]$만 추가적으로 식별할 수 있으면 된다.

가정1과 가정2로부터 식(6-8)을 구할 수 있다.

$$\mathrm{E}[Y_{0i} | T_i = 1] = \sum_j E[Y_{0i} | X_i = x_j] \Pr[X_i = x_j | T_i = 1] \tag{6-8}$$

앞의 가정 하에서 $E[Y_{0i} | X_i = x_j]$과 $\Pr[X_i = x_j | T_i = 1]$은 추정할 수 있다. $E[Y_{0i} | X_i = x_j]$은 특정 $X = x$라는 특성을 가진 사람들 중 정책을 받지 않은 사람들의 평균 성과이다. $\Pr[X_i = x_j | T_i = 1]$ 역시 정책수혜자의 특성 분포이기 때문에 식별이 가능하다. 따라서 $E[Y_{0i} | T_i = 1]$, 정책 수혜자가 정책을 받지 않았을 경우의 평균 성과 역시 식별 가능하다.

다 추정방법

A. 회귀분석

정책효과가 이질적일 때 평균정책효과를 추정할 수 있는 방법은 다양하다. 가장 쉬운 방법은 OLS 모형을 추정하는 것이다.

$$Y_i = \alpha T_i + X_i'\beta + u_i \qquad (6\text{-}9)$$

식(6-9)를 OLS 추정을 하면 정책효과를 얻을 수 있다. 그런데, 식(6-9)의 추정 방법을 이용하면 정책효과가 모든 사람에게 동일한 α라는 가정을 하고 있는 것이다. 즉, 정책효과가 이질적이라는 점을 반영할 수 없게 된다.

정책효과의 이질성을 반영하기 위해서는 아래와 같은 스위칭 회귀모형(switching regression)을 설정할 수 있다.

$$\begin{aligned} Y_{0i} &= X_i'\beta_0 + u_{0i} \\ Y_{1i} &= X_i'\beta_1 + u_{1i} \end{aligned} \qquad (6\text{-}10)$$

식(6-10)의 경우 정책수혜 그룹과 정책 비수혜 그룹을 각각 회귀분석을 한 이후에 추정된 계수를 이용하여 정책효과를 추정할 수 있다. 예컨대, 평균처리효과인 TT는 아래와 같이 구할 수 있다.

$$\widehat{TT} = \frac{1}{N_T}\sum_{i=1}^{N_T} X_i'\left(\hat{\beta}_1 - \hat{\beta}_0\right) \qquad (6\text{-}11)$$

여기에서 N_T은 정책수혜를 받은 개체의 수이다. ATE 역시 비슷한 방법으로 추정할 수 있다.

B. 매칭(matching)

앞에서 소개한 회귀분석을 이용한 정책효과의 추정이 쉽기는 하다. 하지만, 현실의 정책평가에서는 매칭이 선호된다. 특별히 정책을 받은 그룹의 X의 분포와 비조건부 X의 분포가 상당히 다른 경우에는 회귀모형을 이용한 정책효과가 부정확할 수가 있기 때문이다. 예컨대, Heckman외(1997)의 경우에도 직업훈련프로그램법(JTPA, Job Training Program Act)의 경우에 직업훈련을 받는 사람들은 저소득층 노동자들이 대부분이기 때문에 전체의 소득분포와 직업훈련을 받는 노동자의 소득분포가 매우 다를 수 있음을 지적한 바 있다.

매칭은 통상적으로 다음과 같이 진행된다. 먼저, 정책 수혜 그룹 중에서 한 명 i를 고른다. 그리고 선택된 사람의 특성을 살펴본다. 이를 X_i라고 해보자.

정책을 받지 않은 사람 중에서 특성이 정확히 일치하는 사람의 번호를 $I_0(i)$라고 해보자. 그러면 다음과 같은 관계가 성립한다.

$$X_{I_0(i)} = X_i,\ T_{I_0(i)} = 0 \tag{6-12}$$

위와 같이 통제군에서 처리군과 유사한 사람이 매칭이 된 후에는 식(6-13)과 같이 정책효과를 추정할 수 있다.

$$\widehat{TT} = \frac{1}{N_T}\sum_{i=1}^{N_T}\left\{Y_i - Y_{I_0(i)}\right\} \tag{6-13}$$

식(6-13)은 정책수혜자에 대한 정책효과를 추정한 것이다. 정책을 수혜한 i 마다 매칭되는 비수혜군에 속한 $I_0(i)$를 찾아서 성과변수의 차이를 계산하고, 이러한 차이의 평균을 계산한 것이다.

실제 매칭에서는 X가 1차원이 아니기 때문에 거리 함수를 사용하기도 한다. 물론, 거리를 사용하기 위해서는 두 벡터 사이의 거리를 측정할 수 있는 거리함수(metric)가 적절히 잘 정의되어 있어야 한다.[12]

그럼에도 불구하고 X 자체를 이용해서 매칭을 하는 방법은 자주 사용되지는 않는다. X가 연속확률변수의 경우 X가 정확히 일치하는 대상을 찾아내는 것이 쉽지 않기 때문이다. 매칭 해야할 X의 차원이 늘어나면 정책 수혜군에는 대상이 있어도 정책 비수혜 그룹에는 X에 해당하는 사람을 찾기 어려워진다. 이러한 종류의 어려움을 X의 차원이 증가할수록

12 Mahalanobis' distance를 사용하기도 한다.

더 빠른 속도로 커지게 된다. 이를 차원의 저주(curse of dimensionality)라고 한다.

차원의 저주를 극복하기 위해 나온 방법이 성향점수 매칭추정법이다. X를 이용해서 바로 매칭하는 것이 아니라, 일종의 점수를 산출하고 산출된 점수에 기반하여 매칭하는 것이다. X가 고차원이라서 매칭이 어려웠다면 성향점수는 1차원이기 때문에, 성향점수에 기반한 매칭이 훨씬 X에 기반한 매칭보다는 수월하다.

성향점수는 특성 X=x를 가진 사람이 우리가 관심을 가지고 있는 정책을 받을 확률로 식(6-14)과 같이 정의하자. 성향점수는 확률이기 때문에 0과 1사이의 숫자이고, 우리는 이 숫자를 일종의 점수로 해석하는 것이다.

$$\mathrm{P}(\mathrm{x}) = \Pr(T_i = 1 \mid X_i = x) \tag{6-14}$$

앞의 두 가정1과 가정2 하에서 다음의 정리가 성립한다.

정리 1

X_i의 서포트(support)에 속하는 모든 x에 대해서 다음이 성립한다.

$$\mathrm{E}\left[Y_{0i} \mid P(X_i) = \rho,\ T_i = 1\right] = E\left[Y_{0i} \mid P(X_i) = \rho,\ T_i = 0\right]$$

위 정리 1에 따르면, X가 아니라 P(X)를 이용하여 매칭하여도 조건부 독립성의 조건이 성립하게 된다.

성향점수 P(X)가 편하기는 하지만 성향점수가 0과 1사이의 연속변수이기 때문에 성향점수에 기초하여 정확한 매칭을 하는 데에는 역시 한계가 있다. 따라서 매칭에 대한 룰을 정하는 것이 중요하다.

보통 제일 쉬운 방법은 가장 근방(nearest neighbor)에 있는 있는 관측치를 비교대상으로 사용하는 것이다. 아니면, 일정 거리(caliper)를 사전에 정해 놓고 그 거리 안에 들어오는 것들을 사용하는 방법이 있다. 정해진 거리에서 벗어난 것들은 비교군에서 제외하는 방법이다.

두 번째 방법은 모든 관측치를 사용하되, 성향점수의 거리에 따라서 가중치를 조정하여 추정하는 것이다. 이 경우 가중치는 보통 커널함수(kernel function)를 이용한다.

세 번째 방법은 실제에서는 거의 사용되지는 않지만 $E\left[Y_{0j} \mid T_j = 0,\ P(X_j) = P(X_i)\right]$를 직접 추정하는 것이다.

네 번째 방법은 가중치를 적용하는 것이다. 가중치를 이용하면 매칭 알고리즘 없이 바로 PSME 추정치를 얻을 수 있어 최근에 많이 사용되고 있다.

라 실 습

기존에 STATA에서 PSME 추정을 위해서 자주 사용된 명령어는 psmatch2이었다. 하지만 STATA 버전 13 이후로는 공식 명령어인 teffects가 도입되었다. 특별히 teffects psmatch는 성향점수매칭추정을 할 수 있는 명령어이다. 기존의 psmatch2 와 비교를 해보면 teffects psmatch 의 경우 표준오차를 좀 더 정확하게 추정할 수 있다는 장점이 있다. 따라서 psmatch 보다는 teffects를 사용하여야 한다.

예 1

다음의 자료를 불러 들이자.[13] 자료의 이름은 psme1.dta이다.

```
. use psme1, clear
```

이 데이터는 PSME를 추정하기 위해서 가상으로 구축된 자료이다. 본 자료는 성과변수 Y, 정책수혜 여부를 나타내는 T, 그리고 개체의 특성을 나타내는 x와 z로 구성되어 있다.

tabstat을 이용하여 정책변수 T 에 따라서 Y, x, z가 어떤 값을 갖는지 살펴보자. T=1인 경우와 T=0 인 경우를 비교한 결과를 살펴보자. T=0인 경우 Y=-0.42 인데 비해, T=1 인 경우 1.89로 T=1 인 경우 성과지표가 컸다. x와 z의 경우도 T 값에 따라서 차이가 나는 것으로 보인다.

13 https://www.ssc.wisc.edu/sscc/pubs/stata_psmatch.htm의 자료를 이용하였다.

```
. tabstat Y x z, by(T) format(%9.2f) stats(mean sd)

Summary statistics: mean, sd
  by categories of: T

       T |         Y         x         z
---------+------------------------------
       0 |     -0.42     -0.24     -0.24
         |      1.64      0.96      1.00
---------+------------------------------
       1 |      1.89      0.43      0.41
         |      1.60      0.93      0.96
---------+------------------------------
   Total |      0.35     -0.01     -0.02
         |      1.96      1.00      1.03
----------------------------------------
```

위 표에 표준편차가 보고되어 있기는 하지만 정책수혜 여부에 따라서 Y가 통계적으로 유의한 차이가 발생하고 있는지는 다음과 같은 회귀분석으로 쉽게 구할 수 있다. 회귀분석 결과에 따르면 정책수혜 여부에 따라서 특성 x와 z를 통제한 이후에도 0.98 정도 차이가 있었다. 표준오차는 0.77, t-값은 12.73으로 정책효과가 없다는 귀무가설을 비교적 쉽게 기각할 수 있다.

```
. reg Y T x z

      Source |       SS           df       MS      Number of obs   =     1,000
-------------+----------------------------------   F(3, 996)       =    881.22
       Model |  2780.33314         3  926.777714   Prob > F        =    0.0000
    Residual |  1047.49123       996  1.05169803   R-squared       =    0.7263
-------------+----------------------------------   Adj R-squared   =    0.7255
       Total |  3827.82438       999  3.83165603   Root MSE        =    1.0255

------------------------------------------------------------------------------
           Y |      Coef.   Std. Err.      t    P>|t|     [95% Conf. Interval]
-------------+----------------------------------------------------------------
           T |   .9791484   .0769067    12.73   0.000     .8282306    1.130066
           x |   1.031167   .0346941    29.72   0.000     .9630853    1.099249
           z |   .9927759   .0333297    29.79   0.000     .9273715     1.05818
       _cons |   .0591595   .0416008     1.42   0.155    -.0224758    .1407948
------------------------------------------------------------------------------
```

위와 유사한 모형을 PSME를 이용하여 다음과 같이 추정할 수 있다. 특별히 atet 옵션을 이용하여 정책수혜 받은 사람에 대한 정책효과 TT로 한정하였다. 성향점수를 로짓 모형을 이용하여 추정하고, 이를 가장 근방에 있는 사람 1명과 매칭하여 추정한 정책효과는 0.96이다.

```
. teffects psmatch (Y) (T x z), atet

Treatment-effects estimation                    Number of obs      =      1,000
Estimator      : propensity-score matching      Matches: requested =          1
Outcome model  : matching                                      min =          1
Treatment model: logit                                         max =          1
------------------------------------------------------------------------------
             |              AI Robust
           Y |      Coef.   Std. Err.      z    P>|z|     [95% Conf. Interval]
-------------+----------------------------------------------------------------
ATET         |
           T |
   (1 vs 0)  |   .9603507   .1204748     7.97   0.000     .7242245    1.196477
------------------------------------------------------------------------------
```

만약 한 명이 아니라 여러 명을 매칭한 경우 옵션에 nn()을 넣어주면 된다. 예컨대, 성향점수가 가장 가까운 3명을 매칭하였다면 아래와 같이 추정할 수 있다. 위의 결과와 비교해보았을 때 정책효과는 조금 더 크게 추정된 대신, 표준오차는 좀 더 작게 추정되었다.

```
. teffects psmatch (Y) (T x z), atet nn(3)

Treatment-effects estimation                   Number of obs      =      1,000
Estimator      : propensity-score matching     Matches: requested =          3
Outcome model  : matching                                     min =          3
Treatment model: logit                                        max =          3
------------------------------------------------------------------------------
             |              AI Robust
           Y |      Coef.   Std. Err.      z    P>|z|     [95% Conf. Interval]
-------------+----------------------------------------------------------------
ATET         |
           T |
   (1 vs 0)  |   1.009557   .0934625    10.80   0.000     .8263737     1.19274
------------------------------------------------------------------------------
```

teffects psmatch 에서는 서비스 옵션으로 어떤 개체와 매칭이 이루어지고 있는지 알 수 있도록 변수를 생성해준다. teffects psmatch의 옵션으로 gen()을 지정해주면 된다.

```
. teffects psmatch (Y) (T x z), atet gen(match)
```

list를 통해서 각 개체가 어떤 개체와 매칭이 됐는지 확인할 수 있다. 성향점수가 가장 유사한 1개의 관측치만을 사용하여 PSME를 추정하였기 때문에 변수 match1이 생성이 되었다. 만약 2개를 매칭을 했다면, match1과 match2가 생성되었을 것이다. 매칭 결과에 따르면, 개체 1은 개체 467번과, 개체 2는 개체 803번과 매칭이 되었음을 알 수 있다.

```
. list
```

	Y	T	x	z	match1
1.	-1.79457	0	.0152526	-1.793022	467
2.	1.594633	0	.8601693	1.144834	803
3.	-.2441396	0	-.8620335	.2251871	955
4.	-2.560424	0	-.4811186	-.7019165	796
5.	.4330918	0	-.727713	.6763875	525
6.	-2.280146	0	-1.623965	-.2894627	637
7.	2.463253	1	.9996876	1.034974	130
8.	-1.168876	0	-.41653	-.281988	955
9.	1.150966	0	-.1396274	1.138293	421
10.	1.751626	1	-.4012066	.8136736	605
11.	-.510976	0	-.9862043	-.468822	530
12.	-.4277288	0	.2965072	-1.108158	550
13.	1.16996	1	.1523825	-.148841	63
14.	-1.008657	0	-.4369579	-.2407248	219
15.	.4892252	0	-1.177778	.5514385	550
16.	-2.858443	0	-1.040441	-.9508457	900
17.	2.066902	1	.5440231	-.1420433	158
18.	-.1093884	0	-.0655056	-.814339	244
19.	.1256453	0	-.5775738	.5121735	663
20.	-3.815203	0	-.258055	-.6046306	244
21.	3.142656	1	.6192877	.5794756	797
22.	2.614109	0	.1149108	.3460686	17
23.	.0840198	0	-.4279235	.5640159	317
24.	-.7326046	0	.4504768	-1.114443	507

매칭하고 난 다음에 만들어지는 흥미로운 또 다른 변수는 성향점수이다. teffects overlap을 이용해 정책수혜 여부에 따라 성향점수가 어떻게 분포하고 있는지 살펴보자.

```
. teffects overlap, ///
>         ptlevel(1) n(1000) ///
>         line1opts(recast(area) color(red%30) lwidth(none))  ///
>         line2opts(recast(area) color(green%30)  lwidth(none)) ///
>         legend(ring(0) pos(1) col(1))
```

아래 성향점수의 분포는 정책수혜 대상과 비수혜 대상의 성향점수의 분포가 매우 다른 것을 확인할 수 있다. 정책을 받은 사람들(T=1)의 성향점수는 대체로 0.5 근처에 많이 모여있고 대체로 좌우 대칭으로 보인다. 반면 정책을 받지 않은 사람들(T=0)의 성향점수는 0 근처에 분포해 있다.

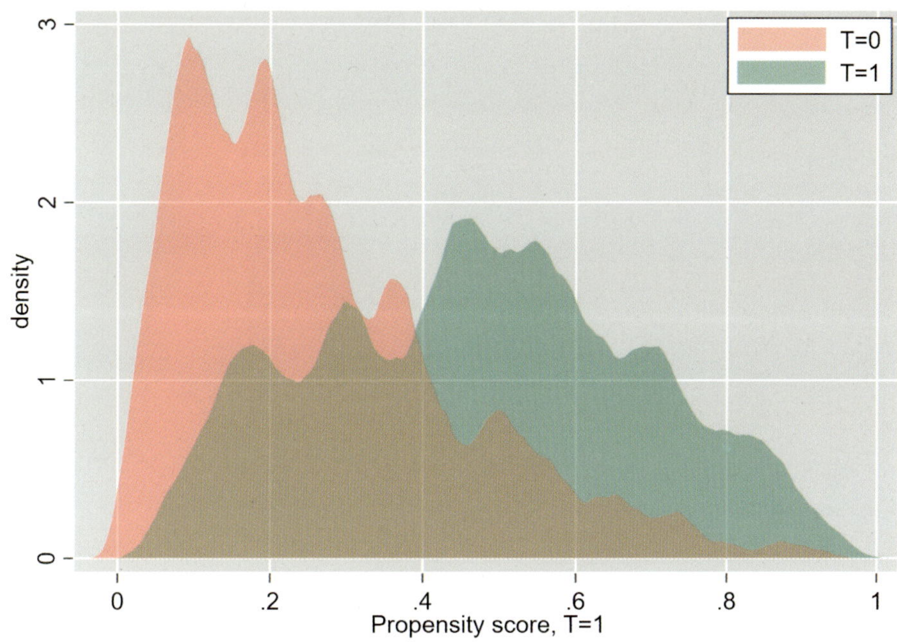

그림 6-3 정책수혜 여부별 성향점수의 커널밀도추정

아주 극단적인 경우라면 정책 수혜자들은 성향점수 1 근방에, 정책 비수혜자들은 성향점수 0 근방에 모여 있을 것이다. 그런 경우라면 평가자는 공통서포트의 가정이 만족되고 있는지를 좀 더 세심히 살펴볼 필요가 있다. 특정 X=x를 가진 사람들이 모두 정책을 받았거나 모두 정책을 받지 못한 경우일 수 있기 때문이다. 이런 경우 정책의 효과는 알고 싶지만 알 수 없는 대상이 된다.

두 그룹 사이의 성향점수차이가 났던 것이 매칭 이후에는 분포가 어떻게 달라졌는지

tebalance box를 이용하면 살펴볼 수 있다.

```
. tebalance box
```

아래 그림에 따르면 매칭 전에 처리군인 정책 수혜 그룹의 성향점수의 분포와 통제군인 정책 비수혜 그룹의 성향점수의 분포 간에 차이가 있는 것을 보인다(왼쪽). 매칭 이후에는 처리군의 성향점수의 분포와 통제군의 성향점수의 분포가 상당히 비슷해졌음을 확인할 수 있다(오른쪽).

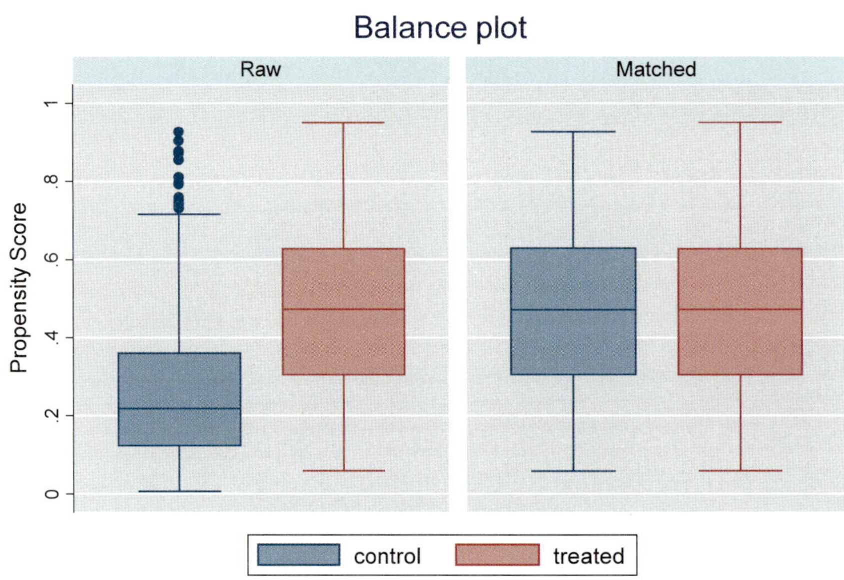

그림 6-4 매칭 전후의 성향점수의 분포(Box plot)

성향점수 외에 다른 두 개의 변수 x와 z의 분포도 매칭 이후에 매우 유사해졌음을 알 수 있다. 즉, 매칭 전에는 처리군에 속한 사람들과 통제군에 속한 사람들이 관측된 변수의 측면에서는 차이가 있었던 반면, 매칭 이후에는 이러한 차이가 상당히 해소되었음을 확인할 수 있다.

```
. tebalance density x

. tebalance density z
```

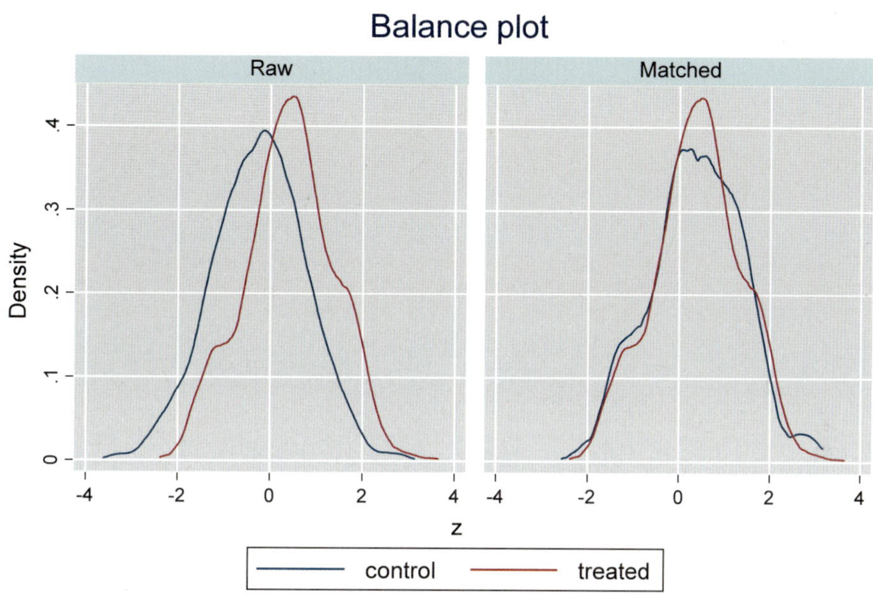

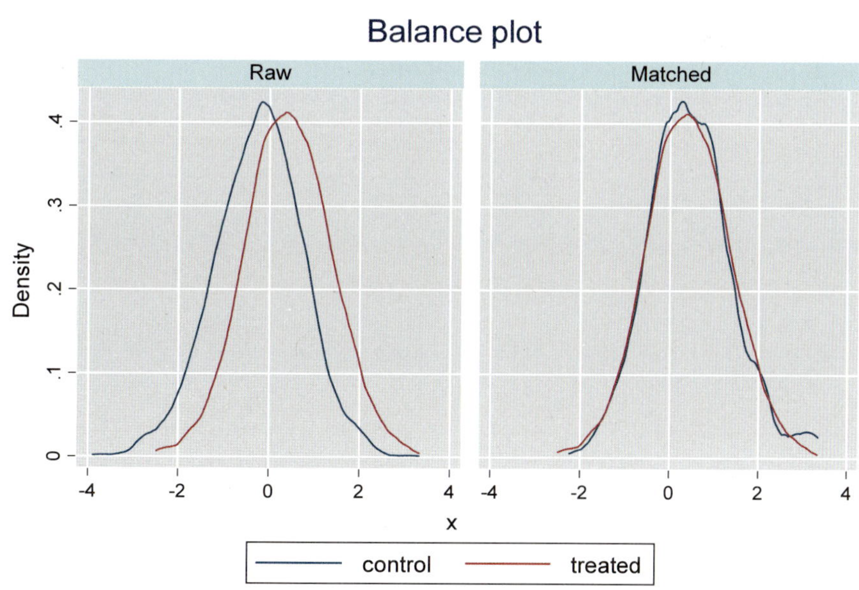

그림 6-5 매칭 전후의 특성 변수의 분포

예 2[14]

이번에는 Cattaneo(2010)의 분류에서 사용되었고, STATA의 예제 파일에도 들어가 있는 자료를 이용하여 설명해보자. 여기에서 정책 변수는 임신 중 산모의 흡연 여부이고 성과 지표는 태아의 몸무게이다. 즉, 임신 중 산모가 흡연을 했을 경우 태아의 건강에 어떤 영향을 미치는지 살펴보자.

```
. use http://www.stata-press.com/data/r15/cattaneo2.dta, clear
(Excerpt from Cattaneo (2010) Journal of Econometrics 155: 138-154)
```

산모의 임신 중 흡연여부(mbsmoke)에 따라서 태아의 평균 몸무게가 어떤 영향을 받는지 아래와 같이 확인해볼 수 있다. 아래 표에 따르면, 엄마가 흡연한 경우 3137.7 그램, 엄마가 흡연하지 않은 경우 태아의 몸무게는 3412.9 그램이다. 엄마가 흡연한 경우가 태아의 몸무게가 약 275.3그램 정도 낮다.

```
. tab mbsmoke , summarize(bweight )
```

1 if mother smoked	Summary of infant birthweight (grams) Mean	Std. Dev.	Freq.
nonsmoker	3412.9116	570.68711	3,778
smoker	3137.6597	560.89305	864
Total	3361.6799	578.81962	4,642

이러한 차이가 통계적으로 얼마나 유의한지는 간단한 t-검정을 통해서 확인해볼 수 있다. ttest를 이용해 수행한 검정 결과에 따르면 t-값은 12.8로 두 경우 몸무게가 동일하다는 귀무가설은 쉽게 기각됨을 알 수 있다.

14 http://blog.stata.com/2015/07/07/introduction-to-treatment-effects-in-stata-part-1에서 사용된 예를 이용하였다.

```
. ttest bweight , by(mbsmoke )

Two-sample t test with equal variances
```

Group	Obs	Mean	Std. Err.	Std. Dev.	[95% Conf.	Interval]
nonsmoke	3,778	3412.912	9.284683	570.6871	3394.708	3431.115
smoker	864	3137.66	19.08197	560.8931	3100.207	3175.112
combined	4,642	3361.68	8.495534	578.8196	3345.025	3378.335
diff		275.2519	21.4528		233.1942	317.3096

```
    diff = mean(nonsmoke) - mean(smoker)                          t =  12.8306
Ho: diff = 0                                     degrees of freedom =     4640

    Ha: diff < 0                 Ha: diff != 0                 Ha: diff > 0
 Pr(T < t) = 1.0000         Pr(|T| > |t|) = 0.0000          Pr(T > t) = 0.0000
```

아래와 같이 산포도를 이용해서 산모의 연령과 태아의 몸무게와의 관계를 산모의 흡연 여부별로 그려볼 수 있다.

```
. tw  ///
>         (scatter bweight mage if mbsmoke == 0, mcolor(blue%10)) ///
>         (scatter bweight mage if mbsmoke == 1, mcolor(red%30)), ///
>         legend(order(1 "non-smoker" 2 "smoker"))
```

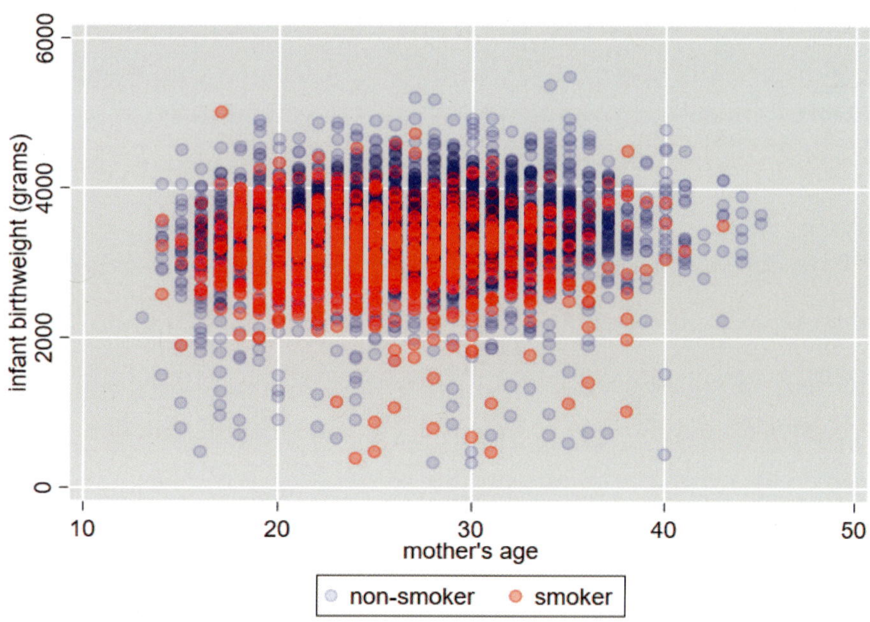

그림 6-6 산모의 연령과 태아의 몸무게와의 관계

문제는 어떤 산모가 임신 중 흡연을 했겠냐는 것이다. 만약 좀 더 건강한 산모가 흡연을 하는 경우라면, 흡연이 태아에게 상당히 나쁨에도 불구하고 건강한 산모는 영향을 덜 받기 때문에 악영향이 과소추정 되었을 가능성이 있다. 이른바 선택편의(selection bias)가 존재할 수 있다.

먼저 OLS을 이용하여 흡연이 태아의 건강에 어떤 영향을 미치는지 추정해보자. 태아의 몸무게에 영향을 줄 수 있는 통제변수들을 포함하고 나면, 산모의 흡연이 태아에 미치는 효과에 대한 OLS 추정치가 아래에 제시되어 있다. 추정결과에 따르면, 산모가 흡연을 하는 경우 태아의 몸무게가 그렇지 않은 경우보다 217.5그램 정도 작았다. 그 차이는 통계적으로 매우 유의하였다.

```
. reg bweight mbsmoke  mmarried mage fage medu prenatal1

      Source |       SS           df       MS      Number of obs   =     4,642
-------------+----------------------------------   F(6, 4635)      =     45.97
       Model |  87323259.4         6  14553876.6   Prob > F        =    0.0000
    Residual |  1.4676e+09     4,635  316625.885   R-squared       =    0.0562
-------------+----------------------------------   Adj R-squared   =    0.0549
       Total |  1.5549e+09     4,641  335032.156   Root MSE        =     562.7

------------------------------------------------------------------------------
     bweight |      Coef.   Std. Err.      t    P>|t|     [95% Conf. Interval]
-------------+----------------------------------------------------------------
     mbsmoke |  -217.4837   22.04908    -9.86   0.000    -260.7104   -174.2571
    mmarried |   151.8161   21.95516     6.91   0.000     108.7735    194.8586
        mage |   2.078444   1.917485     1.08   0.278    -1.680739    5.837628
        fage |   -.209314   1.115846    -0.19   0.851    -2.396903    1.978275
        medu |   5.018118   3.743567     1.34   0.180    -2.321055    12.35729
   prenatal1 |   46.00335   22.36723     2.06   0.040     2.152928    89.85377
       _cons |   3146.009   51.68509    60.87   0.000     3044.682    3247.337
------------------------------------------------------------------------------
```

앞에서 설명했듯이 이러한 OLS 추정치는 선택편의가 있을 수 있다. 선택편의를 최소화하기 위해서 PSME를 이용해 흡연의 위험성을 다시 추정해보자. 여기에서는 일반적인 산모가 흡연을 했을 경우의 위험성을 살펴보기 위해서 ATE를 추정해보자. 위의 OLS 모형과 비교를 위해서 흡연 결정에 영향을 준 변수로는 OLS 모형에 포함된 통제 변수를 고려하였다.

추정결과에 따르면, 흡연 산모의 태아가 비흡연 산모의 태아보다 229.4 그램 작은 것으로 보인다. 흡연의 악영향은 12 그램 정도 더 큰 것으로 보인다. 앞에서 설명했듯이 산모의 흡연 결정 과정을 고려했을 때 흡연의 악영향은 좀 더 큰 것으로 보인다. 즉, 선택편의를 고려하지 않은 OLS 추정치의 경우 과소추정할 수 있다는 것이다.

```
. teffects psmatch (bweight) (mbsmoke  mmarried mage fage medu prenatal1 )

Treatment-effects estimation                    Number of obs      =      4,642
Estimator      : propensity-score matching      Matches: requested =          1
Outcome model  : matching                                      min =          1
Treatment model: logit                                         max =         16

------------------------------------------------------------------------------
             |              AI Robust
     bweight |      Coef.   Std. Err.      z    P>|z|     [95% Conf. Interval]
-------------+----------------------------------------------------------------
ATE          |
     mbsmoke |
    (smoker  |
         vs  |
 nonsmoker)  |  -229.4492   25.88746    -8.86   0.000    -280.1877   -178.7107
------------------------------------------------------------------------------
```

성향점수의 분포를 살펴보자. 흡연 산모의 성향점수의 분포와 비흡연 산모의 성향점수의 분포의 차이가 있긴 하지만 그 정도가 아주 크지는 않은 것으로 보인다.

```
. teffects overlap, ///
>         ptlevel(1) ///
>         line1opts(lpattern(dash) lcolor(blue))  ///
>         line2opts(lpattern(solid) lcolor(red)) ///
>         legend(ring(0) pos(1) col(1)) ///
>         scheme(rstyle)
```

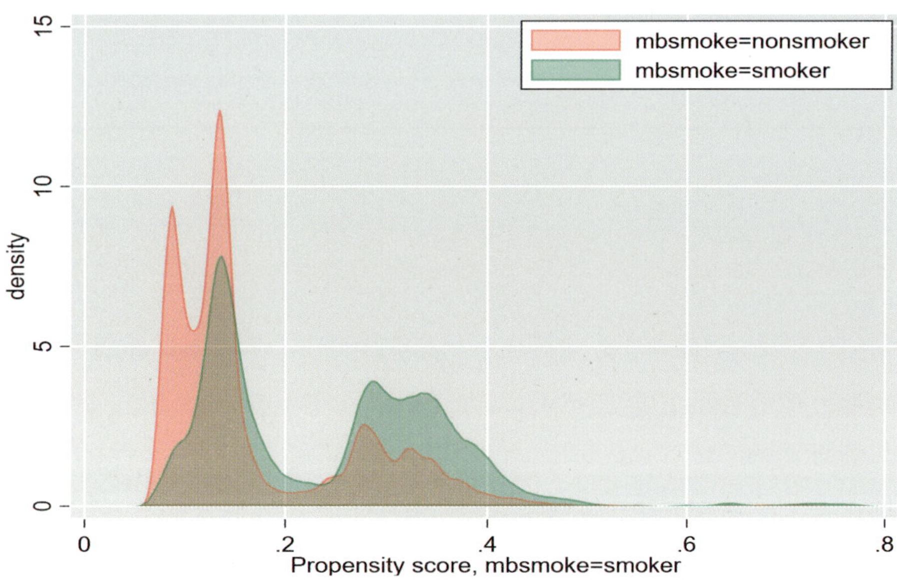

그림 6-7 산모 흡연 여부별 성향점수의 분포

최근에는 psmatch 옵션 대신에 가중치(inverse probability weight)를 이용한 추정법이 자주 사용되고 있다. 정책에 참여할 가능성이 높은 사람들은 과대 대표되었을 가능성이 높기 때문에 작은 가중치를, 정책에 참여할 가능성이 낮은 사람들은 높은 가중치를 주는 방식이다. 다시 말해 정책에 참여할 가능성의 역수로 가중치를 삼는 것이다.

STATA에서는 teffects ipw를 이용해서 아래와 같이 추정하면 된다. 추정결과에 따르면 흡연 산모의 태아가 비흡연 산모의 태아보다 약 233.2 그램 정도 작게 태어나는 것으로 보인다.

```
. teffects ipw (bweight) (mbsmoke  mmarried mage fage medu prenatal1 )

Iteration 0:   EE criterion =  3.520e-23
Iteration 1:   EE criterion =  2.093e-27

Treatment-effects estimation                   Number of obs     =      4,642
Estimator      : inverse-probability weights
Outcome model  : weighted mean
Treatment model: logit
```

bweight	Coef.	Robust Std. Err.	z	P>|z|	[95% Conf.	Interval]
ATE						
mbsmoke (smoker vs nonsmoker)	-233.1591	23.7325	-9.82	0.000	-279.6739	-186.6442
POmean						
mbsmoke nonsmoker	3400.643	9.63497	352.95	0.000	3381.759	3419.527

예 3

이번에는 직업훈련의 효과성에 대해서 살펴보자. 이를 위해 lalonde.dta를 불러들이자. lalonde.dta는 직업훈련 일종인 NSW(national supported work) 프로그램 참여자에 대한 자료를 담고 있다.

정책변수로서는 프로그램에 참여했는지 여부를, 성과변수로는 소득이 직업선택 전후로 얼마나 향상되었는지를 이용해보자. 성과변수는 아래와 같이 정의하였다.

```
. gen ln_re78 = ln(re78)
(331 missing values generated)

. gen ln_re75 = ln(re75)
(360 missing values generated)

. gen diff = ln_re78 - ln_re75
(493 missing values generated)
```

여기에서 re78은 78년도의 소득, re75는 75년도의 소득을 지칭한다. NSW 프로그램은 그 사이에 진행되었다. 따라서 변수 diff 는 프로그램 전후로 소득이 얼마나 변했는지를 보여주고 있다. 다만, 수준변수 자체가 아니라 로그-변환된 변수이기 때문에 퍼센티지 변화로 해석해야 한다.

분석의 편이를 위해 다음과 같이 통제변수를 매크로 변수로 지정하자.

```
. global control "age age2 education educ2 married black hisp"
```

먼저 단순회귀분석 결과는 다음과 같다. 성과변수가 로그-차분한 변수이기 때문에 d의 추정계수는 퍼센티지 변화로 해석할 수 있다. 한 가지 첨언할 것은 위 회귀모형이 성과변수의 로그-차분을 정책수혜 더미 변수에 회귀분석을 한 것이기 때문에 계수는 이중차분 추정치이다. 즉, TT라고 볼 수 있다.

OLS 추정치에 따르면 직업훈련에 참여한 노동자들의 임금이 56.9%p 높았다. t-값은 2.99로 통상적인 유의수준에서 임금상승이 없다는 귀무가설을 기각할 수 있다.

```
. reg diff d $control , r

Linear regression                               Number of obs     =      2,182
                                                F(8, 2173)        =      11.08
                                                Prob > F          =     0.0000
                                                R-squared         =     0.0600
                                                Root MSE          =      .6227

------------------------------------------------------------------------------
             |               Robust
        diff |      Coef.   Std. Err.      t    P>|t|     [95% Conf. Interval]
-------------+----------------------------------------------------------------
           d |   .5691098    .190645     2.99   0.003     .1952443    .9429754
         age |  -.0219887   .0116713    -1.88   0.060    -.0448767    .0008993
        age2 |    .000166   .0001567     1.06   0.289    -.0001412    .0004733
   education |   .0125716    .023288     0.54   0.589    -.0330975    .0582407
       educ2 |  -.0003018   .0009436    -0.32   0.749    -.0021523    .0015486
     married |  -.0043308   .0512519    -0.08   0.933    -.1048386     .096177
       black |  -.0324143   .0345185    -0.94   0.348    -.1001071    .0352784
    hispanic |   .1567601    .115783     1.35   0.176     -.070297    .3838171
       _cons |   .5847531   .2550723     2.29   0.022     .0845419    1.084964
------------------------------------------------------------------------------
```

하지만 이러한 결과는 특정 성향의 노동자들이 선택해서 직업훈련을 받았을 가능성을 고려하지 않은 것이다. 즉, 직업훈련을 받은 노동자와 받지 않은 노동자가 체계적으로 다를 수 있다는 가능성을 고려할 필요가 있다.

tabstat을 이용하여 직업훈련 참여 여부에 따라서 연령, 교육수준, 결혼여부, 흑인 여부, 남미계 여부를 비교하였다. 아래 비교 결과는 그러한 체계적 차이점을 보여주고 있다. 직업훈련 참여자가 상대적으로 좀 더 어리고, 교육기간이 짧고, 미혼자가 더 많았으며, 흑인 혹은 남미계일 가능성이 높았다.

```
. tabstat age education married black hispanic , by(d) format(%9.2f)

Summary statistics: mean
  by categories of: d

       d |       age  educat~n   married     black  hispanic
---------+--------------------------------------------------
       0 |     34.85     12.12      0.87      0.25      0.03
       1 |     25.82     10.35      0.19      0.84      0.06
---------+--------------------------------------------------
   Total |     34.23     11.99      0.82      0.29      0.03
------------------------------------------------------------
```

성향점수를 이용해서 PSME 추정을 한 결과는 아래에 제시되어 있다. 정책효과의 비교를 위해 위 회귀분석과 동일한 통제변수를 사용하였다.

```
. teffects psmatch (diff) (d $control ), atet

Treatment-effects estimation                   Number of obs      =      2,182
Estimator      : propensity-score matching     Matches: requested =          1
Outcome model  : matching                                     min =          1
Treatment model: logit                                        max =         14
------------------------------------------------------------------------------
             |              AI Robust
        diff |      Coef.   Std. Err.      z    P>|z|     [95% Conf. Interval]
-------------+----------------------------------------------------------------
ATET         |
           d |
   (1 vs 0)  |   .6397492   .2228973     2.87   0.004     .2028786    1.07662
------------------------------------------------------------------------------
```

위 매칭 추정결과에 따르면 직업훈련은 64%p 정도 임금을 상승시켜주는 효과가 있는 것으로 보인다. 이는 위의 OLS 추정결과 보다는 조금 더 큰 효과가 있는 것으로 추정되었다.

tebalance box를 이용해서 매칭 전후로 성향점수의 분포가 어떻게 변했는지를 살펴보자. 매칭 전에는 처리군과 통제군 사이의 성향점수의 분포가 매우 상이하였으나, 매칭 후에는 상당히 일치하는 경향을 발견할 수 있다.

```
. tebalance box
```

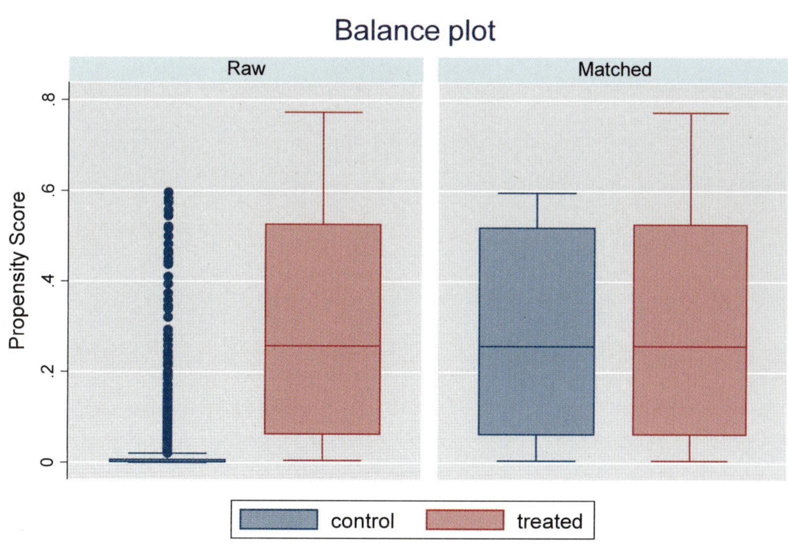

매칭 대신 가중치를 이용한 정책효과는 59%p로 매칭 추정치보다는 다소 작게, OLS 보다는 크게 추정되었다.

```
. teffects ipw (diff) (d $control  ), atet

Iteration 0:   EE criterion =  2.096e-19
Iteration 1:   EE criterion =  1.369e-32

Treatment-effects estimation                   Number of obs     =      2,182
Estimator      : inverse-probability weights
Outcome model  : weighted mean
Treatment model: logit
```

diff	Coef.	Robust Std. Err.	z	P>|z|	[95% Conf.	Interval]
ATET						
d						
(1 vs 0)	.5902131	.209854	2.81	0.005	.1789069	1.001519
POmean						
d						
0	.2215648	.0891956	2.48	0.013	.0467446	.396385

teffects 명령어는 크게 보면 3가지, 좁게 보면 6개의 추정 옵션이 가능하다. 여기에서는 주로 psmatch 옵션을 이용하였고 경우에 따라서는 ipw 옵션을 소개하였다. STATA의 teffects는 이 외에도 회귀-조정(regression adjustment) 옵션도 허용하고 있다. psmatch, ipw, ra가 주된 옵션이고 나머지 것들은 이것들의 조합이다.

각 옵션의 장단점에 대해서 다음과 같이 간단히 정리해 보자. 먼저 ra 같은 경우는 관측가능한 변수에 의한 선택(selection only on observables)의 가정이 필요하다. 하지만, 성과변수의 분포에 대해서는 특별한 형태를 가정할 필요는 없다. 이는 통제변수(control function)를 이용해서 추정하는 방법이다. 단점은 비관측 변수에 의한 선택이 있을 경우에는 일치성을 만족하는 정책효과를 추정할 수 없다. 다른 방법들과 비교해서는 함수형태에 모수적 가정을 해야 하기 때문에 제약적이다.

psmatch 역시 관측가능한 변수에 의한 선택(selection only on observables)의 가정이 필요하다. 하지만 ra와는 다르게 모수적 가정이 필요 없다. 물론, 성향점수 추정 과정에서 통상적으로 logit 혹은 probit 모형이 사용되기는 한다. 하지만 정책효과 추정에는 다른 모수적 가정이 필요하지는 않다. 단점은 관측되지 않은 변수에 의한 선택이 있을 경우

이를 고려할 수가 없다. 또한 서포트가 서로 겹치지 않거나, X가 서로 균형이 맞춰지지 않을 경우 정책효과를 추정할 수가 없다.

ipw는 위의 psmatch와 동일한 장점이 있다. 더 나아가서 일부러 특정 매칭 알고리즘을 고려할 필요가 없다. 단점은 재가중치를 적용하는 과정에서 성향점수 모형에 따라 추정된 정책효과가 민감하게 변할 수 있다.

마지막으로 성향점수매칭에서 사용된 가정 중 공통서포트의 가정에 주의를 기울일 필요가 있다. 매칭 추정을 위해서 깊은 생각 없이 가정을 하는 경우가 많다. 하지만 실제 사회정책의 경우 이 조건을 만족시키지 못하는 경우가 태반이다. 예컨대 국민기초생활보장제도의 경우 소득인정액을 기준으로 수급 여부가 결정된다. 소득인정액의 기준 초과액을 넘어서는 경우는 국민기초생활보장제도를 받는 가구가 없다. 이런 상황 하에서는 통제군을 구성할 수가 없다. 장학금 정책의 경우도 마찬가지이다. 장학금 기준에 일정 성적 이상의 기준이 있다면, 같은 이유로 장학금의 효과성을 평가하기 어렵게 된다. 이런 경우 다른 추정방법이 필요하게 된다. 예를 들면 회귀불연속설계(regression discontinuity design) 등이 필요하게 된다.

7

CHAPTER

단층과 정책효과 추정

STATA

가 개 요

일반적인 회귀모형을 생각해보자. [그림 7-1]의 (a)는 설명변수 X와 성과변수 Y와의 관계를 산포도로 그린 것이다. 산포도에 따르면 X가 증가할 때 Y도 증가하는 경향이 있는 것으로 보인다. 이러한 상관관계를 선형모형으로 추정한 것이 패널(b)의 붉은색 실선이다.

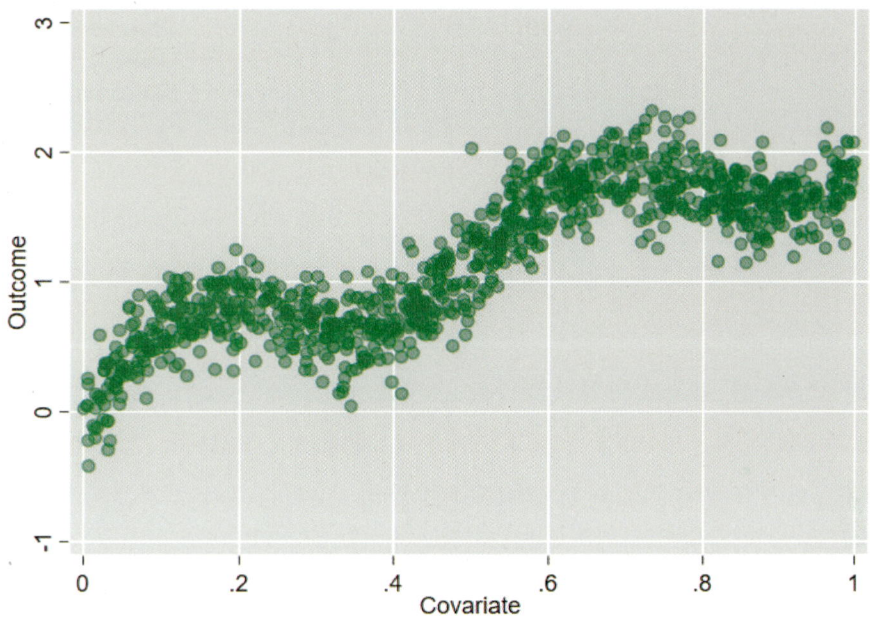

(a) 자료

그림 7-1 일반적인 회귀모형의 추정

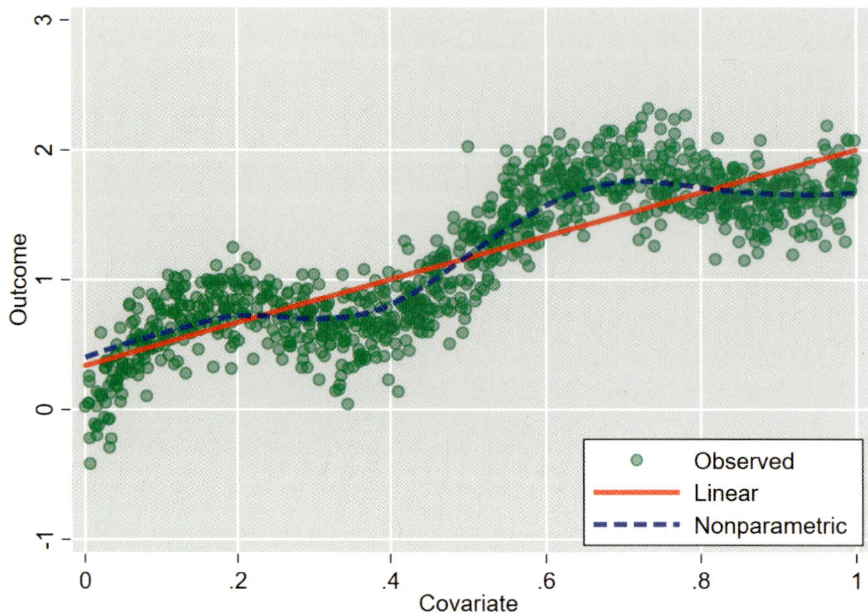

(b) 회귀모형

그림 7-1 일반적인 회귀모형의 추정 [계속]

하지만 산포도를 살펴보면 X와 Y와의 관계가 선형관계인 것은 아니다. X가 증가할 때 Y가 감소하는 부분도 일부 존재하는 비선형 관계이다. 요즘에는 함수형태를 특별히 가정하지 않고 X와 Y의 관계를 추정하는 비모수 회귀모형도 쉽게 추정할 수 있다. 이렇게 추정된 것이 패널(b)의 파란색 점선이다.

X와 Y가 위와 같은 관계를 가지고 있는 상황에서 정책이 시행되었다고 하자. 정책 시행 여부 T는 X와 독립적으로 결정되었다고 해보자. 즉, 정책 대상이 임의실험을 통해서 결정되었다고 해보자. 그러면 동일한 X에 대해서 일부는 정책을 받은 그룹이 있고 일부는 정책을 받지 않은 그룹이 존재한다. $0 < \Pr\left(T = 1 | X\right) < 1$ 이 만족된다. [그림 7-2]에 따르면 처리군과 통제군 사이에 X와 Y 사이의 관계는 유사해 보이고 절편 만큼만 차이가 난다.

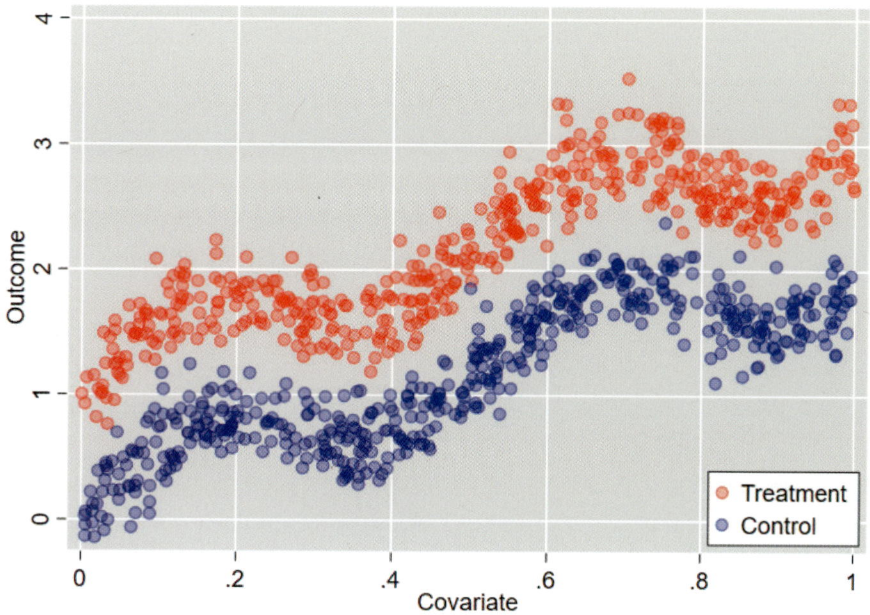

그림 7-2 **임의 정책시행과 회귀모형**

이럴 때 정책의 효과는 식(7-1)같은 회귀모형을 통해서 쉽게 추정할 수 있다.

$$y_i = a + bx_i + \delta T_i + e_i \quad (7\text{-}1)$$

위 모형에 따르면 성과지표 중 $a+bx_i$는 정책의 처리군에서나 통제군에서나 큰 차이가 없다. 차이가 나는 부분은 δ만큼이다. 이는 절편의 차이로 귀결된다. [그림 7-3]은 이러한 관계를 보여주고 있다. 붉은 실선은 처리군의 회귀선을, 파란 점선은 통제군의 회귀선을 나타낸다. 두 회귀선의 절편의 차이가 정책효과가 되는 것이다.

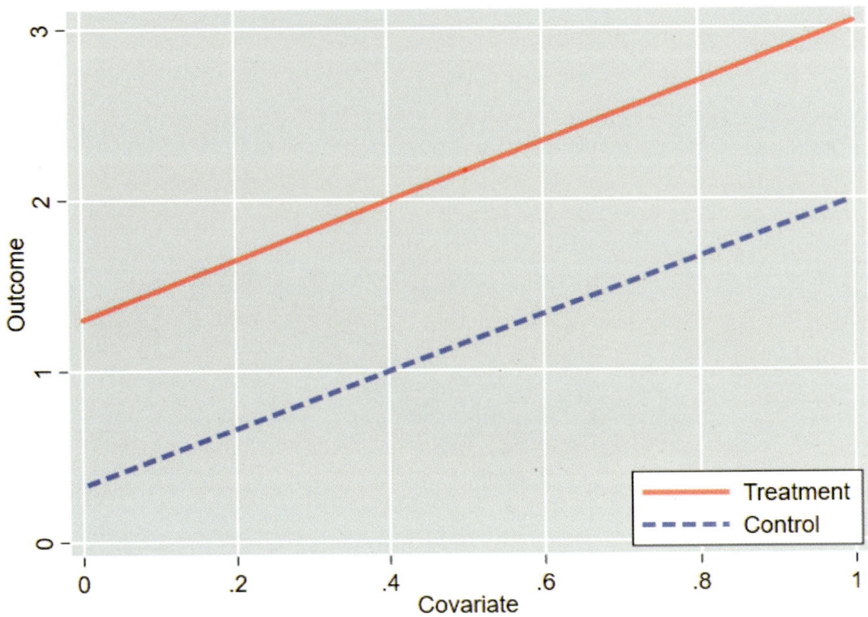

그림 7-3 회귀모형을 이용한 정책효과의 추정

아래 추정결과에 따르면, 정책효과를 나타내는 T_random 의 계수는 1.0이고, t-값은 51.5로 정책효과가 없다는 귀무가설을 기각할 수 있다.

```
. reg y_random x T_random

      Source |       SS           df       MS      Number of obs   =     1,001
-------------+----------------------------------   F(2, 998)       =   2617.22
       Model |   500.7397         2  250.36985   Prob > F        =    0.0000
    Residual | 95.4710268       998  .095662352   R-squared       =    0.8399
-------------+----------------------------------   Adj R-squared   =    0.8395
       Total | 596.210727     1,000  .596210727   Root MSE        =    .30929

------------------------------------------------------------------------------
    y_random |      Coef.   Std. Err.      t    P>|t|     [95% Conf. Interval]
-------------+----------------------------------------------------------------
           x |   1.705975   .0345208    49.42   0.000     1.638233    1.773716
    T_random |   1.007826    .019568    51.50   0.000     .9694268    1.046225
       _cons |   .3094543   .0219216    14.12   0.000     .2664365     .352472
------------------------------------------------------------------------------
```

하지만 정책 수혜 여부가 임의로 주어지는 경우가 아니라면 위의 예처럼 OLS를 이용한 정책평가는 가능하지 않다. 첫째, 선택에 의해서 정책수혜 여부가 결정되는 경우 선택편의가 있기 때문이다. 하지만 이런 경우에는 적절한 가정 하에서 PSME 등을 이용해서 정책효과를 추정할 수 있다. 두 번째 문제는 공통 서포트의 가정이 만족되지 않는 경우이다. 특정 X를 가진 사람 모두 정책을 받은 경우가 이에 해당한다. 그런 경우 통제군을 적절히 구성할 수 없기 때문에 매칭에 의한 추정이 불가능해진다.

실제 정책의 경우 공통 서포트의 가정을 만족시킬 수 없는 경우가 많다. 특별히 사회정책, 경제정책의 경우 특히나 그렇다. 예컨대, 국민기초생활보장제도와 관련된 많은 복지정책들이 소득인정액을 기준으로 정책 수혜 여부가 결정된다. 장학금은 특정 학점을 기준으로 결정된다. 저학력 학교와 관련된 정책들은 국가수준의 학업성취도평가를 기준으로 결정된다. 중소기업에 대한 정책도 매출액, 자본금, 업력 등에 대해 사전에 결정된 기준에 의해서 수혜여부가 결정된다.

예를 들어 식(7-2)와 같이 정책수혜 여부가 결정된다고 해보자.

$$\mathrm{T_i} = 1\{X_i \geq 0.5\} \tag{7-2}$$

즉, X가 0.5 이상이면 정책을 받게 되고, 0.5 미만이면 정책을 못 받게 된다.

이를 그림으로 표현한 것이 [그림 7-4]에 제시되어 있다. 먼저 패널(a)는 임의할당인 경우의 정책할당을 보여주고 있다. X와 무관하게 정책이 할당되었기 때문에 모든 X값에 대해서 정책을 받은 사람도 있고, 정책을 받지 않은 사람도 있다. 임의할당의 경우 공통 서포트의 가정은 만족된다고 볼 수 있다. 하지만 패널(b)와 같이 X의 특정 값을 기준으로 정책수혜 여부가 결정되면 문제가 발생한다. 예컨대 X=0.6 인 경우, 모두 정책수혜자가 되기 때문에 대해서 매칭할 수 있는 사람이 통제군에 존재하지 않는다.

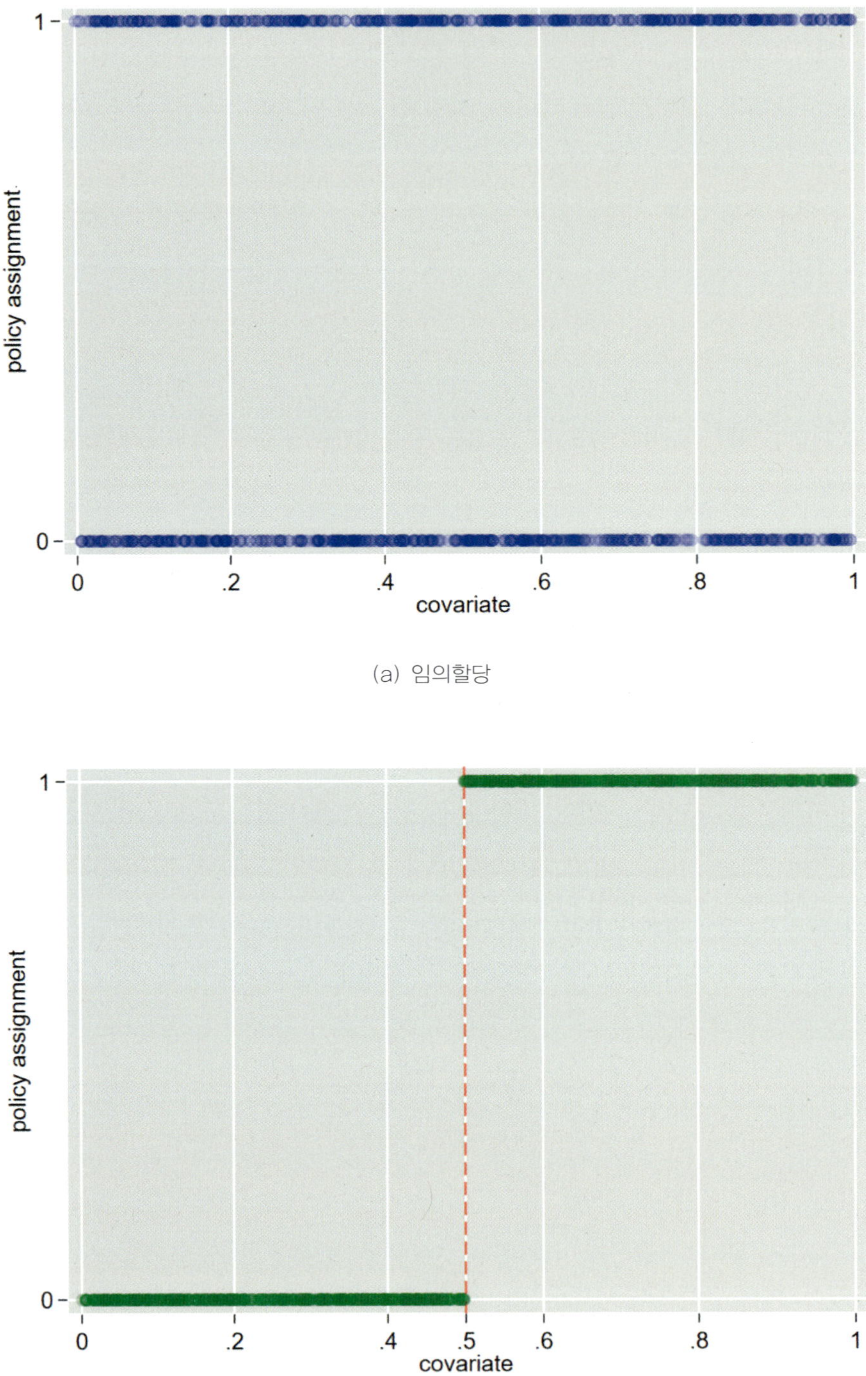

(a) 임의할당

(b) $\mathrm{T}=1\{X \geq 0.5\}$

그림 7-4 정책배정 규칙

만약 임의할당이 아니라 식(7-2)에 따라서 정책수혜 여부가 결정이 된다면 우리에게 관측된 산포도는 아래와 같을 것이다. 0.5를 기준으로 오른쪽에는 정책수혜 그룹의 산포도가, 왼쪽에는 통제 그룹의 산포도가 그려질 것이다. 이 그림은 마치 0.5에서 지진이 생겨 단층이 생긴 것처럼 보인다. 회귀선이 중간이 끊긴 불연속이 발생하였기 때문에 회귀불연속(regression discontinuity)이라고 부른다.

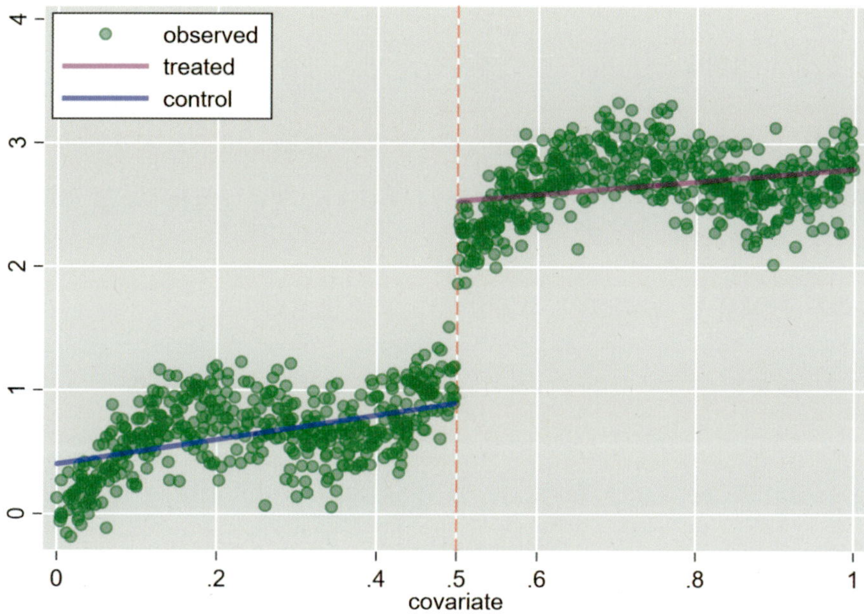

그림 7-5 **회귀불연속**

이런 상황 하에서 추가적인 가정이 없으면 정책효과를 추정하는 것은 근본적으로 불가능하다. 그럼에도 불구하고, X=0.5 근방에서 단층이 발생하고 있다는 점에 주목할 필요가 있다. 단층이 발생한 X=0.5 의 근방의 오른쪽은 정책의 처리군, 왼쪽은 정책의 통제군이라고 볼 수 있지 않냐는 것이다. 만약 이렇게 볼 수 있다면 불연속점 근방에서의 정책효과는 추정할 수 있게 된다. 이러한 식별전략을 회귀불연속설계(regression discontinuity design, RDD)이라고 한다.

다음 장에서는 좀 더 구체적인 회귀분석연속설계의 모형과 가정에 대해서 알아보도록 하자.

나 모 형

회귀불연속설계(RDD)는 정책 수혜 여부가 특성 변수 X에 의해서 주로 결정되는 경우에 사용된다. 이 때 변수 X를 강제변수(forcing variable)라고 부른다. 문헌에 따라서는 running variable이라고 부르기도 한다. 정책할당에 사용되는 경계점이 있고, 강제변수 X가 그 기준보다 높거나 혹은 그 기준보다 낮은 경우에 정책에 할당된다.

RDD를 이용해서 정책평가를 하는 문헌에서는 크게 두 종류의 RDD를 구분한다.

- Sharp RDD: 정책 수혜 여부 T와 x의 관계가 확정적인(deterministic) 경우이다. X의 값에 따라서 정책을 받을 확률이 경계점에서 0에서 1로 혹은 1에서 0으로 점프한다.
- Fuzzy RDD: 정책 수혜 여부 T와 x의 관계가 확률적인(stochastic) 경우이다. X의 값에 따라서 정책을 받을 확률이 경계점에서 조금 점프한다.

SRDD와 FRDD의 차이점은 아래 [그림 7-6]에 제시되어 있다. SRDD의 경우 경계점 τ를 경계로 해서 성향점수가 0에서 1로 점프를 한다. 즉, τ보다 큰 사람은 예외 없이 정책을 받는다는 얘기이다. 반대로 τ보다 작은 사람들 중에 정책을 받은 사람들은 없다.

반면, FRDD는 경계점 τ를 넘는다고 해서 반드시 모든 사람들이 정책을 받은 것은 아니다. 일부 정책에서 예외가 되는 경우가 있다. 동시에 경계점 τ보다 작다고 해도 모두 정책에서 제외되는 것이 아니라 일부는 정책을 수혜한 사람들이 있다. 다만, 이런 정도가 경계선 근방에서 일정 정도의 점프가 일어난다는 것이다.

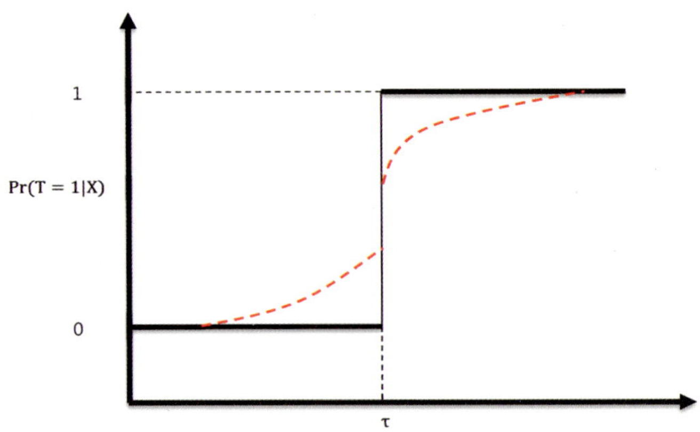

그림 7-6 Sharp RDD 와 Fuzzy RDD

RDD 의 중요한 아이디어는 적절한 가정을 하면 최소한 경계선 근방에서는 준자연실험의 상황이 된다는 것이다. 경계선 바로 오른쪽의 평균 성과와 바로 왼쪽의 평균 성과의 차이로서 경계선 근방의 정책효과를 식별할 수 있게 된다.

먼저 SRDD에 대해서 살펴보자.

정책할당 규칙이 아래 식(7-3)과 같다고 해보자.

$$T_i = 1\{X_i \geq \tau\} \tag{7-3}$$

논의의 편의를 위해서 아래와 같은 가정을 하자.

가정 1

두 잠재적 성과변수 $E[Y_1|X=x]$와 $E[Y_0|X=x]$는 X의 서포트에서 연속이다.

그리고 관측된 Y는 다음과 같이 잠재적 성과를 이용하여 표시하자.

$$Y = Y_0 + T(Y_1 - Y_0) \tag{7-4}$$

그러면 다음의 관계가 성립한다.

$$\begin{aligned} &E[Y_0|X=\tau] = \lim_{s\uparrow\tau} E[Y_0 \mid X=\tau] = \lim_{s\uparrow\tau} E[Y_0 \mid T=0,\ X=\tau] = \lim_{s\uparrow\tau} E[Y \mid X=\tau] \\ &E[Y_1|X=\tau] = \lim_{s\downarrow\tau} E[Y \mid X=\tau] \end{aligned} \tag{7-5}$$

우리가 관심을 가지고 있는 τ에서의 ATE는 다음과 같다.

$$\begin{aligned} \delta_{\text{SRD}} &= E[Y_1 - Y_0 \mid X=\tau] = E[Y_1 \mid X=\tau] - E[Y_0 \mid X=\tau] \\ &= \lim_{s\downarrow\tau} E[Y \mid X=\tau] - \lim_{s\uparrow\tau} E[Y \mid X=\tau] \end{aligned} \tag{7-6}$$

식(7-6)이 성립하면, δ_{SRD}는 비모수적으로도 비교적 쉽게 추정할 수 있다. 경계점 근처의 밴드폭이 h로 정해지면 정책효과는 아래와 같이 추정할 수 있다.

$$\hat{\delta}_{\text{SRD}} = \frac{\sum_{i\in\{R\}} K\left(\frac{X_i-\tau}{h}\right) Y_i}{\sum_{i\in\{R\}} K\left(\frac{X_i-\tau}{h}\right)} - \frac{\sum_{i\in\{L\}} K\left(\frac{X_i-\tau}{h}\right) Y_i}{\sum_{i\in\{L\}} K\left(\frac{X_i-\tau}{h}\right)} \tag{7-7}$$

여기에서 R은 경계점의 오른쪽, L은 경계점의 왼쪽을 지칭한다.

위 추정은 자연적이긴 하지만 다른 비모수 추정과 마찬가지로 경계 근방에서 편의가 발생한다. 특히, SRDD 에서는 경계점 주변이 중요하기 때문에 식(7-7)이 자주 사용되지는 않는다. 실제 추정에서는 커널 로컬 다항 회귀모형(kernel local polynomial regression)이 사용된다.

FRDD의 경우에는 정책에 참여할 가능성을 추가적으로 고려해주어야 하기 때문에 식(7-7)이 약간 조정되어야 한다.

$$\delta_{\text{FRD}} = \frac{\lim_{s \downarrow \tau} E[Y \mid X = \tau] - \lim_{s \uparrow \tau} E[Y \mid X = \tau]}{\lim_{s \downarrow \tau} E[T \mid X = \tau] - \lim_{s \uparrow \tau} E[T \mid X = \tau]} \tag{7-8}$$

실제 RDD 추정은 다음과 같은 단계로 진행된다.

먼저, 산포도나 회귀선 등을 이용해서 특정 경계선을 중심으로 절단이 발생하는지 보여준다. 둘째, 그림으로 보았을 때 회귀절단이 일어난 것이 분명하다면 이러한 회귀절단의 규모와 통계적 유의성을 검정한다. 셋째, 추정된 회귀절단이 실제로 존재하지 않지만 특정 가정 등에 의해서 생성된 것이 아닌지 확인한다.

다 실 습

RDD 모형 추정을 위해 잠재 성과에 대해 다음과 같은 모형을 생각해볼 수 있다.

$$\begin{aligned} E[Y_{0i}|X_i] &= \alpha + \beta X_i \\ Y_{1i} &= Y_{0i} + \rho \end{aligned} \tag{7-9}$$

위 모형은 정책효과가 ρ라는 가정이다.

관측되는 변수를 다음과 같이 정의할 수 있다.

$$Y_i = T_i Y_{1i} + \left(1 - T_i\right) Y_{01} = Y_{0i} + T_i \left(Y_{1i} - Y_{0i}\right)$$
$$Y_i = \alpha + \beta X_i + \rho T_i + \eta_i \qquad \textbf{(7-10)}$$

위의 방정식은 선형관계를 가정했을 경우이고, 비선형인 경우에는 일반적으로 다음과 같이 쓸 수 있다.

$$Y_i = f\left(X_i\right) + \rho T_i + \eta_i \qquad \textbf{(7-11)}$$

남은 문제는 임의의 함수 $f(X_i)$를 어떻게 근사(approximation)할 수 있냐는 것이다. 가장 간편한 근사는 다항식을 이용하여 $f(X_i)$를 근사하는 것이다. 즉, 식(7-12)와 같이 모형을 설정할 수 있다.

$$Y_i = \alpha + \rho T_i + \beta_1 x_i + \beta_2 x_i^2 + \cdots + \beta_p x_i^p + \eta_i \qquad \textbf{(7-12)}$$

위 모형은 다음과 같이 추정할 수 있다. 먼저 강제변수 X의 제곱, 세제곱, 네제곱 항을 만들자. 여기에서는 foreach 루프를 이용하였다.

```
. foreach i of num 1/4 {
  2.          gen x`i' = x^`i'
  3. }
```

이렇게 만들어진 다항식과 정책더미 T와 다항식을 이용하여 추정하였다.

```
. reg y T x1-x4

      Source |       SS           df       MS      Number of obs   =     1,000
-------------+----------------------------------   F(5, 994)       =   3383.17
       Model |  1016.11034         5  203.222067   Prob > F        =    0.0000
    Residual |  59.7081548       994  .060068566   R-squared       =    0.9445
-------------+----------------------------------   Adj R-squared   =    0.9442
       Total |  1075.81849       999  1.07689539   Root MSE        =    .24509

------------------------------------------------------------------------------
           y |      Coef.   Std. Err.      t    P>|t|     [95% Conf. Interval]
-------------+----------------------------------------------------------------
           T |   1.616242   .0398994    40.51   0.000     1.537945    1.694538
          x1 |   5.330361   .5934231     8.98   0.000     4.165855    6.494867
          x2 |  -17.54016   2.347084    -7.47   0.000    -22.14597   -12.93436
          x3 |   26.15215   3.385596     7.72   0.000     19.50841    32.79589
          x4 |  -13.18735   1.648627    -8.00   0.000    -16.42253   -9.952157
       _cons |   .1398714   .0422925     3.31   0.001     .0568785    .2228644
------------------------------------------------------------------------------
```

정책효과인 T의 계수는 1.62이고 t-값은 40.5로 통계적으로 유의하였다. 하지만 진짜 정책효과가 2인 점을 고려해보았을 때, RDD를 이용하여 추정한 정책효과는 실제와는 거리가 있어 보인다.

```
. predict y_hat1
(option xb assumed; fitted values)
```

4차항까지 포함하여 주어진 자료를 적합한 결과가 [그림 7-7]에 제시되어 있다. 결과가 나쁘지는 않아 보이지만 적합도가 좋다고 볼 수는 없다.

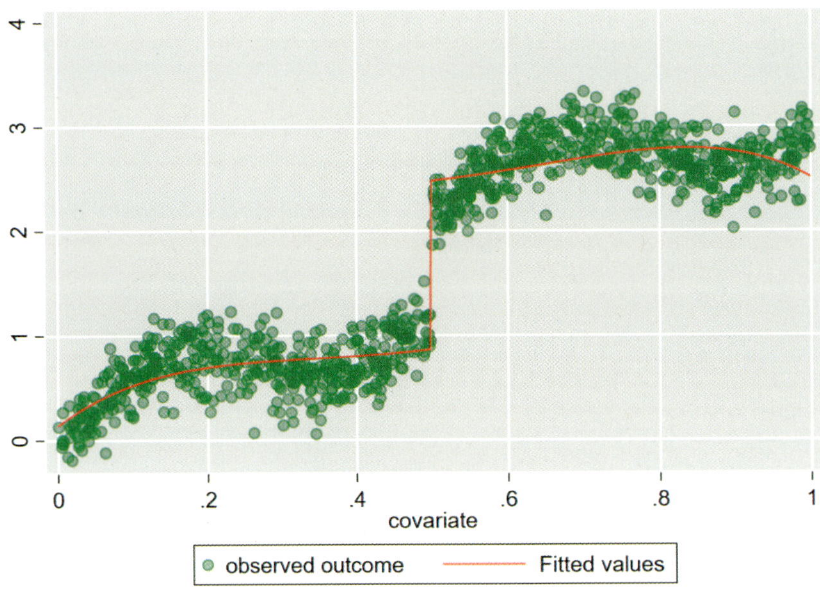

그림 7-7 회귀불연속 추정

RDD를 활용한 연구에서 보통 회귀모형을 추정할 때는 경계선을 중심으로 센터링을 하는 것이 보통이다. 즉 강제변수에서 경계점을 빼서 경계점이 0이 되도록 맞추는 것이다. 아래와 같이 센터링을 할 수 있다.

```
. gen forcing = x - 0.5
```

그리고 이렇게 생성된 강제변수를 이용하여 다시 다항식을 생성할 수 있다.

```
. foreach i of num 1/4 {
  2.         gen forcing`i' = forcing^`i'
  3. }
```

센터링된 강제변수를 이용하여 RDD 추정치를 추정한 결과가 아래에 제시되어 있다. 추정된 결과는 1.62로서 센터링 하기 전의 결과와 동일하였다.

```
. reg y T forcing1-forcing4

      Source |       SS           df       MS      Number of obs   =     1,000
-------------+----------------------------------   F(5, 994)       =   3383.17
       Model |  1016.11034         5  203.222068   Prob > F        =    0.0000
    Residual |  59.7081518       994  .060068563   R-squared       =    0.9445
-------------+----------------------------------   Adj R-squared   =    0.9442
       Total |  1075.81849       999  1.07689539   Root MSE        =    .24509

------------------------------------------------------------------------------
           y |      Coef.   Std. Err.      t    P>|t|     [95% Conf. Interval]
-------------+----------------------------------------------------------------
           T |   1.616242   .0398994    40.51   0.000     1.537945    1.694539
    forcing1 |   .8106369   .1340755     6.05   0.000     .5475333     1.07374
    forcing2 |   1.907044   .3615164     5.28   0.000     1.197622    2.616467
    forcing3 |  -.2225387   .5607257    -0.40   0.692    -1.322881    .8778034
    forcing4 |  -13.18735   1.648627    -8.00   0.000    -16.42254   -9.952161
       _cons |   .8648206   .0250655    34.50   0.000     .8156332     .914008
------------------------------------------------------------------------------
```

이렇게 추정된 회귀모형을 이용하여 예측한 값들의 결과는 [그림 7-8]과 같다. 위 [그림 7-7]과 비교해보았을 때, 센터링한 이후에 회귀모형의 적합도가 크게 개선되어 보이지 않는다.

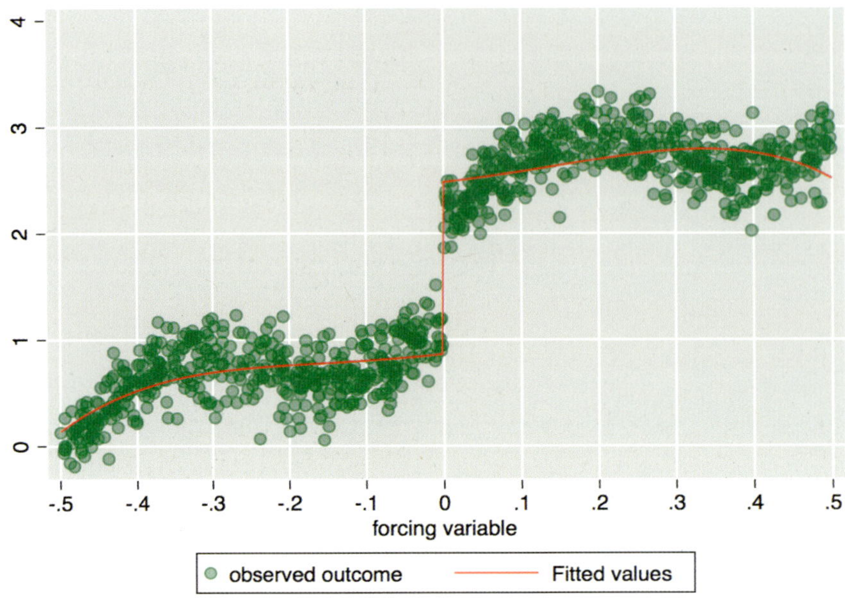

그림 7-8 센터링한 이후의 RDD 추정

센터링한 이후에도 적합도가 크게 개선되지 않는 것은 경계선 좌측과 우측이 같은 곡률을 유지해야 하기 때문일 수 있다. 즉, RDD의 경계선인 0을 기준으로 해서 왼쪽과 오른쪽의 곡률이 서로 다름에도 불구하고 앞의 회귀모형은 같은 함수형태를 가정했기 때문이다. 그런 경우 해결책은 센터링된 강제변수의 다항식과 정책더미와 교차항을 생성하여 포함시키는 것이다.

여기에서는 아래와 같이 foreach 루프를 이용하여 교차항을 생성하였다.

```
. foreach i of num 1/4 {
  2.          gen TXforcing`i' = T*forcing`i'
  3. }
```

그리고 아래와 같이 교차항을 포함하여 회귀모형을 추정하였다. 정책효과는 약 0.9로 실제의 정책효과 1과는 여전히 차이는 있지만 앞의 것들과 비교해보면 실제 값과 좀 더 유사해졌음을 알 수 있다.

```
. regress y T forcing1-forcing4 TXforcing1-TXforcing4

      Source |       SS           df       MS      Number of obs   =     1,000
-------------+----------------------------------   F(9, 990)       =   2870.81
       Model |  1036.1178         9  115.1242      Prob > F        =    0.0000
    Residual |  39.7006938       990  .040101711   R-squared       =    0.9631
-------------+----------------------------------   Adj R-squared   =    0.9628
       Total |  1075.81849       999  1.07689539   Root MSE        =    .20025

------------------------------------------------------------------------------
           y |      Coef.   Std. Err.      t    P>|t|     [95% Conf. Interval]
-------------+----------------------------------------------------------------
           T |   .9014693   .0637886    14.13   0.000      .776293    1.026646
    forcing1 |   9.736781   1.309254     7.44   0.000     7.167548    12.30601
    forcing2 |   51.75605   10.63016     4.87   0.000     30.89582    72.61628
    forcing3 |   88.60553    31.9915     2.77   0.006     25.82659    151.3845
    forcing4 |   26.42901    31.8278     0.83   0.407     -36.0287    88.88671
  TXforcing1 |  -3.247495   1.769002    -1.84   0.067     -6.71892    .2239287
  TXforcing2 |  -54.97686    14.4432    -3.81   0.000    -83.31967   -26.63405
  TXforcing3 |  -165.3031   43.59201    -3.79   0.000    -250.8465   -79.75976
  TXforcing4 |    101.179   43.39776     2.33   0.020      16.0168    186.3411
       _cons |   1.224212   .0477292    25.65   0.000      1.13055    1.317874
------------------------------------------------------------------------------
```

교차항을 허용한 이후의 회귀선의 적합도가 얼마나 개선되었는지 살펴보자. predict를 이용하여 예측치를 아래와 같이 계산하자.

```
. predict y_hat3
(option xb assumed; fitted values)
```

이렇게 추정된 y_hat3를 이용하여 회귀선을 그리면 아래 [그림 7-9]와 같다.

위 추정결과에서도 알 수 있듯이, [그림 7-9]의 회귀선은 [그림 7-8]의 회귀선과 비교하여 좀 더 잘 적합이 된 것을 확인할 수 있다. 이는 경계선 좌우로 다른 곡률을 가질 수 있도록 허용했기 때문이다.

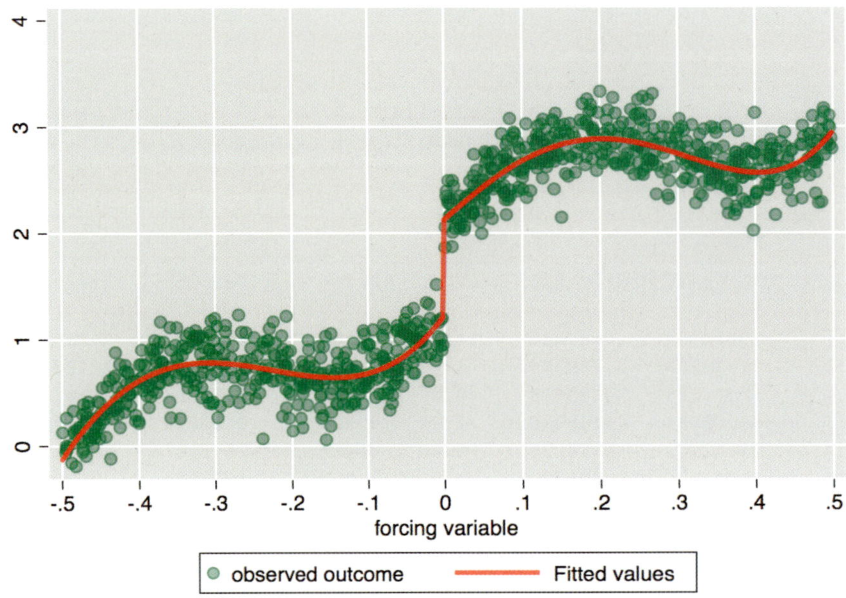

그림 7-9 교차항을 허용한 이후의 RDD 추정

그럼에도 불구하고 정책의 효과는 약간의 편의가 발생하고 있다. 이는 우리가 식(7-11)의 $f(X_i)$를 다항식의 형태로 가정했기 때문에 발생하는 것이다. 우리가 추정하고자 하는 것은 경계선과 접하고 있는 오른쪽의 회귀선의 절편과 왼쪽의 회귀선의 절편의 차이이다. 식(7-12)와 같은 형태로 가정했기 때문에 두 절편의 차이를 추정함에 있어 편의가 발생할 수 있는 것이다.

이러한 편의의 발생 가능성은 아래의 [그림 7-10]에 잘 드러나 있다. 빨간색 점선이 [그림 7-9]에서 제시된 다항식을 이용한 회귀식이다. 파란색 실선이 비모수적으로 추정한 회귀식이다. 두 회귀선을 비교해보면, 경계선 오른쪽인 처리군의 회귀선은 다항식과 비모수회귀식과 큰 차이는 없어 보인다. 경계선 왼쪽인 통제군의 회귀선은 다항식이 비모수회귀식에 비해 약간 크게 추정되었음을 알 수 있다. 그 결과 정책효과가 실제 정책효과보다 약간 작게 추정된 것으로 보인다.

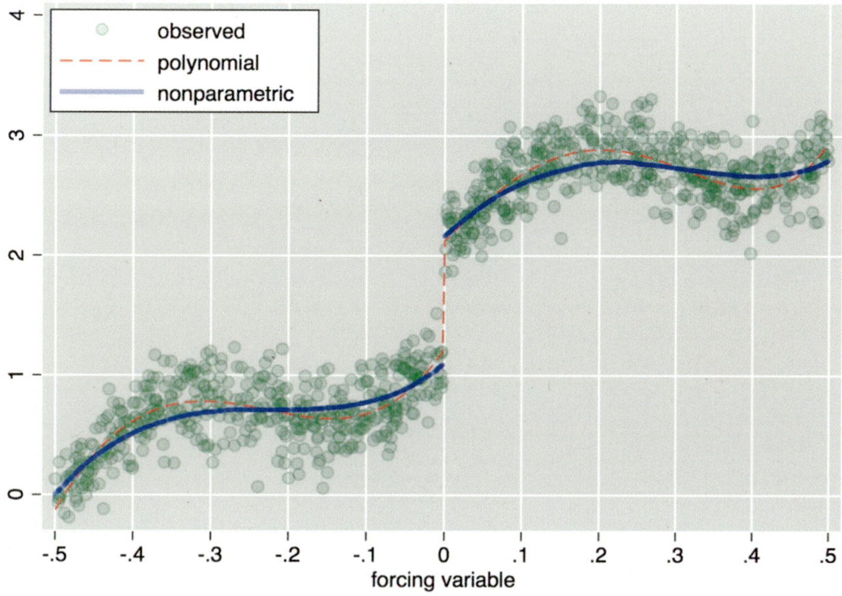

그림 7-10 다항식과 비모수적 RDD

이러한 편의가 발생하는 것은 위에서도 지적하였지만 특정한 함수형태를 가정하였기 때문이다. 예전에는 계산상 어려움 때문에 모수적 형태의 추정을 하는 경향이 있었다. 하지만 STATA 에서는 rdrobust라는 추정명령어가 있기 때문에 이를 사용하면 함수형태에 대한 가정 없이도 비교적 쉽게 추정할 수 있다.

동일한 자료를 rdplot을 이용해서 다시 그려보자. [그림 7-11]에 그 결과가 제시되어 있다. 기본적으로 4차항까지 고려한 다항식을 이용하여 그린 것이기 때문에 [그림 7-9]의 결과와 그림 상으로는 큰 차이가 없다. 하나의 차이는 [그림 7-9]는 모든 자료의 산포도를 그린 반면, [그림 7-11]은 좌우측으로 구간을 적절히 나눠 구간별 평균을 구한 다음 산포도를 그린 것이다. 경우에 따라 [그림 7-11]이 좀 더 깔끔하게 보일 수 있다.

```
. rdplot y forcing, c(0.0) p(4)  numbinl(50) numbinr(50)  ///
> graph_options(  xla(-.5(0.1)0.5,grid) yla(,grid) xtitle(covariate) ytitle(outcom
> e) )

Number of bins for RD estimates.
Method: Manually evenly spaced
```

Cutoff c = 0	Left of c	Right of c
Number of observations	486	514
Polynomial order	4	4
Chosen scale	1.000	1.000
Selected bins	50	50
Bin length	0.010	0.010
IMSE-optimal bins	21	21
Mimicking Variance bins	45	42
Relative to IMSE-optimal:		
Implied scale	2.381	2.381
WIMSE variance weight	0.069	0.069
WIMSE bias weight	0.931	0.931

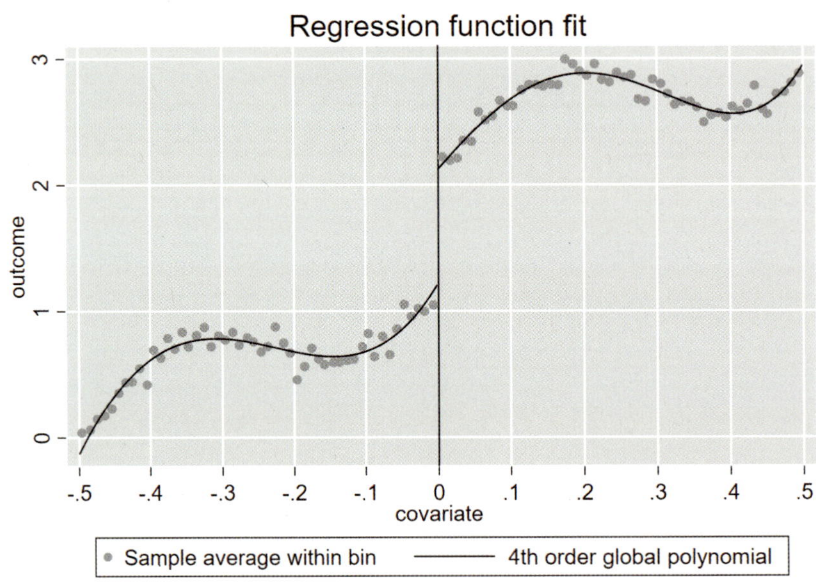

그림 7-11 rdplot을 이용한 RDD

rdrobust를 이용하여 추정한 결과는 아래에 제시되어 있다. rdrobust는 국지-다항회귀분석을 이용하여 RDD를 추정한 결과이다. 비모수 추정이기 때문에 밴드폭이 중요하다. 여기에서는 Imbens & Kalyanaraman(2012)의 방법론을 이용하여 최적 밴드폭을 결정하여 RDD를 추정하였다. 국지-다항회귀의 차수는 2차로 하였다.

추정결과에 따르면 경계선 근처에서의 정책효과는 0.993으로 실제 정책효과 1.0과 거의 유사함을 알 수 있다.

```
. rdrobust y forcing, c(0.0) p(2) bwselect(IK)
Preparing data.
Computing bandwidth selectors.
Computing variance-covariance matrix.
Computing RD estimates.
Estimation completed.

Sharp RD estimates using local polynomial regression.

          Cutoff c = 0 | Left of c  Right of c            Number of obs =       1000
    -------------------+----------------------            NN matches    =          3
         Number of obs |       221         230            BW type       =         IK
   Order loc. poly. (p)|         2           2            Kernel type   = Triangular
        Order bias (q) |         3           3
    BW loc. poly. (h)  |     0.213       0.213
          BW bias (b)  |     0.300       0.300
            rho (h/b)  |     0.709       0.709

Outcome: y. Running variable: forcing.
------------------------------------------------------------------------------------
              Method |   Coef.    Std. Err.     z       P>|z|    [95% Conf. Interval]
---------------------+--------------------------------------------------------------
        Conventional |  .99311     .0611     16.2552    0.000    .873369     1.11286
              Robust |     -         -       14.4657    0.000    .870263     1.14305
------------------------------------------------------------------------------------
```

다음으로는 Lee(2008)의 논문 중 RDD를 이용한 한 부분에 대해서 살펴보자. Lee(2008)의 관심 중 하나는 현역 의원(incumbent)이 선거에서 얼마 정도의 선거 프리미엄이 있는지 수량화하고자 하였다. Lee(2008)의 아이디어는 지난 선거에서 상대방 후보에 비해 가까스로 이긴 후보에 초점을 맞추었다. 그리고 통제군으로는 지난 선거에서 간발의 차이로 진 후보를 이용하였다. 예컨대, 양당제 하에서 51%를 얻어 당선된 현역 의원과 가장 비슷한 후보는 49%를 얻어 낙선하고 다시 도전하는 후보일 것이다.

그러한 아이디어 하에서 t기에 받은 득표율을 강제변수로 하고 이를 0으로 정규화 하였다. 성과변수는 다음 선거인 t+1기의 득표율로 정의하였다. 그러면 다음과 같은 그림을 그릴 수 있다.

먼저, 자료를 열자.

```
. use rdrobust_rdhouse.dta, clear
```

rdplot을 이용해서 그림으로 회귀불연속이 발생하고 있는지 확인해보자.

```
. rdplot demsharenext difdemshare, numbinl(100) numbinr(100) ///
>        graph_options(title(RD Plot - House Elections Data) ///
>                      ytitle(Vote share in election at time t+1) ///
>                      xtitle(Vote share in election at time t) ///
>                                     scheme(s2color) xla(,grid) yla(,grid)  )

Number of bins for RD estimates.
Method: Manually evenly spaced
```

Cutoff c = 0	Left of c	Right of c
Number of observations	2740	3818
Polynomial order	4	4
Chosen scale	1.000	1.000
Selected bins	100	100
Bin length	0.010	0.010
IMSE-optimal bins	20	17
Mimicking Variance bins	84	130
Relative to IMSE-optimal:		
Implied scale	5.000	5.882
WIMSE variance weight	0.008	0.005
WIMSE bias weight	0.992	0.995

[그림 7-12]에 따르면 현역의원의 프리미엄은 존재하는 것으로 보인다. 가까스로 이긴 현역의원이 간발의 차이로 진 재도전 후보에 비해 다음 선거의 득표율이 점프하는 것으로 보인다. 남은 것은 이 회귀불연속의 크기가 얼마나 되고, 통계적 유의성은 있는지를 확인하는 것이다.

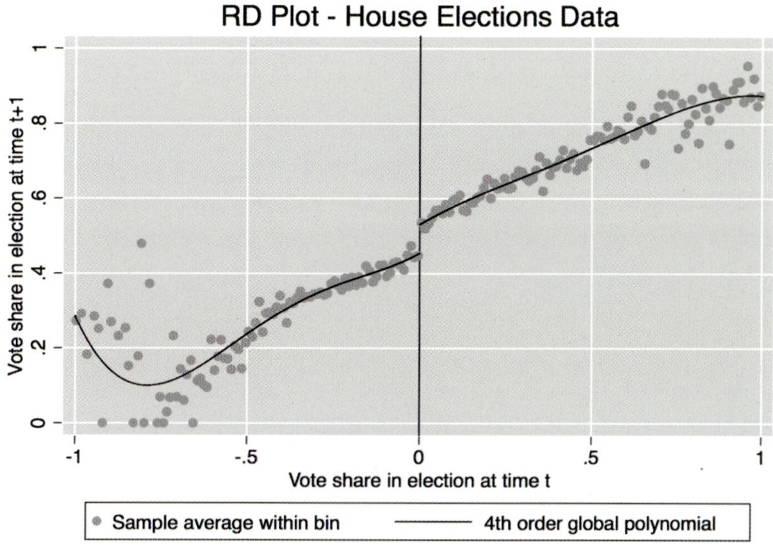

그림 7-12 현역의원의 선거 프리미엄

아래는 rdrobust를 이용해서 현역 프리미엄을 추정한 결과를 보여주고 있다. 지난 선거에서 가까스로 이긴 후보와 간발의 차이로 진 후보가 다음 선거에 출마했을 때, 현역 의원이 통제군의 후보보다 최소한 경계선 상에서는 7.6% 정도 추가로 득표하고 있음을 알 수 있다. 만약 RDD의 가정이 만족된다면 이를 현역의원에게 주어지는 프리미엄으로 해석할 수 있게 된다.

```
. rdrobust demsharenext difdemshare, c(0.0) bwselect(IK)
>
Preparing data.
Computing bandwidth selectors.
Computing variance-covariance matrix.
Computing RD estimates.
Estimation completed.

Sharp RD estimates using local polynomial regression.

      Cutoff c = 0 | Left of c  Right of c          Number of obs =       6558
-------------------+----------------------          NN matches    =          3
     Number of obs |      1264        1273          BW type       =         IK
Order loc. poly. (p) |       1           1          Kernel type   = Triangular
     Order bias (q) |        2           2
  BW loc. poly. (h) |    0.227       0.227
        BW bias (b) |    0.251       0.251
          rho (h/b) |    0.904       0.904

Outcome: demsharenext. Running variable: difdemshare.
--------------------------------------------------------------------------------
            Method |   Coef.   Std. Err.     z      P>|z|    [95% Conf. Interval]
-------------------+------------------------------------------------------------
      Conventional |  .07558    .00899    8.4032   0.000      .05795    .093206
            Robust |     -         -      5.5090   0.000     .041765    .087894
--------------------------------------------------------------------------------
```

이상과 같은 RDD 추정 이후에 해야 할 작업이 있다. 위의 추정치가 진정한 정책효과인지 아니면 RDD 추정에서 사용된 가정 때문에 실제는 정책효과가 없음에도 불구하고 마치 정책효과가 있는 것처럼 추정된 것은 아닌가 하는 우려에 대해 점검하는 것이 필요하다. 소위 말하는 강건성(robustness) 검정 혹은 오류화(falsification) 검정을 필요하다. 문헌에서는 통상적으로 다음과 같은 작업들을 한다.

먼저, 경계선 상에서 정책 이외에 다른 변수들의 점프는 없었는지를 점검할 필요가 있다. RDD에서 가정하고 있는 것은 미관측 이질성의 연속성이다. 만약 미관측 이질성에 포함된 다른 변수들에서 점프가 발생하고 있다면 이는 연속성 가정을 위배하게 된다. 우리가 추정한 RDD 추정치가 정책의 효과뿐만 아니라 특성 변수의 변화 때문에 발생한 것일 수 있다. 결과적으로 정책의 순효과를 따로 분리해낼 수가 없다.

두 번째 강건성 점검은 정책 배정과 관련된 경계선 외에 다른 위치에서도 정책효과가 발생하고 있는지를 확인하는 것이다. 경계선뿐만 아니라 정책과 무관한 점에서도 성과변수의 불연속이 발생하고 있다면, 경계선 상의 정책효과는 단지 우연의 결과일 수 있다. 보통 가짜 경계선을 만들고, RDD 추정치를 계산하여 정책경계선을 제외한 다른 가짜 경계선에서는 정책효과가 없음을 보이면 정책효과의 강건성을 어느 정도 보일 수 있다.

셋째, 경계점 주변의 강제변수(forcing variable)의 분포를 살펴볼 필요가 있다. RDD 추정에서 중요한 점은 경계선 주변에서 임의실험과 같은 상황이 조성된다는 것이다. 그러려면, 강제변수 X의 분포가 경계선 주변에서 크게 변하면 안된다. 정책의 혜택을 예상하고 정책을 받기 위해서 경계선보다 큰 값을 갖도록 X를 일부러 조정을 한 경우라면 경계선 왼쪽과 비교하여 경계선 오른쪽에 X가 많이 쌓이게 된다. 이런 경우 조작(manipulation)에 해당하기 때문에 경계선 임의화가 불가능해진다. 따라서 X의 히스토그램 혹은 밀도함수를 추정하고, 경계선 근처에서 불연속이 발생하는지 확인할 필요가 있다. 이는 McCrary(2008)의 방법을 이용해서 검정 가능하다.

실제 정책평가에서는 RDD를 이용한 정책효과 추정보다 위와 같은 강건성 검정의 과정이 좀 더 험난한 것이 사실이다.

마지막으로 여기서 더 다루지는 않았지만 경계선이 Fuzzy한 FRDD의 경우와 회귀굴절설계(regression kink design)에는 rdrobust의 옵션을 조정해서 추정이 가능하다.

■ 참고문헌

Angrist, J. D. (1990). Lifetime earnings and the Vietnam era draft lottery: evidence from social security administrative records. *The American Economic Review*, 313-336.

Arellano, M., & Bond, S. (1991). Some tests of specification for panel data: Monte Carlo evidence and an application to employment equations. *The review of economic studies*, 58(2), 277-297.

Arellano, M., & Bover, O. (1995). Another look at the instrumental variable estimation of error-components models. *Journal of econometrics*, 68(1), 29-51.

Ashenfelter, O. C., & Card, D. (1984). Using the longitudinal structure of earnings to estimate the effect of training programs.

Autor, D. H. (2003). Outsourcing at will: The contribution of unjust dismissal doctrine to the growth of employment outsourcing. *Journal of labor economics*, 21(1), 1-42.

Baltagi, B. H., & Li, Q. (1995). Testing AR (1) against MA (1) disturbances in an error component model. *Journal of Econometrics*, 68(1), 133-151.

Blundell, R., & Bond, S. (1998). Initial conditions and moment restrictions in dynamic panel data models. *Journal of econometrics*, 87(1), 115-143.

Breusch, T. S., & Pagan, A. R. (1980). The Lagrange multiplier test and its applications to model specification in econometrics. *The Review of Economic Studies*, 47(1), 239-253.

Card, D. (1990). The impact of the Mariel boatlift on the Miami labor market. *ILR Review*, 43(2), 245-257.

Card, D., Katz, L. F., & Krueger, A. B. (1994). Comment on David Neumark and William Wascher, "Employment Effects of Minimum and Subminimum Wages: Panel Data on State Minimum Wage Laws". *ILR Review,* 47(3), 487-497.

Cattaneo, M. D. (2010). Efficient semiparametric estimation of multi-valued treatment effects under ignorability. *Journal of Econometrics*, 155(2), 138-154.

Dehejia, R. H., & Wahba, S. (2002). Propensity score-matching methods for nonexperimental causal studies. *The review of economics and statistics*, 84(1), 151-161.

Eissa, N., & Liebman, J. B. (1996). Labor supply response to the earned income tax credit. *The quarterly journal of economics*, 111(2), 605-637.

Galiani, S., Gertler, P., & Schargrodsky, E. (2005). Water for life: The impact of the privatization of water services on child mortality. *Journal of political economy*, 113(1), 83-120.

Heckman, J. J., Smith, J., & Clements, N. (1997). Making the most out of programme evaluations and social experiments: Accounting for heterogeneity in programme impacts. The Review of Economic Studies, 64(4), 487-535.

Heckmann, J., Ichimura, H., & Todd, P. (1997). Matching as an econometric evaluation estimator. *Review of Economic Studies*, 65(2), 261-294.

Hoxby, C. M. (2000). Does competition among public schools benefit students and taxpayers?. American Economic Review, 90(5), 1209-1238.

Hoxby, C. M. (2007). Does competition among public schools benefit students and taxpayers? Reply. *The American Economic Review*, 97(5), 2038-2055.

Hsiao, C. (2014). Analysis of panel data (No. 54). Cambridge university press.

Imbens, G., & Kalyanaraman, K. (2012). Optimal bandwidth choice for the regression discontinuity estimator. *The Review of economic studies*, 79(3), 933-959.

Jalan, J., & Ravallion, M. (2003). Estimating the benefit incidence of an antipoverty program by propensity-score matching. *Journal of Business & Economic Statistics*, 21(1), 19-30.

Johnston, J., & DiNardo, J. (1972). Econometric methods. *New York*, 19(7), 22.

Katz, L. F. (1996). Wage subsidies for the disadvantaged (No. w5679). National bureau of economic research.

Lavy, V. (2002). Evaluating the effect of teachers' group performance incentives on pupil achievement. *Journal of political Economy*, 110(6), 1286-1317.

Lechner, M. (1999). Earnings and employment effects of continuous gff-the-job training in east germany after unification. *Journal of Business & Economic Statistics*, 17(1), 74-90.

Lee, D. S. (2008). Randomized experiments from non-random selection in US House elections. *Journal of Econometrics*, 142(2), 675-697.

McCrary, J. (2008). Manipulation of the running variable in the regression discontinuity design: A density test. Journal of econometrics, 142(2), 698-714

Mundlak, Y. (1978). On the pooling of time series and cross section data. *Econometrica: journal of the Econometric Society*, 69-85.

Nickell, S. (1981). Biases in dynamic models with fixed effects. *Econometrica: Journal of the Econometric Society*, 1417-1426.

Persson, T., Tabellini, G., & Trebbi, F. (2003). Electoral rules and corruption. *journal of the European Economic Association*, 1(4), 958-989.

Rosenbaum, P. R., & Rubin, D. B. (1983). The central role of the propensity score in observational studies for causal effects. *Biometrika*, 70(1), 41-55.

Rothstein, J. (2005). Does competition among public schools benefit students and taxpayers? A comment on Hoxby (2000) (No. w11215). National Bureau of Economic Research.

Smith, J. A., & Todd, P. E. (2005). Does matching overcome LaLonde's critique of nonexperimental estimators?. *Journal of econometrics*, 125(1), 305-353.

Stock, J. H., & Watson, M. W. (2007). Introduction to econometrics.

Trujillo, A. J., Portillo, J. E., & Vernon, J. A. (2005). The impact of subsidized health insurance for the poor: evaluating the Colombian experience using propensity score matching. *International journal of health care finance and economics*, 5(3), 211-239.

Wooldridge, J. M. (2015). Introductory econometrics: A modern approach. Nelson Education.

강창희(2012). ‘학교교육 수준 및 실태 분석 연구: 중학교’자료를 이용한 사교육비 지출의 성적 향상효과 분석 (The Effect of Private Tutoring Expenditures on Academic Performance: Evidence from Middle School Students in South Korea).

김태우, 우석진, 안종길 & 빈기범. (2016). 근로장려세제가 수혜가구의 소비에 미치는 영향. *유라시아연구*, 13(1), 85-109.

김현동(2013). 대학재학 기간의 휴학경험과 직장생활. *노동정책연구*, 13(3), 125-151.

김희삼(2010). 학업성취도, 진학 및 노동시장 성과에 대한 사교육의 효과 분석 (Analysis of the Effects of Private Education on Academic Achievement and Labor Market Performance).

안종길, 우석진, 김병권, & 빈기범. (2013). 세제혜택이 가계의 연금저축 행태에 미치는 인과적 효과. *사회보장연구*, 29(3), 53-79.

안종석(2015). 소득세 부담수준의 결정요인 분석, 한국조세재정연구원.

이영 & 조명환. (2010). 유효법인세율 측정과 법인세율 결정요인에 대한 국제 비교 연구.

장우현(2014). 재병행수입의 경제적 효과 분석: 자동차산업을 중심으로 (An Empirical Analysis on the Effects of Parallel Reimportation: The Case of Korean Automobile Market).

조성호 & 변수정. (2015). 여성결혼이민자의 고용과 정책적 시사점. 노동정책연구, 15(2), 25-55.

한성민(2014). 농업재해보험의 생산량 및 가격 효과에 관한 실증분석 (An Empirical Analysis on the Production and Price Effect by Agricultural Disaster Insurance).